CAMBRIDGE

航天器－空间环境相互作用

Spacecraft–Environment Interactions

［美］丹尼尔·汉斯汀斯（Daniel Hastings）

［美］亨利·格利特（Henry Garrett）　　著

杨晓宁　黄建国　等　译

中国宇航出版社

·北京·

版权所有　侵权必究

图书在版编目（CIP）数据

航天器-空间环境相互作用 /（美）丹尼尔·汉斯汀斯（Daniel Hastings）,（美）亨利·格利特（Henry Garrett）著；杨晓宁等译. -- 北京：中国宇航出版社，2020.4
书名原文：Spacecraft – Environment Interactions
ISBN 978 - 7 - 5159 - 1775 - 7

Ⅰ.①航… Ⅱ.①丹… ②亨… ③杨… Ⅲ.①航天器环境-相互作用-研究 Ⅳ.①V419

中国版本图书馆 CIP 数据核字（2020）第 053366 号

责任编辑	侯丽平	封面设计	宇星文化

出 版 中国宇航出版社
发 行

社　址	北京市阜成路 8 号　邮　编　100830	版　次	2020 年 4 月第 1 版
	（010）60286808　　（010）68768548		2020 年 4 月第 1 次印刷
网　址	www.caphbook.com	规　格	787×1092
经　销	新华书店	开　本	1/16
发行部	（010）60286888　　（010）68371900	印　张	15
	（010）60286887　　（010）60286804(传真)	字　数	365 千字
零售店	读者服务部　　（010）68371105	书　号	ISBN 978 - 7 - 5159 - 1775 - 7
承　印	天津画中画印刷有限公司	定　价	128.00 元

本书如有印装质量问题，可与发行部联系调换

译者序

科学家们对航天器与空间环境相互作用的认知，是伴随着人类空间探索的脚步同步发展起来的。随着太空探索的纵深化发展、新技术和新材料的空间应用、空间系统的复杂化，以及航天器寿命和可靠性需求的不断提升，航天器-空间环境相互作用作为一门学科的重要性正日益突显。

航天器-空间环境相互作用与空间物理既相互联系，又相互区别，它立足于对整个空间物理环境的把握，侧重于空间物理环境、物理活动对航天器系统的影响，是空间物理与航天器工程相结合的产物。它强调空间环境要素与航天器系统的作用机理，贯穿于航天器设计、研制、在轨管理的全过程。就学科本身而言，它涵盖了空间物理、材料、核物理、等离子体、微电子、可靠性等多个学科及领域，属于典型的交叉学科，重在研究和解决航天器系统在空间环境中的适应性问题。随着航天技术的发展，其内涵及外延正在不断拓展和延伸。

我国早期对空间环境及其效应的认知以及工程防护设计主要以借鉴国外经验为主，但从 20 世纪 90 年代开始，国内对空间环境及其效应的研究逐渐活跃起来，标志性事件是 1999 年发射的实践五号卫星，对空间辐射环境及单粒子效应等开展了探测和研究。之后，以中国空间技术研究院、中国科学院为主，国内多家科研院所和高校逐渐开始对空间环境及其效应进行研究，并积累了一些航天实践经验，空间环境预报、风险评估和效应预示、自主空间环境规范制度等正在我国航天发展中发挥着越来越重要的作用。

本书正是在这样一个背景下推出的，旨在为航天领域的相关工程技术人员、学者、研究生及感兴趣人士提供一本入门级教材，使读者迅速而系统地了解本领域的基础理论、方法和技术。本书的翻译由中国空间技术研究院总装与环境工程部的杨晓宁研究员和黄建国研究员统领，在一批专业技术骨干的共同努力下完成。在本书翻译过程中得到了原著作者 Garrett 教授的热情支持和帮助。杨晓宁负责全书的组织协调和审核，黄建国负责全书的校对，杨勇负责翻译的策划和组织工作。其中，文前部分由黄建国、杨晓宁翻译；第 1、2 章由王碧茹、杨晓宁翻译；第 3、4 章由张品亮翻译；第 5 章由黄建国翻译；第 6、7 章由武强翻译；第 8 章由王碧茹翻译；李文淼做了很多服务工作。

　　由于本书涉及专业广泛，在仓促成书过程中难免有错误和不当之处，恳请读者给予批评指正。

译　者

2020 年 3 月 23 日

《剑桥大气与空间科学系列丛书》
编　辑

亚历山大·J. 德斯勒（Alexander J. Dessler）

约翰·T. 霍顿（John T. Houghton）

米切尔·J. 雷克罗夫特（Michael J. Rycroft）

本系列丛书已出版图书名称：

M. H. Rees, *Physics and chemistry of the upper atmosphere*

Roger Daley, *Atmospheric data analysis*

Ya. L. Al'pert, *Space plasma, Volumes 1 and 2*

J. R. Garratt, *The atmospheric boundary layer*

J. K. Hargreaves, *The solar-terrestrial environment*

Sergei Sazhin, *Whistler-mode waves in a hot plasma*

S. Peter Gary, *Theory of space plasma microinstabilities*

Ian N. James, *Introduction to circulating atmospheres*

Tamas I. Gombosi, *Gaskinetic theory*

Martin Walt, *Introduction to geomagnetically trapped radiation*

B. A. Kagan, *Ocean-atmosphere interaction and climate modeling*

序 言

就在人类进入太空时代之初，航天器设计师们就认识到空间环境对航天器的效应将是影响航天器设计和运行的关键因素。从那时起，航天器–环境相互作用这一主题逐渐发展成为一个多学科交叉的领域，参与其中的科学家和工程师遍布全球。传统上，工程师们对航天器设计和运行的相关问题感兴趣，而科学家们更关注与相互作用有关的基础物理和化学过程，这些不同的兴趣点促使大量的专著和学术会议应运而生。随着航天飞机的出现以及可重复在轨试验能力的形成，该领域在过去十年里获得了长足的发展。作者因此推断，随着该领域的快速发展以及感兴趣的人越来越多，筹划一本综合性的专著对近年来的很多新发现进行系统性总结是非常必要的。特别是，既然该领域的发展是以任务和航天器需求为牵引，而不是仅仅作为一门具体的学科，那么编写一本整合该领域相关知识的书将是很有价值的工作。这样的一本书也将成为引导高校研究生及专业人员进入该领域的入门读物；而对于特殊应用，可以参考本书所引用的相关手册或会议文集。

本书是根据作者所讲授的课程总结形成的，作者之一（丹尼尔·汉斯汀斯）曾经多年在麻省理工学院（MIT）讲授航天器–环境相互作用课程。该课程面向 MIT 高年级本科生或一年级研究生开设，旨在为希望在航天器–环境相互作用领域从事研究或了解本学科以便从事航天器系统工程的学生提供一本入门教材；本书也可以作为对航天器的液体、气体和等离子体动力学感兴趣的大学本科生或工程硕士生的最后一门课程的教材。本书另一位作者（亨利·格利特），是该领域的国际知名顾问，他基于在航天器相互作用方面的实际经验开设了一门简短课程，此课程已在美国空军、工业部门及国际范围内讲授。他参与了几乎所有近期的行星际任务和很多地球轨道航天器（SCATHA、TDRSS、INTELSAT、Galileo、Cassini、HST、Space Station 及 Clementine）的设计，这些任务为本书提供了大量的实际示例，以及很多航天器设计中提出的问题和诊断失效的案例。

本书的核心思想是，每个航天器都有一系列与周围环境及自身诱发环境的特征相互作用（需要定义），这些相互作用会影响航天器的基本运行以及任何在航天器平台上开展的科学实验，反过来这些相互作用又使得人们对周围环境有进一步的了解。本书的重点在于讲述相互作用的物理过程，以引入亦是本书重点的基本概念，不过，在阅读本书大部分章节之后，读者将能够对航天器-环境相互作用做出简单估计。针对特定应用，读者可以参考该领域面向专业工程师和科学家编写的其他书籍（也可参见书末提供的参考文献）：

1）Al'pert，Ya. L.，Gurevich，A. V.，and Pitaevskii，L. P.，*Space Physics with Artificial Satellites*，Consultants Bureau，New York，1965.

2）Garrett，H. B.，and Pike，C，*Space Systems and Their Interactions with Earth's Space Environment*，Progress in Aeronautics and Astronautics，Vol. 71，AIAA，Washington，DC，1980.

更多近期工作有：

3）DeWitt，R. N.，Duston，D. P.，and Hyder，A. K.，*The Behaviour of Systems in the Space Environment*，Kluwer Academic Publishers，1993.

4）Tribble，A.，*The Space Environment*：*Implications for Spacecraft Design*，Princeton University Press，1995.

一本包括相互作用问题的各方面、不过是从系统工程角度写的书是：

5）Wertz，J. R.，and Larsen，W. J.，*Space Mission Analysis and Design*，Kluwer Academic Publishers，1991.

本书各章大致是按照描写环境和描写相互作用来划分的。关于空间环境的各章既介绍周围环境也介绍诱发环境；关于相互作用的各章先描述了相关的物理和化学过程，然后对航天器实际问题展开定性描述。每一章都参考了大量的文献。不过，因为本书面向的是进入该领域的个人，我们一般只包括能够在研究型图书馆容易找到的文献，偶尔当无其他信息资源可用时也需要参考会议文集。不过，考虑到获取旧文集的复制本存在困难，我们将其减至最少。

本书内容安排如下：

第 1 章对航天器经历的环境进行了定性的描述。先介绍了从常见航天器轨道来描述环境的做法；接下来介绍了航天器作为环境的主角所涉及的概念；最后，对已经确认的航天器-环境相互作用的历史和对航天器运行的影响进行了简要回顾。

在第 2 章中，介绍了等离子体物理、气体动力学及辐射物理中的特征长度、时间尺度和阈值速度的概念。对描述相互作用的有关方程、术语及对描述物理过程的方程简化求解的近似方法一并进行了介绍。例如，在等离子体物理领域，介绍了德拜长度的概念以及该特征长度与航天器尺度的比较，给出了当德拜长度与航天器尺度相比较大或较小时泊松方程所允许的物理近似；在气体动力学领域，介绍了克努森数概念并阐述了克努森数较大或较小时的物理近似；对于辐射与物质的相互作用，介绍了线性能量传输的概念，从而允许对微电子器件的单粒子效应进行直接的评估。

　　第 3 章描述了航天器周围的空间环境。周围环境是从沿常见航天器轨道所经历的区域或环境类型（等离子体、辐射、中性粒子或微小颗粒）来进行分析的，目的是让读者能够沿着典型轨道对航天器周围的环境做出估测。

　　第 4 章论述了航天器与中性气体相互作用的物理学。介绍了诸如大气阻力、辉光及污染等相互作用，讨论了航天器运行对环境的调节作用。对每种中性气体相互作用的物理过程，都使用第 2 章中建立的概念进行了探索。

　　第 5 章论述了空间等离子体与航天器的相互作用。介绍了与充电、电弧放电、电磁干扰及发电相关的相互作用，建立了每种等离子体相互作用的物理学。对基于这些相互作用的航天器运行数据库进行了探索应用，旨在使之服务于典型航天器的设计和运行。

　　第 6 章论述了空间辐射环境与航天材料的相互作用。这些相互作用中，由辐射和单粒子效应引起的物理损伤最为重要。本章也包含了来自 CRRES 卫星的最新信息。

　　第 7 章讨论了宏观粒子与航天器的相互作用。介绍了轨道碎片与航天器的碰撞及粒子产生的电磁辐射，总结了碎片和流星体的有效屏蔽设计策略，并与案例研究进行了比较。

　　第 8 章为总结，讨论了该领域发展到 1995 年的总体现状。此外，也论述了环境相互作用的未来发展趋势。本章提出的一个关键问题是，完成详细的相互作用分析（评估对于特定任务哪些相互作用是关键的）的固有成本在未来是一个十分重要的问题。

　　最后，再说说关于单位制的问题。我们尽可能使用 MKS 单位制，能量单位使用电子伏特（eV），但仍然有不少地方使用了 CGS 单位制，特别是当用到来自较早的研究工作的图表时，这些单位的使用是不可避免的。我们的惯例是，除非显性声明采用了其他单位，所有的公式都使用 MKS 单位制。

丹尼尔·汉斯汀斯

亨利·格利特

致　谢

　　本书是多年研究的成果，得益于不计其数的人士的帮助。我们对麻省理工学院允许作者之一抽出工作时间编写此书表示感谢；此时此刻还要感谢位于汉斯科姆空军基地的空军飞利浦实验室，是实验室提供的智力环境使得高质量工作成为可能；大卫·哈迪（David Hardy）博士的支持和鼓励也起到关键性作用；也非常感激罗比·萨曼特瑞（Robie SamantaRoy）、盖布瑞尔·冯特-罗德里格兹（Gabriel Font‐Rodriguez）、吉姆·索尔迪（Jim Soldi）、戴维·奥（David Oh）、卡门·佩雷斯·德拉克鲁兹（Carmen Perez de la Cruz）、格雷姆·肖（Graeme Shaw）以及德里克·普兰斯基（Derek Plansky）在恒星方面的研究工作，他们为本书提供了插图和一些有见解的阐释。亨利·格利特还要向两位本领域的顾问A. J. 德斯勒（A. J. Dessler）（空间环境）和 N. J. 史蒂文斯（N. J. Stevens）（空间相互作用）表示谢意。很多同事也阅读了书稿并提出了深刻的见解，没有他们的帮助，该项工作不可能完成。本书的出版更要特别归功于NASA刘易斯研究中心的卡洛琳·珀维斯（Carolyn Purvis）和喷气推进实验室的阿尔伯特·惠特尔西（Albert Whittlesey），他们阅读了整部书稿并且一直是该领域的重要支持者。最后，我们还要感谢我们各自的妻子——唐娜·汉斯汀斯（Donna Hastings）和凯瑟琳·格利特（Katherine Garrett），以及我们的家人，正是他们的鼓励和支持使本书得以顺利出版。

目　录

第 1 章　概　述

1.1　介绍

在太空时代开始之前，人们意识到空间不是空的。彗尾、流星和其他地外现象证明了"空间环境"的存在。就像飞机在大气中飞行并与大气相互作用一样（实际上空气对升力来说是必需的），航天器在空间环境中运行并与之相互作用。不过，环境可能限制航天器的运行，并且在极端情况下会导致其失效。对这些不利环境影响的关注就产生了一个新的学科——航天器-环境相互作用。本书的目的是对这一新的领域进行描述，并向读者介绍其许多不同方面。

从历史上看，航天器-环境相互作用领域主要是随着对每个相互作用进行识别，并做出一系列具体的工程响应而发展起来的。以辐射带的发现及其对电子学的影响研究为例，它催生了辐射屏蔽和微电子加固技术的发展。同样地，在 20 世纪 70 年代早期，航天器的失效显然是由于在磁层等离子体中充电导致的，为此人们开始研究表面电荷积累的影响以及减轻这些影响的方法。最终，这些努力促成 1979 年发射专用航天器 SCATHA（Spacecraft Charging at High Altitudes）进入地球同步轨道以研究这种相互作用。同样，在 20 世纪 80 年代，发现某些材料由于与原子氧的化学相互作用，在低地球空间环境中被迅速侵蚀，这促使了复杂的地面环境模拟设备的发展，以及许多航天飞机的飞行试验，旨在开展与侵蚀相关的现象学研究。因此，对环境相互作用的研究很大程度上可以总结为对已有问题的应对，很少会超前于问题。

下一代航天器可能寿命更长，对环境影响更敏感，与环境的作用更活跃。它们有可能发射足够量的微粒、气体、等离子体或辐射（电磁的和微粒的）而大幅改变其周围的环境，从这个意义上讲它们是活跃的。这些航天器将携带越来越复杂、敏感和昂贵的仪器。一个很好的例子是航天飞机，经测量其周围的中性气体压力超过周围环境一个数量级或更大，这种增强的原因主要是放气、排水和推进器点火。它和其他类似的自生环境可能会显著改变辐射和等离子体成分。反过来这可能会给敏感的光学传感器和电学/电磁传感器的运行带来严重的问题，或者威胁到航天器结构和电子系统的长期完整性。空间站等未来系统的成本大大增加，需要更长的使用寿命摊销成本。这意味着即使看似无害的相互作用也可能通过累积效应降低系统的寿命，使其不经济或不可行。因此不能再奢望航天工程师们发现问题之后再去修复，必须在初始设计中对各种问题进行预估。

此外，对于新型运载器，许多环境作用可能是协同发生的，使它们的影响大大增强。也就是说，相对较弱的环境作用以这样的方式耦合，对航天器产生非线性效应，且较弱的环境作用会变得足够强烈，以至于达到航天器的设计限制。例如，选择空间站上的高压电源系统采用负端接地可能会增加结构上电弧放电的可能性，这种电弧放电可能会侵蚀热控涂层并增加空间站内及附近的污染。出于这个原因，等离子体接触器已被纳入空间站设计，以消除电弧放电。为了理解和控制这种环境作用，对航天器、环境及其相互作用进行综合性描述变得至关重要，这种描述形成了新的工程和科学学科——航天器-环境相互作用的基础。

既然相互作用及其效应可能取决于环境、航天器和航天器分系统，因此正确定义这些变量非常重要。基于这些定义，可以系统地组织和描述基本的相互作用。下一节将介绍此过程。

1.2　航天器环境的分类

航天器所处的环境是周围环境（与所处轨道相关）和航天器本身产生的环境的组合。这些环境的组合往往不是它们的简单相加，而是经过协同的非线性相互作用产生的复杂环境。实际上，航天器的自生环境可能与周围环境有很大不同，这意味着轨道在表征航天器在轨环境时可能并不总是主要的考虑因素。对于任何事件，在本书中的术语"航天器环境"总是指周围环境和诱发环境的组合。

我们将环境划分为四类：中性环境、等离子体环境、辐射环境和微粒环境。中性环境包括环境气体和航天器表面材料通过放气或分解释放的气体、从航天器中有意排出的气体，或在推进器工作期间排出的气体。等离子体环境包括环境等离子体、等离子推进器释放的等离子体、通过中性气体的电离或电荷交换产生的等离子体、电弧放电产生的等离子体，或由航天器表面的超高速撞击产生的等离子体。辐射环境有两个组成部分：电磁辐射和粒子辐射。电磁辐射环境包括环境中的太阳光子通量、从地球反射（和发射）的光子通量，以及由航天器系统运行或电弧放电产生的电磁干扰（EMI）；它还包括等离子体环境产生的电磁波和航天器核源发射的光子。粒子辐射环境包括环境粒子（电子、质子、重离子和中子）的通量以及核源或核反应堆发射的任何高能粒子。微粒环境由环境流星体、轨道碎片和航天器释放的微粒组成，它们有多种来源，从表面上的灰尘到热循环和紫外暴露下的材料分解等。

1.3　航天器轨道和周围空间环境

根据航天器的用途，航天器轨道可归为几类。因此，除了根据特定环境条件定义相互作用外，考虑沿这些共同的轨道路径运行形成的累积效应是十分有用的。有五类轨道与近地航天器相互作用特别相关，其他星球环境虽与此环境有相同的成分，但特征不一样。它们是：低地球轨道（LEO）、中地球轨道（MEO）、极地轨道（PEO）、地球静止轨道（GEO）和行星际轨道。尽管给定的航天器任务可能具有比这些轨道更复杂的轨

迹，但常见的还是以这五类轨道描述的航天器经受的相互作用为参考。表 1-1 列出了
五类轨道的特征。

表 1-1　轨道分类

轨道名称	轨道高度/km	轨道倾角/(°)
低地球轨道(LEO)	100～1 000	<65
中地球轨道(MEO)	1000～36 000	<65
极地轨道(PEO)	>100	>65
地球静止轨道(GEO)	～36 000	0
行星际轨道	磁层以外	N/A

　　表 1-2 中定性地描述了与每一类轨道相关的环境的主要物理成分（定量值在后面的
部分中给出）。作为这种分类方案的一个例子，考虑一个 28.5°倾角的标称空间站（SS）轨
道和地球观测系统（EOS）卫星轨道，它们的轨道在表 1-3 中进行了描述，可以分别按
照受 LEO 和 LEO/PEO 轨道环境影响进行归类。当然，也存在跨越所有五个轨道环境的
大椭圆轨道，在这种情况下，当航天器沿其轨迹穿过不同的轨道区域时，设计者必须考虑
每个轨道段的特征性相互作用。

表 1-2　轨道描述

轨道名称	描述
低地球轨道(LEO)	冷、稠密的电离层等离子体
	稠密、超声速中性大气
	太阳紫外线(UV);轨道碎片
	南大西洋异常区(SAA)
中地球轨道(MEO)	太阳紫外线(UV);俘获辐射带;等离子层
极地轨道(PEO)	太阳紫外线(UV)
	冷、稠密的电离层等离子体
	超声速中性大气
	轨道碎片;极区粒子
	太阳耀斑;宇宙射线;SAA
	辐射带角区
地球静止轨道(GEO)	高能等离子片
	亚暴等离子体
	紫外辐射
	外辐射带
	太阳耀斑;宇宙射线
行星际轨道	太阳风等离子体
	太阳耀斑;宇宙射线

表 1 - 3　假设的空间站（SS）和地球观测系统（EOS）轨道

轨道	航天器	
	SS	EOS
轨道倾角/(°)	28.5	98.25
轨道高度/km		
最小值	463	400
标称值	500	705
最大值	555	900
轨道类型	LEO	LEO/PEO

1.4　航天器系统

航天器需要许多不同类型的系统才能成功运行。每个系统都可能影响环境或受其影响，这些系统还可以引起航天器周围的诱发环境。典型系统包括：电源、推进、姿态控制、结构、热控、电子学、通信及有效载荷。下面我们将对这些组成部分进行简要描述［有关航天器系统的完整描述，参见 Agrawal（1986）和类似的参考文献］。

电源系统：电源系统为航天器及其有效载荷提供电力。对于轨道在小行星带以内的航天器，电源通常来自太阳能电池阵，但也可以像航天飞机一样采用燃料电池。对于到达地外行星的任务，需要放射性同位素热发电机（RTG）等核能源。电源系统还包括电源处理单元和电力分配子系统（即，电缆、继电器和获得电力所需的电子设备）以及电能存储系统（通常是电池）。

推进系统：推进系统负责提供机动和轨道提升或再提升所需的速度增量（或 ΔV）。推进系统通常是化学或等离子体推进器以及相关的贮箱、推进剂和管路。

姿态控制系统：姿态控制系统测量航天器相对于参考系统（例如地球、固定恒星或太阳）的方向，并保持所需的姿态。它由传感器（如星敏感器或地平仪）和惯性测量单元（IMU）以及执行器（如控制力矩陀螺仪、控制推进器、磁力矩器和飞轮）组成。

结构系统：航天器结构系统为航天器的所有系统提供物理安装接口，包括内部结构（例如，水平板和隔板）、外部附件和航天器的外表面材料。为了理解与环境的相互作用，本书主要关注外部结构和航天器外表面材料。结构或其某些部分通常作为电位参考（即航天器结构地）。

热控系统：热控系统负责将航天器的温度保持在可接受的范围内。它可以是主动的，被动的，也可以是两者的某种组合。典型的热控系统由加热器、冷却器、辐射表面和用于在航天器周围传导热量的装置组成，传导热量的装置有热沉或热管。表面材料通常是根据其热特性来选择的，航天器外表面主要采用热控多层或涂层的热控方式。

电子学系统：电子学系统的任务是控制所有其他系统的功能并运行航天器。它由电子设备和运行航天器所需的软件组成。

通信系统：通信系统提供与地面站的命令和数据双向传输链路。它由发射机、接收机、航天器天线和指向控制器组成。

有效载荷：航天器有效载荷通常具有许多功能。然而，出于研究相互作用的目的，所考虑的主要有效载荷组件将仅限于不同种类的传感器和通信设备。

1.5　环境与航天器之间的相互作用

本节作为概述，对不同环境要素的效应进行总结。四个环境要素中的每一个都可以影响航天器或其系统的设计和操作。效应可能会随着时间的推移而改变，特别是会随着航天器的老化而变化。即使在非常短的时间尺度上（轨道周期的一小部分），环境效应也可能有很大变化。另外，尽管每个环境要素对航天器都具有独特的影响，但按五个轨道系列对它们的效应进行分组是十分有价值的。

首先考虑中性气体环境。该要素对航天器有许多潜在的不利影响。低于 800 km 的 LEO 中性环境主要由地球残余大气主导，大部分高度范围内主要是原子氧（参见 3.2 节）。大气对航天器施加气动阻力，该阻力来自大气粒子对航天器表面的撞击。虽然阻力通常与航天器速度矢量反向，但对于大型不对称航天器，空气动力学造成的力矩扰动不可忽视。它们必须由姿态控制系统解决，并且对于像空间站这样的大型飞行器来说，气动阻力会造成长期性问题。对于 LEO 航天器来说，如果不能定期提升轨道，那么气动阻力最终会使航天器离轨。例如，空间站每年需要货运飞船更换一次推进模块以保持空间站在预定轨道上。

LEO 上大气分子对航天器的撞击可以引起结构材料的物理和化学变化。撞击在航天器迎风面或冲压面上的主要原子氧的平均冲击动能为 5 eV，虽然在大多数情况下该能量不足以将材料从航天器表面移除，但它足以引起航天器上的材料发生化学反应而导致表面材料损失。在 LEO 轨道条件下（轨道速度相对于环境大气在 7～8 km/s 范围），航天器表面的原子氧通量约为每秒一个单原子层，已证明该环境会导致聚酰亚胺或银等材料的表面剥蚀。例如，未受保护的聚酰亚胺（一种常用作外部热控的材料）在 LDEF（Long Duration Exposure Facility）航天器的表面上完全被侵蚀。LDEF 航天器被航天飞机放置在 LEO 轨道上运行了六年后被收回。即使在短期的航天飞机任务中，也发现暴露的聚酰亚胺样品在几天内有可测量的侵蚀。在另一个例子中，空间站的早期设计方案之一是使用碳-碳复合材料作为桁架，这比使用铝更轻。经确定，这种复合材料在太空中仅用五年就会被显著侵蚀。即使原子氧通量不会剥蚀表面，表面的氧化也可能改变表层的热性能，这必须在航天器热控系统的设计中予以考虑。

LEO 周围环境中性成分也是已经观察到的出现于航天器冲压方向表面的紫外-可见-红外漫射发光的直接贡献因素。这些复杂的辉光现象，包括表面催化、激发复合，似乎是航天器高度、姿态、材料、表面温度、在轨时间、轨道性质（包括光照条件）和航天器尺寸的函数。

　　航天器周围的诱导中性环境来自航天器上的源所释放的中性气体。由于空间中的中性气体压力相对于地球的中性气体压力很低，所以许多材料暴露于空间环境时会释放气体。此外，材料还可通过分解或升华释放气体。通过推进器点火回流、离子推进器气体的不完全电离和航天器排放的废物也可产生中性气体。随着时间的推移，这些气态物质会覆盖并污染传感器及其表面，严重降低其性能或使其失效。有效载荷中的光学传感器、太阳能电池阵上的玻璃盖片都有可能受到此类影响。通过哈勃太空望远镜（HST）的例子，我们可以看到，与设想的中性气体的相互作用是如何驱动航天器设计的。对于 HST，保护玻璃盖片免受污染的追求导致做出了航天器不使用姿态控制推进器的决定，而是采用动量轮和磁力矩器进行姿态控制。

　　环境中的等离子体成分代表着流向航天器外表面和电源子系统暴露部分的电流。该电流所固有的不平衡导致在暴露于等离子体的所有表面上产生电荷累积。光电效应也可能导致充电，当太阳照射时，光电效应会使表面发射低能电子。对于处在 LEO 的大型航天器，航天器在地磁场中的运动可能产生充电电流。暴露于空间环境的高压电源系统产生的电场也可以显著地改变流向航天器的电流。

　　流向航天器的电流的影响可能很深远，因为它会导致在航天器表面上产生不等量的电荷累积。反过来，该电荷又会在航天器的绝缘表面之间，以及相对于航天器结构地和空间等离子体产生电势梯度。至少，相对于航天器结构地或空间等离子体的任何电势变化都会影响用于收集或发射带电粒子的仪器的性能。除此之外，航天器表面或电源系统上的电荷累积可能会产生破坏性电弧放电或微放电，引起电磁噪声和表面侵蚀。这种表面侵蚀会对航天器附近的气体和尘埃环境产生贡献。对于高压太阳能电池阵（产生电压大于 1 000 V），已经发现 LEO 等离子体引发的电弧对采用常规设计的太阳能电池有严重影响，甚至会破坏太阳能电池阵。即使对于低压的太阳能电池阵，避免电弧放电和其诱发的电磁干扰也是重要的设计限制因素。实际上，空间站太阳能电池阵选取了 160 V 工作电压，可以稳妥地处于经验确定的 200 V 的电弧阈值以下，尽管这种较低的电压相比最初设想的更高电压增加了配电系统的重量（对于相同厚度的传输线，较高的电压等同于较低的线损耗）。

　　对于 GEO 上的航天器而言，充电环境可能比 LEO 严重得多，尽管等离子体稀疏得多，但能量却非常高。这样的等离子体可以维持航天器表面和空间等离子体之间高达数千伏的电势差，正是这种巨大的电势差引起的电弧放电被认为直接导致了至少一颗或几颗 GEO 卫星失效以及许多其他卫星的异常。为了减轻充电效应的影响，NASA 已经开发了详细的设计指南和相关软件，以确定航天器表面上材料的选型和布局、接地方案和电路滤波器。尽管这些电荷控制设计是十分必要的，但它们与热控设计以及在某些情况下的流星体防护设计的协同关系使得航天器的设计大大复杂化。

　　一种主动减轻表面充电效应的方法是从航天器上发射高密度的冷等离子体。高密度等离子体可提供中和表面不等量电荷累积所需的电荷，平衡由环境等离子体引起的充电电流，从而保持所需的结构体电位。该技术在先进技术卫星-6（ATS-6）上得到了成功的验证，并将用于空间站以抑制居住模块的电弧放电。除了引起电弧放电之外，航天器上的电荷累积可以将带电的污染物吸附到敏感表面。这种污染会改变表面性质（例如，使导电表面导电性变差）并改变充电特性。我们在 GEO 卫星上观察到这种现象，并且在等离子体和中性环境的协同作用下两种效应相互增强。另一个例子是这些到达表面的中性物质通过电离提供电子，大大增加了与电源系统暴露部件相关的电弧放电的可能性（即帕邢击穿或电子倍增现象）。

环境的微粒（粒子）辐射成分可以通过直接辐射损伤以及深层介质充电来影响航天器系统。后一过程是高能电子作用的结果，高能电子可以穿透到航天器内部，沉积电荷，并最终在航天器内部电气隔离部件上产生电弧。直接辐射损伤可以是暂时的，也可以是永久的。当高能粒子穿过电子元件使其状态发生瞬间改变时，即出现暂时损伤，这被称为单粒子事件（SEE），其可重置航天器时钟，改变随机存取存储器的状态，增加电荷耦合器件中的噪声水平，并诱发其他伪信号。在特别严重的情况下，SEE 会导致"闩锁"，即集成电路烧坏导致永久性损坏。更常见的相互作用与电离总剂量（TID）的长期累积有关。由于高能粒子穿过而产生的缓慢电荷累积或材料的物理损伤会导致太阳能电池功率损耗，微电子器件的退化和失效，以及光学部件的变暗。实际上，太阳能电池的辐射损伤是航天器电源系统设计中最重要的寿命限制因素之一，针对该效应的设计解决方案是增大太阳能电池阵，以便在航天器寿命结束时仍能产生所需的功率水平。显然，这样的解决方案增加了重量，对航天器来说代价是很高的。采取适当措施保护航天器及其系统免受粒子辐射影响的设计往往非常昂贵，特别是对于从市场采购的新型的更加敏感的微电子器件的防护设计，这也是研究航天器相互作用的主要推动力。

除了粒子引起的辐射效应之外，光子辐射效应也会对航天器系统产生不利影响。在最低频率，射频干扰可以影响电子系统，而来自地球或其他天体的红外辐射可以改变在轨航天器的热平衡。在传感器表面的可见光闪烁或灰尘可能会产生错误的图像。空间中的紫外线辐射环境会直接降低航天器表面上许多材料的性质，如前所述，它可以通过光电发射或通过光化学诱导的键将污染物结合到敏感表面来改变航天器的充电状态。X 射线和伽马射线主要来自人造源，可以穿透表面并在航天器屏蔽层内产生带电粒子，对敏感系统的影响更加严重。

最后，流星体或空间碎片微粒环境的撞击可能会损坏或完全破坏航天器。即使在低地球轨道速度下运动的小颗粒，其动能也非常巨大，以致能造成严重的破坏（以低地球轨道速度即 7 km/s 的速度运动的豌豆，相当于保龄球以 60 mile/h 运动产生的效果）。微流星体撞击速度通常为 15～20 km/s，甚至可以高达 70 km/s。例如，一滴油漆斑点如果以足够快的速度击中了航天飞机窗口，那么它会形成一个足够大的坑导致航天飞机舱窗需要更换。轨道碎片造成的损坏问题已成为空间站设计的主要考虑问题之一。此外，空间碎片的撞击会使结构和表面材料在不到 100 V 的电压下产生电弧。

除了相对航天器以较大速度运动的微粒显然会造成损害之外，近场微粒污染还会严重降低空间光学系统的性能。被捕获在航天器附近的小颗粒会辐射或散射足够的能量使敏感的传感器系统过载，一个近场粒子产生的辐射信号可能超过处于远场的探测目标的特征信号。结果，大量微粒在传感器系统的视场中看起来是杂乱的。航天器周围的尘埃或微粒可以通过航天器表面材料剥落、火箭发动机（特别是固体火箭发动机）点火以及排放的垃圾在空间环境中结晶而产生。这些微粒在航天器离开后即变成空间碎片，清理和控制这些微粒被证明是非常困难的。它们在低地球轨道上的近乎指数式增长开始威胁到这个轨道空间航天器长期驻留的可行性，尤其是载人航天器。表 1 - 4 总结了所有这些相互作用，且列出了航天器子系统受各种环境因素的影响（Tribble，1993）。

表 1 - 4　航天器环境对航天器系统的影响

航天器系统	航天器环境			
	中性环境	等离子体	辐射	粒子
电源系统	改变玻璃盖片透射率	地电位移动,吸引污染物,电弧损伤	太阳能电池输出下降,电弧损伤	太阳能电池功能衰降
推进系统	污染源,拖曳	污染源		颗粒源
姿态控制系统	力矩,传感器功能衰退	力矩	传感器功能衰退	
结构系统	腐蚀	电弧损伤	电弧损伤	穿透
热控系统	表面性能改变	表面性能改变	表面性能改变	
电子学系统		电磁干扰	功能下降	
通信系统		电磁干扰		
有效载荷	传感器干扰(例如,辉光)	传感器干扰	电子损伤	穿透

1.6　航天器–环境相互作用的历史回顾

1.6.1　太空时代的黎明到 1970 年

　　航天器–环境相互作用的研究紧紧伴随着太空时代发展的历史。太空时代通常被认为是从 1957 年 Sputnik 航天器发射开始的。如果是这样的话，那么 1962 年范艾伦（Van Allen）和他的合作者们通过探索者 1 号发现存在环绕地球的高能质子和电子的环形带可以说是航天器相互作用研究的开始。这一发现促使形成许多研究这些辐射带的任务，到 20 世纪 70 年代初人们已成功建立几种辐射带及其效应的模型。人们也逐渐认识到航天器与中性大气（主要是通过阻力效应）和电离层等离子体之间的微妙相互作用。这种认知的动力不仅来自科学兴趣，更来自航天器及其有效载荷发挥最佳性能的需求。实际上，很多航天器与环境相互作用的基本物理学概念（当时已知的）是在 20 世纪 70 年代初被定义和理解的。特别是，这一时期还出版了一些关于通过电离层飞行的空气动力学的优秀书籍（Al'pert，Gurevich，and Pitaevskii，1965；Singer，1965；Kasha，1969）。

　　除了这些直接相互作用之外，人们还认识到更多主要是由污染产生的间接相互作用，注意到放气和微粒污染对航天器的影响。例如，在水手号任务中，一次星敏感器失锁被追踪到是由航天器近场中的微粒污染物所致。在双子星任务中，由于在舱窗垫圈中使用了有机硅，致使舱窗受到污染。在阿波罗任务中，质谱仪观测到强背景信号，这种增强的背景噪声被追踪到是由航天器的放气引起的。因此，到 20 世纪 70 年代初，辐射效应、微流星体、等离子体相互作用（主要在低地球轨道）和污染被认为是合理的设计考虑因素，并开发了可供使用的模型和减缓技术，这为 20 世纪 70 年代发现和探索全新的相互作用领域奠定了基础。

1.6.2　20 世纪 70 年代的 10 年

进入 20 世纪 70 年代，注意力开始转移到航天器充电及其对 GEO 航天器的影响（GEO 的商业重要性逐渐显现）。若干 GEO 航天器上观察到的异常（Rosen，1976）被认为与表面充电相关。美国启动了一项空军和 NASA 联合的庞大研究计划，它包括材料特性和充电过程的实验室研究，大规模模拟软件（NASA 充电和分析程序，或 NASCAP）的开发，以及 1979 年发射的研究充电现象的专用航天器——SCATHA 卫星。在苏联，也有类似的研究，最终开发了两个类似于 NASCAP 的仿真软件。其中一本专著［Garrett and Pike（1980）］对截止到 1980 年航天器充电和航天器-环境相互作用进行了一般性总结，该书介绍了整个环境影响，并首次提出了人类对空间环境永久性影响的概念。其中还包括一篇关于空间碎片（一个将主导未来相互作用研究的问题）的早期研究论文（Kessler and Cour - Palais，1980）。

1.6.3　20 世纪 80 年代的 10 年

20 世纪 80 年代，随着 NASCAP 的发布、SCATHA 结果的发表（Koons，1983）以及 GEO 航天器异常现象数据库的建立，GEO 充电项目的研究达到了顶峰。减缓航天器充电的代码和相关设计流程由 NASA 纳入到一份综合设计指南文件，该文件目前仍广泛用于航天器设计（Purvis et al. ，1984）。

随着航天飞机时代的到来，人们的注意力从对 GEO 航天器的影响转向对 LEO 航天器更重要的效应。等离子体效应领域将注意力集中在高电压和主动系统（例如，电动系绳航天器和空间站）与电离层的相互作用。1983 年，根据其他 LEO 航天器的初步迹象，科学家在 STS - 3 飞行期间在航天飞机附近寻找光发射（Banks et al.，1983）。在航天飞机表面观察到明亮的辉光，并且发现选择的材料在"温和"的 LEO 环境中被迅速侵蚀。为解释这些现象，开展了大量地基和天基研究，建立了许多地面设施来模拟 LEO 中性环境。然而，考虑到这种环境的实质——主要是以 7～8 km/s 的速度运动的高通量的基态原子氧，事实证明模拟是非常困难的。另一方面，LDEF 航天器在长期暴露于低地球轨道空间环境的六年期间提供了大量关于材料效应的在轨测量数据。总之，这些研究使得在理解高层大气和航天器之间的超高速相互作用方面取得了重大进展。

20 世纪 80 年代早期，轨道碎片被认为对 LEO 航天器可产生重大危害，于是便开始了评估、控制和缓解这种新环境的努力（Johnson and McKnight，1991）。20 世纪 80 年代中期的战略防御创新组织机构集中关注甚高功率系统效应和微电子辐射损害（计划中的"辉煌"武器所需）。实际上，到 20 世纪 80 年代末期，注意力已转移到大型高功率航天器，如空间站。人们意识到，诸如空间站或星球大战武器等航天器引入了新型的相互作用，不仅因为相互作用的协同作用增强，还因为这些航天器在一个之前从未被探索过的环境效应机制下运行。这种对大型高压系统相关效应的日益关注确实可能成为未来十年的主题，鉴于这些大型系统的极高成本及其要求的使用寿命（10～30 年），即使是低水平的相互作用也是至关重要的。

1.6.4　20 世纪 90 年代

航天器-环境相互作用的未来是什么？我们相信 20 世纪 90 年代会对航天器相互作用领域提供新的前景。除了空间站之外，有三类其他新型航天器很可能变得重要，其中每一类都将提供有趣的环境影响挑战。其中第一类是由等离子体推进器推动的航天器。等离子体推进器大大改变了它们附近的等离子体环境。由于它们将长时间运行，因此航天器将形成其自身独特的稳态等离子体环境。第二类是设计持续运行于 MEO，而不是仅仅周期性穿过辐射带的航天器，这些航天器必须设计成具有异常的抗辐射加固和容错能力。第三类是小型航天器，设计重点在于低成本发射和运行，而不是超高可靠性。设计驱动因素的这些变化可能对航天器设计产生深远的影响，因为工程师试图在降低成本的同时尽量减小环境作用的影响——这是互相矛盾的目标。因此，20 世纪 90 年代将面临许多新的挑战！

1.7　本书的目的

本章给出了航天器与其环境相互作用的定性描述。这些相互作用可能是对设计的限制，如高压太阳能电池阵上电弧放电的情况；或是对使用寿命的限制，如太阳能电池的辐射损伤情况。然而，大多数类型的环境影响只是短时扰动。后一种相互作用的一个例子是由于近场微粒污染导致的星敏感器失锁，尽管这可以通过设置星敏感器忽略一些不相关的目标来轻松处理，但这种现象会非常烦人，对此本书作者根据个人经验也可以证明。从简短的历史回顾中可以看出，空间环境相互作用领域大部分是在应对空间环境的新发现和辨识空间系统的新效应过程中产生的。虽然这使得特定相互作用所提出的问题得以解决，但结果经常是快速修复，而不是形成长期的深思熟虑的系统性的解决方案。本书的主旨是，统一的和基本的关于航天器-环境相互作用学科的研究方法不仅是必要的，而且也是及时的。这样一种方法将能够为相互作用产生的问题提供更好的工程解决方案，同时更好地理解与运行于太空环境的航天器相关的物理学。在接下来的章节中，通过考察与四种不同的环境要素相关的基础物理学，发展出一种系统的、统一的航天器相互作用的研究方法，目标是向读者介绍基础知识，然后将他们引向一个丰富的文献和数据宝库——因这个有趣而重要的新学科而存在的宝藏。

第 2 章　基本的长度、时间及速度尺度

在第 1 章中，介绍了四种基本的环境相互作用。为了帮助理解这些与航天器相互作用的物理特性，第 2 章讲述确定这些相互作用的无量纲物理参数。理解这些无量纲参数的大小可以简化对相互作用的复杂物理学的描述。这类似于这样一个概念：对于流体，雷诺数的定义允许将流体行为的物理学划分为两种机制。当雷诺数与单位 1 相比较小时，流体的物理性质受粘性效应的支配；当雷诺数与单位 1 相比较大时，流动是无粘性的。同样，对于可压缩气体，马赫数允许将流动的物理学划分为亚声速物理学和超声速物理学。这种基本尺度的概念，如雷诺数和马赫数，在本章及后续章节中被用作表征在不同环境约束下的基本相互作用的效应和重要性的手段。

2.1　分布函数的概念

在空间环境中建立尺度所需的一个重要概念是，四种空间环境每一种都可以用分布函数来描述。如 Vincenti and Kruger（1965）和 Bittencourt（1986）所描述，分布函数的概念是，在空间中非均匀分布的粒子可以通过在空间中某点 x 处定义的局部数密度 $n(x)$ 来描述。该函数由以下求极限的过程定义。如果在体积微元 $\Delta V = \Delta x_1 \Delta x_2 \Delta x_3$ 中包含 ΔN 粒子，其中 x_i 是位置矢量 x 的第 i 个分量，那么

$$n(x) = \lim_{\Delta V \to 0} \frac{\Delta N}{\Delta V} \qquad (2-1)$$

只要在取极限过程中，ΔV 在比粒子间隔大的尺度上趋近于零，使得体积中总是存在大量粒子，则该极限存在并且是有意义的。对于普通气体，可以通过 $m_p n(x)$ 给出质量密度，其中 m_p 是每个气体分子的质量。该方法表明，$n(x)$ 是单位体积的粒子数量，它是空间位置的函数。因此，密度 $n(x)$ 是粒子在真实空间中分布的量度，即 $n(x)$ 可称为粒子的位置分布函数。体积 V 中的粒子总数为

$$N = \int_V n(x) \mathrm{d}^3 x \qquad (2-2)$$

积分是可以找到粒子的体积 V 上的三维积分，符号 $\mathrm{d}^3 x$ 表示微分体元 $\mathrm{d}x_1 \mathrm{d}x_2 \mathrm{d}x_3$。可以在微分体元 $\mathrm{d}^3 x$ 中找到的粒子数是 $n(x) \mathrm{d}^3 x$。

在更普遍的意义上，为了完整地描述大量粒子，有必要根据与粒子特性相关的所有空间来定义粒子的密度分布。粒子在真实空间中最起码具有三个位置坐标，并且有三个矢量速度与其相关联。因此，为了完整地描述粒子，引入了抽象速度空间。在该空间中，速度矢量 v 是从原点到由坐标 $(v_{x_1}, v_{x_2}, v_{x_3})$ 所描述的空间点的矢量，其中 v_{x_i} 是 x_i 方向上的速度。任何粒子的瞬时状态由独立坐标 $x_1, x_2, x_3, v_{x_1}, v_{x_2}, v_{x_3}$ 定义。这一事实暗

示了由六个坐标 x_1，x_2，x_3，v_{x_1}，v_{x_2}，v_{x_3} 定义的六维相空间的概念，每个粒子由该空间中的一个点表示。采用与上述质量密度相同的方式，可以在六维相空间中定义粒子的密度，该相空间密度称为粒子的分布函数 f_j，并且定义如下。如果 $\mathrm{d}N_j$ 是在 t 时刻存在于六维体元 $\mathrm{d}^3 x\,\mathrm{d}^3 v_x$ 中的 j 类粒子数，则

$$\mathrm{d}N_j = f_j(\boldsymbol{x},\boldsymbol{v}_x,t)\mathrm{d}^3 x\,\mathrm{d}^3 v_x \tag{2-3}$$

从该定义可以清楚地看出，f_j 是六维相空间中的粒子密度。同样清楚的是，既然 f_j 是密度，它必须始终为正且是有限的。由式（2-2）和式（2-3）得

$$N_j = \int_V n_j(\boldsymbol{x},t)\,\mathrm{d}^3 x = \int_V \int_{-\infty}^{\infty} f_j(\boldsymbol{x},\boldsymbol{v}_x,t)\mathrm{d}^3 x\,\mathrm{d}^3 v_x \tag{2-4}$$

这里积分是在所有速度空间进行的。因此，有

$$n_j(\boldsymbol{x},t) = \int_{-\infty}^{\infty} f_j(\boldsymbol{x},\boldsymbol{v}_x,t)\mathrm{d}^3 v_x \tag{2-5}$$

此外，由于真实空间中的密度是有明确意义的量，因此当速度变得非常大时，函数 f_j 必须趋向于零（换句话说，不能存在具有无限速度的粒子）。

式（2-5）表明，分布函数在速度空间上的积分是宏观密度。从更普遍的意义上，分布函数的 $O(K)$ 矩被定义为

$$M_{x_i x_j \cdots x_l}^{(K)}(\boldsymbol{x},t) = \int_{-\infty}^{\infty} \underbrace{v_{x_i} v_{x_j} \cdots v_{x_l}}_{K\ \text{times}} f(\boldsymbol{x},\boldsymbol{v},t)\mathrm{d}^3 v_x \tag{2-6}$$

0 阶矩就是式（2-5）给出的数密度。

对粒子的任何特征量 $\boldsymbol{\alpha}(\boldsymbol{x},\boldsymbol{v},t)$，有可能定义其平均值如下

$$\langle \boldsymbol{\alpha}(\boldsymbol{x},t) \rangle = \frac{1}{n(\boldsymbol{x},t)}\int_{-\infty}^{\infty} \boldsymbol{\alpha}(\boldsymbol{x},\boldsymbol{v},t)f(\boldsymbol{x},\boldsymbol{v},t)\mathrm{d}^3 v_x \tag{2-7}$$

粒子的平均宏观速度定义为

$$\boldsymbol{u}(\boldsymbol{x},t) = \langle \boldsymbol{v} \rangle \tag{2-8}$$

有了该定义，就可以将给定粒子的随机速度定义为

$$\boldsymbol{c} = \boldsymbol{v} - \boldsymbol{u} \tag{2-9}$$

显然，$\langle \boldsymbol{c} \rangle = 0$。这证明了术语"随机速度"的合理性。

分布函数的 1 阶矩是

$$M_{x_i}^{(1)} = n_j(\boldsymbol{x},t)\langle v_{x_i} \rangle$$

2 阶矩与动量流张量有关，动量流张量定义为

$$P_{ij} = m_p n(\boldsymbol{x},t)\langle v_{x_i} v_{x_j} \rangle = m_p M_{x_i x_j}^{(2)}$$

压力张量的第 ij 个分量定义为

$$p_{ij} = m_p n(\boldsymbol{x},t)\langle c_{x_i} c_{x_j} \rangle$$

因此，动量流张量与压力张量的关系如下

$$p_{ij} = P_{ij} - m_p n(\boldsymbol{x},t)u_{x_i} u_{x_j}$$

标量压力定义为

$$p = \frac{1}{3}\sum_{i=1}^{i=3} p_{ii}$$

利用定义 $c^2 = c_{x_1}^2 + c_{x_2}^2 + c_{x_3}^2$，有

$$p = m_p n(\boldsymbol{x}, t) \langle c^2 \rangle / 3 \tag{2-10}$$

每个粒子的平均动能定义为

$$\langle E \rangle = m_p \langle c^2 \rangle / 2 \tag{2-11}$$

当粒子处于或接近热力学平衡时，可以定义该组粒子的特征温度 T。从经典热力学和统计力学来看，存在与粒子的每个平移自由度相关的能量 $kT/2$，因此

$$kT/2 = m_p \langle c_{x_1}^2 \rangle / 2 = m_p \langle c_{x_2}^2 \rangle / 2 = m_p \langle c_{x_3}^2 \rangle / 2 \tag{2-12}$$

其中，k 是玻耳兹曼常数。从式（2-11）和式（2-12）可以看出，$\langle E \rangle = 3kT/2$，并且从式（2-10）可以看出 $p = nkT$，这正是理想气体的状态方程。

抽象相空间中的密度或分布函数的概念比上面给出的定义具有更大的通用性。特别是，如果 j 类粒子具有可以从一个粒子或位置到另一个粒子或位置变化的特性，则可以在该特性的相空间中定义密度。例如，粒子可具有不同的质量或不同的电离状态，因此，可以定义抽象质量空间，其中每个粒子将成为该空间中的一个点。类似地，可以定义抽象电离状态空间，其中每个粒子是空间中的一个点。一个很好的例子是轨道碎片和行星际流星体的分布。有大量具有不同质量的不同粒子构成轨道碎片，它们可以通过在速度和质量空间上定义分布函数 f_{part} 来描述，使得轨道碎片的粒子数量为

$$N_{part}(t) = \int_0^\infty \mathrm{d}m \int_V \mathrm{d}^3 x \int_{-\infty}^{+\infty} \mathrm{d}^3 v_x f_{part}(\boldsymbol{x}, \boldsymbol{v}, m, t)$$

其中，质量积分在所有正的质量上进行。

2.1.1　麦克斯韦平衡分布函数

在统计力学、气体动力学和等离子体物理学的书中 [见 Vincenti and Kruger（1965）和 Bittencourt（1986）]，对处于热力学平衡的系统，存在最可几分布函数，这就是众所周知的麦克斯韦平衡分布函数，由下式定义

$$f_M(c) = n \left(\frac{m_p}{2\pi kT} \right)^{3/2} \exp[-m_p c^2 / (2kT)] \tag{2-13}$$

其中，n 是气体的均匀密度，T 是特征温度。通常，在周围空间环境中，特别是对于航天器-环境相互作用（由于航天器本身总是扰乱平衡），中性气体或等离子体并不处于热力学平衡。然而，由于对平衡态的扰动很小，在这个意义上可以认为它们接近平衡（Nicolis and Prigogine，1977）。在这种情况下，系统的分布函数可以通过局部麦克斯韦分布函数来描述

$$f_M(\boldsymbol{x}, \boldsymbol{v}, t) = n(\boldsymbol{x}, t) \left(\frac{m_p}{2\pi kT(\boldsymbol{x}, t)} \right)^{3/2} \exp \{-m_p \,|\boldsymbol{v} - \boldsymbol{u}(\boldsymbol{x}, t)|^2 / [2kT(\boldsymbol{x}, t)]\}$$

$$\tag{2-14}$$

其中，密度 n、平均速度 $\boldsymbol{u}$ 和温度 T 是随空间和时间变化的缓变函数。

麦克斯韦分布函数是气体和等离子体动力学中常见的分布函数，因此非常有必要列举它的一些重要特性。例如，统计力学证明麦克斯韦分布函数是满足施加于粒子系统的宏观

约束——密度守恒、能量守恒和动量守恒的最可几微观分布函数。正是此分布函数使气体或等离子体粒子集的熵最大化，因此是唯一符合热力学三个定律的分布函数。只要在气体或等离子体粒子集中存在产生随机性的物理过程，任何初始分布都会朝这种分布演化。例如，在电离层中（参见 3.3 节），粒子碰撞的数量足够大，预期分布函数将接近麦克斯韦分布。然而，在 GEO 环境中，粒子的碰撞频率非常低，以至于没有理由相信粒子会接近麦克斯韦分布。

2.1.1.1　麦克斯韦分布函数的性质

局部麦克斯韦分布具有以下特性

$$n(\boldsymbol{x},t)=n(\boldsymbol{x},t)\langle 1\rangle \tag{2-15}$$

$$\boldsymbol{u}(\boldsymbol{x},t)=\langle \boldsymbol{v}\rangle \tag{2-16}$$

$$\frac{3kT}{2}=\left\langle \frac{m_p v^2}{2}\right\rangle \tag{2-17}$$

对于平均速度为零（$\boldsymbol{u}=0$）的气体或等离子体，分布函数可以分解为三个独立的分量

$$f_M=g_M(v_{x_1})g_M(v_{x_2})g_M(v_{x_3}) \tag{2-18}$$

其中分解的分布函数 g_M 由下式给出

$$g_M(v_{x_i})=n(\boldsymbol{x},t)\left[\frac{m_p}{2\pi kT(\boldsymbol{x},t)}\right]^{1/2}\exp\{-m_p v_{x_i}^2/[2kT(\boldsymbol{x},t)]\} \tag{2-19}$$

这种 f_M 的分解表明三个速度分量是独立分布的，并且每个分量服从高斯分布。（注意：空间等离子体确实在沿磁场的优势方向具有不同的"温度"。）高斯函数具有零均值，分散度如下给出

$$\langle v_{x_i}^2\rangle=\frac{1}{n}\int_{-\infty}^{\infty}g(v_{x_i})v_{x_i}^2\,\mathrm{d}v_{x_i}=\frac{kT}{m_p} \tag{2-20}$$

均方根速度定义为

$$\langle v_{x_i}^2\rangle^{1/2}=(kT/m_p)^{1/2} \tag{2-21}$$

并且热速度定义为

$$v_{th}=(2kT/m_p)^{1/2} \tag{2-22}$$

均方根速度如图 2-1 所示。

既然麦克斯韦分布仅依赖于速度大小，因此在速度空间中以球极坐标表示它是十分有用的。球极坐标为 (v,θ,ϕ)，用笛卡儿坐标表示就是 $v^2=v_{x_1}^2+v_{x_2}^2+v_{x_3}^2$，$v_{x_3}=v\cos\theta$，$v_{x_1}=v\sin\theta\cos\phi$ 和 $v_{x_2}=v\sin\theta\sin\phi$。速度空间中的体积元是

$$\mathrm{d}v_{x_1}\,\mathrm{d}v_{x_2}\,\mathrm{d}v_{x_3}=v^2\sin\theta\,\mathrm{d}\theta\,\mathrm{d}\phi\,\mathrm{d}v \tag{2-23}$$

并且由于 f_M 仅取决于速度 v，因此可以定义约化分布函数 F_M

$$F_M(v)\mathrm{d}v=\int_{-\pi}^{\pi}\mathrm{d}\varphi\int_0^{\pi}\mathrm{d}\theta f_M(v)v^2\sin\theta\,\mathrm{d}\theta\,\mathrm{d}\phi\,\mathrm{d}v \tag{2-24}$$

于是，使用式（2-14）和式（2-22），速度分布 $F_M(v)$ 可由下式给出

$$F_M(v)=4\pi\left(\frac{1}{\pi}\right)^{3/2}(v^2/v_{th}^2)\exp(-v^2/v_{th}^2)/v_{th} \tag{2-25}$$

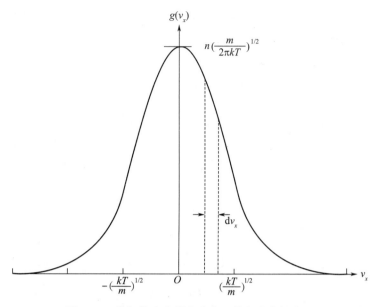

图 2-1　分解的麦克斯韦分布函数与速度的关系

分布 F_M 画于图 2-2 中。平均速度 $\langle v \rangle$ 为

$$\langle v \rangle = 4\pi \left(\frac{1}{\pi}\right)^{3/2} \int_0^\infty v^2 / v_{th}^2 \exp\left(-v^2 / v_{th}^2\right) \mathrm{d}v / v_{th} = \left(\frac{8kT}{\pi m_p}\right)^{1/2} \qquad (2-26)$$

这个特殊的平均速度值通常用 $\bar{c}$ 表示。最可几速度 v_{mp} 由下式确定

$$\frac{\mathrm{d}F_M(v)}{\mathrm{d}v}\bigg|_{v=v_{mp}} = 0$$

由此很容易证明 $v_{mp} = v_{th}$。从这个推导中可以看出，对于气体或等离子体中的任何粒子，它最可能的速度是 v_{th}，而所有粒子的平均速度是 $\bar{c}$。

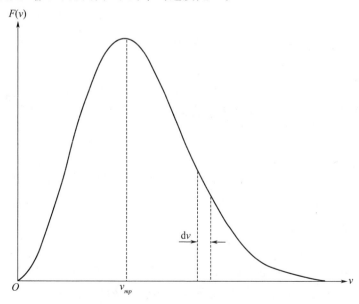

图 2-2　速度分布函数

对于没有定向运动的气体或等离子体，显然 $\langle v_{x_i} \rangle = 0$。但是，我们感兴趣的是考虑麦克斯韦气体或等离子体中的单侧通量，也就是单位时间内穿过某平面单位面积的粒子数。这种情况出现在粒子流入航天器表面的情况下。到达一个由单位法向矢量 $\boldsymbol{n}$ 定义的表面的单侧通量由下式给出

$$\Gamma_n = \int_{\boldsymbol{v} \cdot \boldsymbol{n} > 0} f \boldsymbol{v} \cdot \boldsymbol{n} \, \mathrm{d}v_{x_1} \mathrm{d}v_{x_2} \mathrm{d}v_{x_3} \qquad (2-27)$$

取 v_{x_3} 的方向与 $\boldsymbol{n}$ 一致，则 $\boldsymbol{v} \cdot \boldsymbol{n} = v\cos\theta$。球极坐标表示速度空间体元

$$\Gamma_n = \int_0^\infty f_M v^3 \, \mathrm{d}v \int_0^{\pi/2} \sin\theta \cos\theta \, \mathrm{d}\theta \int_0^{2\pi} \mathrm{d}\phi \qquad (2-28)$$

积分后得到

$$\Gamma_n = \frac{n\langle v \rangle}{4} = n\bar{c}/4 \qquad (2-29)$$

因子 $1/4$ 可以理解为来自 $1/2 \times 1/2$，第一个 $1/2$ 来自仅选择那些入射到 $\boldsymbol{n}$ 定义的平面的粒子，而第二个 $1/2$ 来自速度在 $\boldsymbol{n}$ 方向上的余弦分布的平均值。如果气体或等离子体处于由下式定义的保守力场中

$$\boldsymbol{F} = -\nabla\Psi(\boldsymbol{x}) \qquad (2-30)$$

则有可能解析地定义密度对位置矢量的依赖，这是通过考虑系统的动量平衡来完成的。稳态动量平衡的方程是

$$0 = n\boldsymbol{F} - \nabla p \qquad (2-31)$$

压力 p 在式（2-10）中定义。如果温度恒定，那么式（2-31）可以写为

$$n(\boldsymbol{x}) = n_0 \exp\left[-\Psi(\boldsymbol{x})/(kT)\right] \qquad (2-32)$$

其中，n_0 是当 $\Psi(\boldsymbol{x}) = 0$ 时区域中的数密度。式（2-32）中的指数通常称为玻耳兹曼因子，称密度服从玻耳兹曼分布。这种情况下，可以将局部麦克斯韦分布函数写为

$$f_M(\boldsymbol{x}, \boldsymbol{v}, t) = n_0 \left(\frac{m_p}{2\pi kT}\right)^{3/2} \exp\left\{-\left[m_p |\boldsymbol{v}|^2 + \Psi(\boldsymbol{x})\right]/(2kT)\right\}$$

对于静电场中的等离子体，$\Psi = q\Phi$，其中 Φ 是静电势，q 是粒子的电荷。该等式是后续章节中计算航天器电势的重要基础。

2.2　典型的航天器长度和速度尺度

为了分析中性粒子、等离子体、辐射或微粒与航天器相互作用的物理特性，需要先定义与扰动体（航天器）相关的典型长度、速度和时间的尺度。某一特定的物理效应相关的尺度与航天器尺度的比较，包含着这种物理效应的相对重要性信息。例如，如果中性气体扩散的平均速度是 v_{th}，且明显小于航天器的轨道速度 V_0，那么极少有气体落在航天器尾部，该区域近似为真空。

大多数航天器的典型尺寸范围是从几米到几十米。例如，典型的 GEO 卫星的高和半径为几米；航天飞机长约 30 m，横向尺度数米；空间站可能长达 100 m 量级。按照上述

尺度，航天器的体尺度 L_b 可以定义为 $L_b \approx 1 \sim 100 \text{ m}$ 。（注意：空间系绳或长而细的伸杆可能有厘米级的尺寸，但这些在此不进行讨论。）航天器必须以适当的速度运动以维持其轨道，围绕地球的圆轨道上的航天器的轨道速度是

$$V_0 = V_{cir} = \sqrt{GM_E/r}$$

其中，G 是万有引力常数，M_E 是地球的质量，r 是距离地球中心的径向距离。对于 LEO（$r \approx 6\,600 \text{ km}$），$V_0 \approx 8 \text{ km/s}$；对于 GEO（$r \approx 42\,000 \text{ km}$），$V_0 \approx 3 \text{ km/s}$。航天器对地球的逃逸速度是

$$V_0 = \sqrt{2GM_E/R_E}$$

其中，R_E 是地球的半径。通过该式计算得到逃逸速度 $V_0 = 11 \text{ km/s}$。因此，典型的航天器速度在 $V_0 \approx 1 \sim 11 \text{ km/s}$ 的范围内。利用这些长度和速度尺度，可以定义渡越时间和渡越频率。

渡越时间是

$$T_t = L_b/V_0 \tag{2-33}$$

渡越频率是

$$\nu_t = V_0/L_b \tag{2-34}$$

基于上述的数据，得到 $T_t \approx 10^{-4} \sim 10^{-1} \text{ s}$，$\nu_t \approx 10 \sim 10^4 \text{ Hz}$。渡越时间是空间的气体或等离子体通过航天器的时间尺度。它定义了一个时间尺度，在该时间尺度上，相对于地球静止的相互作用将被视为是在远离航天器运动。

2.3　中性气体尺度

2.3.1　碰撞平均自由程和克努森数

中性粒子只能通过碰撞与中性粒子及航天器相互作用。因此，为了比较不同中性粒子相互作用的影响，先要估计碰撞对中性气体的平均影响，这是通过平均自由程来实现的。平均自由程这个概念是气体动力学领域的基础（Vincenti and Kruger, 1965；Bird, 1976），本节的介绍也以此为基础。

在气体动力学中，平均自由程定义为气体分子在两次碰撞之间行进的平均距离。为了在数学上定义它，必须引入碰撞截面的概念。如果两个半径为 r_1 和 r_2 的分子（r_1 称为测试分子，r_2 称为场分子）被建模为刚性球体，那么当两分子中心之间的距离为 $r_1 + r_2$ 时，两个分子将发生碰撞。如果定义一个管子，其半径为 $r_1 + r_2$，且将场分子放置在管子中心，那么进入管子的任何测试分子都将与场分子碰撞。刚性球的碰撞截面定义为管的横截面，即

$$\sigma = \pi \, (r_1 + r_2)^2 \tag{2-35}$$

在更普遍的意义上，只要两个分子相互足够接近，使其分子间力足以改变两个粒子的运动轨迹时，两个分子就发生相互作用。典型的分子间力场如图 2-3 所示。我们将碰撞截面定义为它们相互作用截面，从该定义和图 2-3 中可以明显看出，截面通常是两碰撞

者之间相对速度的函数，因为以较大的相对速度运动的分子比以较小相对速度运动的分子更能相互接近，直到彼此排斥。此外，显然可以定义不同类型的相互作用截面。实际分子在碰撞中可能发生弹性碰撞，也可能从内部激发，化学解离，进行电荷交换或电离。这些相互作用中的每一种都具有与其相关联的碰撞截面，并且可以为每种类型的碰撞定义平均自由程。

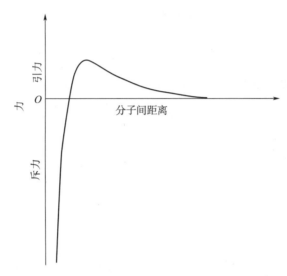

图 2-3　分子间力场与距离的关系

有了碰撞截面定义，就可以定义平均碰撞率。如果将测试分子注入到场分子的分布中，则测试分子将随机地与场分子碰撞。取速度在 v 和 $v+\Delta v$ 之间的场分子的数目为 Δn，如果测试分子具有速度 v_t，那么在 Δt 时间间隔内，测试分子将与体积为 $\sigma|v_t-v|\Delta t$ 的圆柱体中的任何分子碰撞。该圆柱体中的场分子数为 Δn，所以碰撞的次数为 $\sigma|v_t-v|\Delta t\Delta n$。那么，平均碰撞率与平均相对速度的关系为

$$\nu=n\langle\sigma(g)g\rangle \qquad (2-36)$$

其中，g 是相对速度 $|v_t-v|$，其平均值已在式（2-7）中定义。平均自由程是测试分子在相邻碰撞之间行进的平均距离。测试分子将具有平均速度 $\langle|v_t-u|\rangle$，使得平均自由程为

$$\lambda_{mfp}=\langle|v_t-u|\rangle/n\langle\sigma(g)g\rangle \qquad (2-37)$$

更普遍地，如果 a 类分子正在经历与 b 类分子的 ξ 类碰撞（ξ 可以是弹性碰撞、激发、电离等），那么 a 类分子的平均自由程是

$$\lambda_\xi^{ab}=\langle|v_a-u_a|\rangle/[n_b\langle\sigma_{ab}^{(\xi)}(g_{ab})g_{ab}\rangle] \qquad (2-38)$$

其中，$g_{ab}=|v_a-v_b|$。

那么，气体流中的克努森数 Kn 定义为

$$Kn=\lambda_{mfp}/L_b \qquad (2-39)$$

这里，相互作用假设为弹性碰撞。如果克努森数远小于 1，则气体分子在航天器尺度范围内遭受许多碰撞。在这种情况下，气体分子与航天器的相互作用可以用连续体的

Navier - Stokes 方程（Vincenti and Kruger，1965）很好地描述。采用连续体方法的有效性的判定标准（Bird，1976）是 $Kn \leqslant 0.1$。对于 $Kn \leqslant 0.1$，流体被定义为连续体，或者有时定义为碰撞的；对于 $Kn \gg 1$，经过航天器的流体被定义为无碰撞的，各个分子在航天器尺度范围内基本上遵循由惯性决定的弹道轨迹。$Kn \approx O(1)$ 的流体被称为过渡流体，此时弹道运动和几次碰撞对分析流体都很重要。对于中性气体与航天器的相互作用，流体要么是无碰撞的，要么偶尔是过渡流体。

2.3.2　速度比

对于具有麦克斯韦分布且平均速度为 u 的中性气体，定义平均速度与热速度的速度比是很重要的。它被定义为

$$S = |u| / v_{th} \tag{2-40}$$

如果气体的 $S \gg 1$，那么气体分子的运动由定向速度 u 支配，同时具有小的随机热分量。这是 LEO 航天器通过环境大气流体（$|u| = V_0$）的情况。航天器将在迎着速度矢量的一侧（冲压侧）遇到较强的流体通量，而在背离速度矢量的一侧（尾迹侧）经历非常低的通量。在极限 $S \ll 1$ 条件下，气体分子的运动由热分量控制，并且仅具有很小的定向分量，这种情况下，航天器的冲压面和尾迹面的通量几乎没有差别。

值得注意的是，S 的定义几乎与连续气体中的马赫数的定义相同 $[S = u / (2kT/m_p)^{1/2}$ 和 $Ma = u / (\gamma kT/m_p)^{1/2}$，其中 γ 是气体中的比热比，为 $O(1)$ 阶量]。对于空间最常见的无碰撞流动，气体中声速的概念在 L_b 尺度上不能给出有意义的定义；因此，马赫数不再是一个有用的参数。然而，这两个定义非常相似，可以在它们之间进行类比。特别是，对于 $S \gg 1$ 和 $S \ll 1$，如上所述的流体的物理特征对应于连续气体中的超声速流和亚声速流。所以，$S \gg 1$ 的情况有时被称为超声速流，$S \ll 1$ 情况类似地被称为亚声速流。

2.4　等离子体尺度

2.4.1　恒定电场和磁场中粒子的基本运动

与在惯性和碰撞影响下移动的中性粒子相比，带电粒子还在电磁力的作用下运动。除了靠近地球大气层的上边缘外，一般可以忽略作用在粒子上的碰撞力和摩擦力。作用在粒子上的两个主要的力分别是静电力

$$F_E = qE \tag{2-41}$$

和磁力（洛伦兹力）（MKS 单位）

$$F_B = q(v \times B) \tag{2-42}$$

其中，q 是粒子电荷（包含符号，$q = Ze$，其中 e 是电子电荷的绝对值，等于 $1.602\ 19 \times 10^{-19}\ C$，$Z$ 是电荷数，一个电子的电荷数等于 -1，单电离态离子电荷数为 $+1$，双电离态离子电荷数为 $+2$，等等），v 是粒子的速度矢量，B 是空间中大小为 B 的磁场矢量，E 是空间中大小为 E 的电场矢量。

假设粒子的实际运动受式（2-41）和式（2-42）的约束。当电场设置为零并且使用叉积的定义时，式（2-42）意味着带电粒子上的力总是垂直于粒子的瞬时速度矢量和磁场矢量。也就是说，在没有其他力的作用下，粒子必然在垂直于磁场矢量的平面中做圆周运动。它还可以沿着磁场方向自由移动（没有任何加速度），围绕其运动中心进行螺旋运动［见 Bittencourt（1986）］。通过使向心力 $m_p v_\perp^2 / \rho_p$ 等于洛伦兹力，可以得到该圆的半径 ρ_p（称为回旋半径）。在这个表达式中，m_p 是粒子质量，$v_\perp$ 是垂直于 B 的速度分量。半径表达式为

$$\rho_p = \frac{m_p v_\perp}{qB} \qquad (2-43)$$

带电粒子的回旋频率 Ω_p 由下式给出（MKS 单位）

$$\Omega_p = qB/m_p \qquad (2-44)$$

其中，Ω_p 以弧度为单位。

根据式（2-42），任何与 B 平行的粒子运动都不受 B 的影响。粒子的运动可以通过平行于磁场的速度 $v_\parallel$、垂直于磁场的速度 $v_\perp$，以及称为粒子投掷角的 α 来描述，α 即粒子运动相对于 B 方向的角度，可表示为

$$\alpha = \arccos(v_\parallel / v) \qquad (2-45)$$

粒子的运动轨迹可以描绘为沿着磁场方向的螺旋运动，在沿着磁场方向移动的同时围绕磁场做回旋运动。如果存在电场或者如果磁场具有时间或空间变化特性，则带电粒子将偏离这些简单的运动。例如，考虑存在恒定电场的情况，在这种情况下，粒子运动方程是

$$m_p \frac{\mathrm{d}\boldsymbol{v}}{\mathrm{d}t} - q(\boldsymbol{v} \times \boldsymbol{B}) = q\boldsymbol{E} \qquad (2-46)$$

这个运动方程的齐次解即前面讨论的回旋运动。对于垂直于 $\boldsymbol{B}$ 的恒定电场，方程的特殊解是（MKS 单位）

$$\boldsymbol{v} = \frac{\boldsymbol{E}_\perp \times \boldsymbol{B}}{B^2} = \boldsymbol{v}_d \qquad (2-47)$$

该速度对应于所谓的粒子漂移速度。粒子的总速度由围绕磁场的回旋速度、平行于磁场的运动速度（对于 $\boldsymbol{E} \cdot \boldsymbol{B} = 0$）和垂直于电场和磁场的漂移速度组合而成。这种漂移速度称为"$\boldsymbol{E} \times \boldsymbol{B}$"漂移速度。因为它与电荷和质量无关，所以电子和离子都具有相同的漂移速度，并且没有净电流。

等离子体中电子的回旋半径小于离子的回旋半径，电子和离子的质量比为 m_e/m_i。因此，由于回旋运动和"$\boldsymbol{E} \times \boldsymbol{B}$"运动的组合，电子在这种恒定的电场和磁场中的运动将是横越场的紧密的摆线运动，如图 2-4 所示，离子比电子具有更大的摆线运动。

衡量航天器周围等离子体中磁效应的强弱可以通过定义离子和电子磁化参数来获得。对于麦克斯韦等离子体，电子磁化参数 M_e 定义为

$$M_e = \frac{\rho_e}{L_b} = \frac{m_e v_{the}}{eBL_b} \qquad (2-48)$$

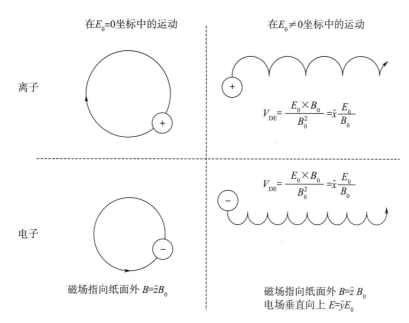

图 2-4　恒定电场和磁场中离子和电子的摆线轨迹

　　这是由热速度定义的回旋半径与航天器尺度之比。如果 $M_e \ll 1$，则航天器周围的电子流动受到诸如回旋运动之类的磁效应的支配。离子磁化参数的定义为

$$M_i = \rho_i/L_b = \frac{m_i v_{thi}}{qBL_b} \tag{2-49}$$

　　如果 $M_i \gg 1$，那么典型的离子轨迹将被视为航天器尺度上的弹道，并且离子的磁效应可以被忽略。具有 $M_e \ll 1$ 和 $M_i \ll 1$ 的等离子体流被认为是磁化的，而 $M_e \gg 1$ 和 $M_i \gg 1$ 的等离子体流被认为是非磁化的。注意对于 $T_e \approx T_i$，$M_e/M_i \approx (m_e/m_i)^{1/2}$，如果 $M_i \ll 1$ 则 $M_e \ll 1$。既然磁化参数尺度正比于 $1/B$，因此在低磁场区域中，等离子体流通常是非磁化的。

2.4.2　德拜长度和自然等离子体频率

　　等离子体被定义为带电粒子的集合，其行为受粒子的集体相互作用所支配（Bittencourt，1986）。在足够大的尺度范围内，接近平衡的等离子体必须满足电荷近似中性。如果不是这种情况，强烈的库仑静电相互作用会驱使粒子分开并且不允许平衡状态存在。在等离子体中建立电荷中性的长度尺度称为德拜长度。该特征长度可以从以下简单推导得出。

　　考虑一个处于等离子体中的航天器表面，并假设表面电位为 Φ_w。这种情况如图 2-5 所示。壁前等离子体中的电势由泊松方程给出（Bittencourt，1986）

$$\nabla^2 \Phi = e(n_e - n_i)/\epsilon_0 \tag{2-50}$$

其中，n_i 为等离子体的离子密度，n_e 为等离子体的电子密度，ϵ_0 是自由空间的介电常数。如果电子和离子在等离子体中呈麦克斯韦分布并且具有相同的温度 kT，那么电子的密度由

式 (2-32) 确定

$$n_e = n_{e_0} \exp[-e\Phi/(kT)] \qquad (2-51)$$

同样，离子密度为

$$n_i = n_{i_0} \exp[e\Phi/(kT)] \qquad (2-52)$$

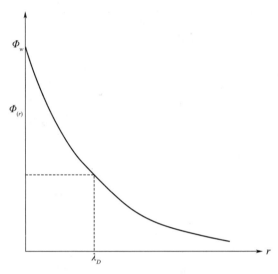

图 2-5　等离子体中的德拜屏蔽

在无穷远处，空间的电势被定义为零，那里的离子和电子的密度一定是相等的（如果不是这种情况，则静电电势不会为零）。因此，有 $n_{e_0} = n_{i_0} = n_0$，在方程（2-50）中使用该关系给出

$$\nabla^2 \Phi = e n_0 \{\exp[-e\Phi/(kT) - \exp[e\Phi/(kT)]\}/\epsilon_0 \qquad (2-53)$$

该方程可以通过以下定义来归一化：$\widetilde{\Phi} = e\Phi/kT$，长度 λ_D（MKS 单位）

$$\lambda_D = \sqrt{\epsilon_0 kT/(n_0 e^2)} \qquad (2-54)$$

和 $\widetilde{x} = x/\lambda_D$。那么方程就变成了

$$\frac{\mathrm{d}^2 \widetilde{\Phi}}{\mathrm{d}\widetilde{x}^2} = [\exp(-\widetilde{\Phi}) - \exp(\widetilde{\Phi})] \qquad (2-55)$$

该等式必须在边界条件 $\widetilde{x} = 0$ 处 $\widetilde{\Phi} = e\Phi_w/(kT)$ 以及无穷远处 $\widetilde{\Phi} = 0$ 来求解。如果等离子体具有与其热能相比较小的势能 $[e\Phi/(kT) \ll 1]$，那么通过对方程（2-55）的右边做泰勒级数展开可以得到

$$\frac{\mathrm{d}^2 \widetilde{\Phi}}{\mathrm{d}\widetilde{x}^2} = -2\widetilde{\Phi} \qquad (2-56)$$

这给出了满足边界条件的解

$$\Phi = \Phi_w \exp[-x/(2\lambda_D)] \qquad (2-57)$$

该电势如图 2-5 所示。长度 λ_D 称为德拜（Debye）长度。根据上述推导，德拜长度是在等离子体中屏蔽航天器表面电势影响的长度尺度。德拜长度也是等离子体中近似满足电中

性的长度尺度。这一过渡区域就产生了被称为准中性的重要概念。也就是说，在小于德拜长度的长度尺度上，等离子体可能不是电中性的。这在航天器表面附近显然是真实的，它将吸引一种极性电荷并排斥其他极性电荷。数学上，在大于德拜长度的长度尺度上，这可以表示为

$$qn_i - en_e = 0 \qquad (2-58)$$

航天器表面附近违反准中性的区域称为鞘层。它可以被看成等离子体中与经典流体的边界层类似的结构，并且准中性可以被视为流的外部解。德拜长度也是等离子体集体效应能够明显表现出来的长度尺度。对于小于德拜长度的尺度，带电粒子表现为受电效应影响的单个带电粒子行为；在较长的尺度上，会出现粒子的集体耦合。有了这个基本长度尺度的存在，就可以定义航天器与空间等离子体相互作用的电学耦合参数。

如果 $\lambda_D \gg L_b$ ，则称等离子体-航天器相互作用是电耦合的；如果 $\lambda_D \ll L_b$ ，则是非电耦合的。如果 $\lambda_D \gg L_b$ ，航天器上一个部分的电势将遍布整个航天器；而在相反的极限条件下，航天器的每个部分将仅与其紧邻的表面发生耦合。

除了静电效应之外，在带电的等离子体中还存在许多电磁现象。波激发和传播是与等离子体相关的主要电磁现象。基本等离子体波参数是电子等离子体频率 ω_{p_e} ，由如下给出（MKS 单位）

$$\omega_{p_e} = \sqrt{e^2 n_e / (\epsilon_0 m_e)} \qquad (2-59)$$

这是准中性等离子体中的基本振荡频率。从德拜长度和电子热速度的定义可以看出

$$\omega_{p_e}^2 = \frac{v_{th_e}^2}{2\lambda_D^2} \qquad (2-60)$$

因此，电子等离子体频率可以理解为，如果热运动将离子与电子分开德拜长度，则等离子体将产生振荡的频率。另一个基本频率——离子等离子体频率，是对单个离子种类定义的

$$\omega_{p_i} = \sqrt{q^2 n_i / (\epsilon_0 m_i)} \qquad (2-61)$$

其中，电荷 q 是离子上的总电荷。

在任何关于波现象的讨论中同样十分重要的是低混杂频率 ω_{lh} 和高混杂频率 ω_{uh} 。它们基本上是电子和离子的等离子体频率和回旋频率的混合，并由下式给出

$$\omega_{lh} = \sqrt{\omega_{p_i}^2 / (1 + \omega_{p_e}^2 / \Omega_e^2)} \qquad (2-62)$$

$$\omega_{uh} = \sqrt{\omega_{p_e}^2 + \Omega_e^2} \qquad (2-63)$$

等离子体的动力学运动是由它们的碰撞频率表征的。空间等离子体中的电子可以与其他电子、离子和中性粒子碰撞。电子与其他电子或离子碰撞的完整表达非常复杂（Trubnikov，1965），并且取决于离子和电子的相对能量以及电荷。对于麦克斯韦等离子体（离子和电子速度分布使得电子热速度是最大平均速度，例如，$v_{th_i} \ll V_0 \ll v_{th_e}$ ）及离子带单个电荷情况，电子的碰撞频率为（Chen，1984）

$$\nu_e = \nu_{ei} + \nu_{ee} = 2.9 \times 10^{-12} n_e \ln\Lambda_D (kT_e/e)^{-3/2} \qquad (2-64)$$

其中，ν_{ee} 是电子-电子碰撞频率，ν_{ei} 是电子-离子碰撞频率，n_e 是每立方米的电子密度，T_e

是以开尔文为单位的电子温度。对数 $\ln\Lambda_D$ 称为库仑对数，是由于德拜屏蔽而在等离子体中对粒子相互作用取截止的结果。该对数仅微弱地依赖于等离子体参数，通常在 $10\sim20$ 范围内取值。

在部分电离气体中，如 LEO 等离子体，电子也可以与中性成分碰撞。对于麦克斯韦等离子体，电子-中性粒子碰撞频率 ν_{en} 由下式给出

$$\nu_{en} = n_n\sigma_{en}v_{th_e}/\sqrt{2} \tag{2-65}$$

其中，n_n 是中性粒子密度，σ_{en} 是电子与中性粒子碰撞截面。经过对大量气体分子进行测量，该碰撞截面典型值为 $O(5\times10^{-19})$ m² 量级，尽管它也依赖于能量；这种情况下，碰撞截面必须对能量取平均值。在部分电离气体中，总电子碰撞频率为 $\nu_e + \nu_{en}$。这样，这种气体和/或等离子体混合物中电子的平均自由程可定义为 $\lambda_{mfp}^e = v_{th_e}/(\nu_e + \nu_{en})$。

麦克斯韦等离子体中的离子碰撞频率由下式给出

$$\nu_i = \nu_{ii} + \nu_{ie} = 4.8\times10^{-14}n_i\ln\Lambda_D\,(kT_i/e)^{-3/2}\,\mu^{-1/2} \tag{2-66}$$

其中，ν_{ii} 是离子-离子碰撞频率，ν_{ie} 是离子-电子碰撞频率，碰撞频率主要取决于离子-离子碰撞。在式（2-66）中，T_i 是以开尔文为单位的离子温度，并且 $\mu = m_i/m_{proton}$ 或以原子质量单位表示的离子质量。麦克斯韦气体和/或等离子体混合物中的离子-中性碰撞频率为

$$\nu_{in} = n_n\sigma_{in}v_{th_i}/\sqrt{2} \tag{2-67}$$

其中，σ_{in} 是离子-中性碰撞截面。经过对大量气体分子进行测量，该碰撞截面典型值为 $O(5\times10^{-19})$ m² 量级。与电子相似，部分电离气体中离子碰撞的平均自由程是 $\lambda_{mfp}^i = v_{th_i}/(\nu_i + \nu_{in})$。

如果等离子体中离子和电子均满足 $\lambda_{mfp} \gg L_b$，则称等离子体-航天器相互作用是无碰撞的。如果相反，则称为碰撞的。对于航天器尺度上的无碰撞相互作用，离子和电子将主要流经航天器，碰撞对等离子体相互作用的影响很小。对于空间环境参数，从实际应用出发，等离子体-航天器相互作用通常被认为是无碰撞的。

2.4.3　速度比

在中性气体中，只有一种可能的热速度，因此，速度比只有一种可能的定义。等离子体中的情况更复杂，因为可以定义两个速度比。它们分别是由 $S_e = |\boldsymbol{u}_e|/v_{th_e}$ 定义的电子速度比 S_e 和由 $S_i = |\boldsymbol{u}_i|/v_{th_i}$ 定义的离子速度比 S_i。通过这两个速度比可以定义新的相互作用。如果航天器周围的等离子体流满足 $S_i \gg 1$ 和 $S_e \ll 1$，则称该流动为中热的或中等声速的。在这种情况下，离子表现为超声速，电子表现为亚声速。另外两种区域是 $S_i \ll 1$ 且 $S_e \ll 1$（亚声速）和 $S_i \gg 1$ 且 $S_e \gg 1$（超声速）。在随后的章节中，对这些状态下的等离子体相互作用的特征进行比较。

2.5　辐射不变量

2.5.1　绝热不变量

2.4.1 节中显示了在恒定的电场和磁场中，带电粒子的运动是围绕磁场的回旋运动、沿着磁场无阻碍的流动，以及垂直于磁场和电场具有恒定漂移速度的漂移运动。与行星相关的实际电场和磁场不是恒定的，而是在时间尺度上缓慢变化的，使得在回旋轨道上场变化很小

$$\frac{1}{\Omega_c}\left|\frac{\partial \ln B}{\partial t}\right| \ll 1$$

对于在小于某些特征时间的时间尺度上变化的电场和磁场，已表明这些场中的带电粒子的运动将保持三个量不变（Krall and Trivelpiece，1973；Jursa，1985；Bittencourt，1986）。这种保守性构成了绝热不变性概念的基础，并且意味着在某个时间尺度上存在一个物理量在该时间尺度上没有显著变化。

第一个绝热不变量是磁矩 μ，对相对回旋运动周期较长的时间尺度上的变化是守恒的。磁矩定义为

$$\mu = \frac{p_\perp^2}{2m_0 B} \tag{2-68}$$

其中，p 是粒子动量，$p_\perp$ 是垂直于磁场的粒子动量，m_0 是粒子静止质量。对于非相对论粒子有

$$\mu = \frac{m v_\perp^2}{2B} \tag{2-69}$$

而对相对论粒子则有

$$\mu = \gamma^2 \frac{m_0 v_\perp^2}{2B} \tag{2-70}$$

其中，γ 是相对论因子，$\gamma = 1/(1-v^2/c^2)^{1/2}$，$c$ 为光速。

在沿主磁场方向强度增加的磁场中，可以用磁矩的不变性来显示沿场旋进的粒子将在某一点反射，这可以通过以下论证来证明。磁场中的镜像比 R_m 定义为粒子发生反射的最大场强与最小场强的比率。如果在磁场的最小场强处，粒子具有投掷角 α_0，那么，由能量守恒，沿磁场的任何一点的平行速度是

$$\frac{v_\parallel^2}{2} = \epsilon \cos^2\alpha_0 + \mu B_{\min} - \mu B \tag{2-71}$$

其中，ϵ 是单位质量的粒子能量。用 R_m 和 μ 的定义进行替换，上式可写为

$$\frac{v_\parallel^2}{2} = \epsilon(1 - R_m \sin^2\alpha_0) \tag{2-72}$$

既然 $v_\parallel^2$ 永远不会是负的，这意味着在最小场强处投掷角大于 $(R_m)^{1/2}$ 的粒子永远不能到达最大场强处。因此，当 $v_\parallel = 0$ 时，它们必然反射而掉转方向，此处的场强为

$$B = B_m = B_{\min} / \sin^2 \alpha_0 \qquad\qquad (2-73)$$

这被称为镜像方程。该论证表明，在强度增加的磁场中，粒子运动将围绕场旋转并在高磁场区域之间反弹。两个转向点之间的反弹时间是

$$\tau_B = \int_{-l_m}^{l_m} \frac{\mathrm{d}l}{v_{\parallel}}$$

其中，$\mathrm{d}l$ 是沿磁力线的长度微元，l_m 是从最小场强到粒子发生镜像反射的场点之间的距离。如果反弹时间与回旋周期相比较长，但与镜像位置处的时间变化相比较短，则可以证明存在第二个绝热不变量，称为纵向不变量 J。它被定义为

$$J = \int_{-l_m}^{l_m} p_{\parallel} \, \mathrm{d}l \qquad\qquad (2-74)$$

J 为常数的曲面定义了限定给定粒子的回旋运动和反弹运动的磁通管。对于偶极场，图 2-6 中给出了说明。在偶极场中，尽管磁场在时间或空间上变化缓慢，如果变化的尺度比反弹周期慢，粒子将被捕获在偶极场中给定的磁力线上。

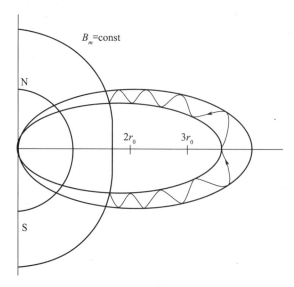

图 2-6　带电粒子在偶极磁场中的运动

2.5.1.1　B-L 坐标系和刚度概念

在下一章中可以看出，在地球附近地磁场可以通过倾斜的磁偶极子来近似。在球极坐标系（r, θ_m, ϕ_m）中，磁场的三个分量是

$$
\begin{aligned}
B_r &= -\frac{M}{r^3} 2\cos\theta_m \\[4pt]
B_{\theta_m} &= -\frac{M}{r^3}\sin\theta_m \\[4pt]
B_{\phi_m} &= 0
\end{aligned}
\qquad\qquad (2-75)
$$

其中，M 是偶极矩，$M = 0.311 G \cdot R_E^3$，R_E 是地球半径（约 6 400 km）。磁力线方程由下式给出

$$\frac{\mathrm{d}r}{B_r} = \frac{r\,\mathrm{d}\theta_m}{B_{\theta_m}} \tag{2-76}$$

ϕ_m 是一个常数。对于余纬 θ_m 和纬度 λ_m ，由上式得

$$r = r_0 \sin^2 \theta_m = r_0 \cos^2 \lambda_m \tag{2-77}$$

距离 r_0 是磁力线与磁赤道（$\theta_m = 90°$）交点的径向距离。定义无量纲距离 L

$$L = r_0 / R_E \tag{2-78}$$

被称为 McIlwain "L" 参数。根据 r_0 的定义，L 的值是以 R_E 表示的磁力线与磁赤道的交点。L 参数可用于定义一个称为 L 壳的表面，对于给定的 L，它是由以给定 L 值穿过磁赤道的所有磁力线构成的。以 L 参数表示，偶极子磁场强度可以写成

$$B = \frac{B_E}{L^3} \frac{\sqrt{4 - 3\cos^2 \lambda_m}}{\cos^6 \lambda_m} \tag{2-79}$$

其中，B_E 是磁赤道上地球表面的磁场强度。

在该磁场中，磁力线的曲率和磁场的径向梯度意味着当粒子在镜像点之间旋进和反弹时，粒子将受到垂直于磁场方向的力。这些力的作用，和垂直于磁场的电场力一样，将引起垂直于力和磁场的粒子漂移。在上面的球坐标系中，这种漂移将沿着角向（ϕ_m）。沿着地球周围角向的漂移时间由下式给出

$$\tau_d = \oint \mathrm{d}s / v_d$$

其中，$\mathrm{d}s$ 是在漂移轨道的微元，v_d 是漂移速度。如果漂移时间 τ_d 与反弹时间 τ_B 相比较长，但与整个场的变化相比较短，那么可以定义第三个绝热不变量，即通量不变量 Φ

$$\Phi = \int_S \boldsymbol{B} \cdot \mathrm{d}\boldsymbol{S} \tag{2-80}$$

其中，表面 S 是以角向漂移路径为边界的曲面。在式（2-75）定义的偶极场中，通量不变量可以写成

$$\Phi = -\frac{2\pi B_E R_E^2}{L} \tag{2-81}$$

磁通不变量的恒定性意味着粒子围绕地球在 L 为常数的表面上漂移，这就是前面定义的 "L 壳"。

粒子在地球磁场中的运动被表征为围绕磁力线的旋转，在 B_m（由于 μ 的不变性而恒定）给出的点之间来回反弹，并且在恒定的 L 壳上绕地球漂移。完整的粒子运动可在图 2-6 中通过将回旋粒子运动中心径迹的弧线绕偶极场轴线旋转而示意性地给出。粒子的这种自然运动给出一个由磁场强度 B 大小恒定的表面和 L 为常数的壳定义的坐标系。B 为常数的面和一个 L 壳的交线是围绕偶极场的闭合曲线。该曲线上的位置可以根据磁经度来确定，因而产生的坐标系称为 McIlwain B-L 坐标系。因为偶极场中的粒子在 L 恒定的壳上漂移并且在 B 相等的点之间反弹，所以可以用仅有两个变量（B 和 L 值）的粒子通量函数来完全地对粒子群进行描述。

三个不变量一起可以用来建立捕获的辐射粒子通量的简单的时间平均模型。不过应当

记住，对于实际的场，电场和磁场中的扰动将改变粒子运动，从而违反三个不变量。磁层中确实存在着回旋、反弹和漂移周期时间尺度上的扰动，从而违反三个不变量，导致与这里描述的简单粒子运动发生偏离，这种变化导致捕获的粒子群（主要是电子）在投掷角上的离散性。

上述粒子运动分析适用于被地磁场捕获的粒子。粒子在 L 壳上反弹和漂移的事实就产生了辐射带的概念，第 3 章将详细讨论这一概念。除了这些捕获粒子的运动外，评估高能带电粒子从深空穿透到地球附近的航天器轨道的能力也很重要。当外部带电粒子遇到地球的磁场时，它们的轨迹会受到洛伦兹力的影响。衡量带电粒子对使其轨迹偏离直线的洛伦兹力的抵抗能力的量称为磁刚度 P。刚度单位是单位电荷的动量，定义为

$$P = \frac{p}{q} \qquad\qquad (2-82)$$

其中，q 是粒子上的电荷。对进入地球磁场的粒子的运动方程积分后给出

$$P = P_0 + \int_0^t v \times B \, \mathrm{d}t$$

因此，地球的磁场基本上起到了撞击于其上的高能粒子的动量分析仪的作用。对于地球表面任意一点或在磁层中给定的半径、纬度和经度上，可以沿给定方向定义最小刚度（$P_{0_{\min}}$），进入地球磁场的粒子具有低于此最小值的刚度时，将永远不能从指定方向到达该位置的观察者，因为地球磁场将在它们到达之前将其偏转。最小刚度是通过地磁场模型对粒子轨迹进行数值积分来计算的。在随后的章节中将显示刚度是确定何种高能宇宙射线粒子可以到达航天器的一个重要物理量。

2.5.2　线性能量传输距离

本节对理解辐射穿透物质所需的基本物理概念进行概述，特别地，对能量、通量、流量和剂量的概念进行介绍。

首先考虑能量的概念。在非相对论粒子的情况下，与粒子质量、速度及能量相关的基本方程是

$$E = \frac{1}{2} m v^2 \qquad\qquad (2-83)$$

对于光子（没有静止质量），等效方程是

$$E = h\nu \qquad\qquad (2-84)$$

其中，h 是普朗克常数，ν 是光的频率。

与能量概念紧密耦合的是剂量。简单地说，剂量是由于入射的辐射在特定材料的给定体积单元中累积的总能量。对于特定材料，通常以 rad 或辐射吸收剂量为单位给出（必须指定材料，因为能量吸收依赖于材料）。例如，对于硅，1 rad（Si）＝100 ergs/g（Si）。MKS 系统中相应的剂量单位称为格雷（Gy），即 1 Gy＝1 J/kg＝100 rad＝10^4 ergs/g。需要强调的是，对于相同的入射通量，根据入射辐射的成分和吸收材料的组分，不同的材料将受到不同的影响。其他单位，如伦琴（通过电离和能量吸收沉积的 γ 射线或 X 射线的

量，干燥空气下 1 伦琴为 83 ergs/g）或 rem（每人的伦琴当量），也经常使用，但这里不讨论。

除了粒子或光子的能量和成分之外，还有必要描述它们的数量。这通常以强度或通量来描述，如果在一段时间间隔上来讨论，就用流量来描述。由于存在许多不同的方法来定义这些量，因此在强度/通量和流量的概念上会产生混淆。这里，我们定义"单向微分强度" $j(E，\theta，\phi，t)$ 这个量：在单位能量区间 dE、在观察方向（$\theta，\phi$ 方向）上单位立体角（ $d\Omega = 2\pi\cos\theta\, d\theta\, d\phi$ ）内，以能量 E 入射到垂直于观察方向单位面积（ dA ）的通量（单位时间的粒子数或光子数）。

对质子或电子，典型的单位是 particles/（m^2 · s · sr · keV）；对重离子，单位是 particles/（m^2 · s · sr · MeV · μ）（其中，μ 是核子）。单向积分强度（或通量）定义为能量大于或等于能量阈值 E 的所有粒子的强度

$$j_{\geqslant E} = \int_E^\infty j\, dE \qquad (2-85)$$

单位为 particles/（m^2 · s · sr）。

全向通量 J 定义为

$$J = \int_{4\pi} j\, d\Omega \qquad (2-86)$$

流量 I 是给定时间间隔（例如，1 小时、1 年）内通量的积分

$$I = \int_{\delta t} j\, dt \qquad (2-87)$$

这里，引用全向流量 $I(>E)$，意思是"全向积分（对能量）流量"

$$I_{>E} = \int_E^\infty dE \int_{4\pi} d\Omega \int_{\delta t} j\, dt \qquad (2-88)$$

对于指定的能量阈值 E（对于辐射效应通常为 1 MeV 或更高）和指定的时间间隔（通常是 1 年），该量的单位是 particles/m^2。

为了能够在不同的能量、粒子种类和剂量之间进行比较，通常的做法是用"等效 1 MeV"（通常是在硅中的 1 MeV 电子或 1 MeV 中子）进行讨论。根据损伤对能量的依赖性和所考虑环境能谱的能量成分来确定多大流量的 1 MeV 粒子（电子或中子）将在材料（通常为硅或铝）中产生等量的损伤或剂量。（注意：由于损伤参数随材料和性质而变化，使用等量损伤并不准确，只是为了便于比较而采用的近似方法。）

最终与能量吸收和通量相关的量是线性能量传输（LET）。LET 是辐射在单位长度吸收材料上传递的能量，即 LET $= dE/dx$ 。对于电离和激发效应，它通常以初级粒子的径迹长度的 MeV/μm 表示，或者，如果材料的密度已知，则用 MeV · cm^2/mg 表示［这通常是对 1～30 之间的 LET 进行引用时采用的单位，由 $1/\rho(dE/dx)$ 给出］。

LET 的概念在讨论单粒子翻转（SEU）或"软错误"时十分重要。当粒子（以电离的高能原子核为典型）在电子器件的敏感区域中沉积足够的能量而引起器件的逻辑状态发生改变时，会发生这种现象。只有当沉积的能量超过器件敏感区域的临界水平时才会发生扰动，这通常以 LET 计算。当把翻转的概率作为 LET 的函数来看时，以简单的形式表

示，它是一种阈值现象：任何具有最小 LET（L_0）或更大 LET 的粒子都会引起翻转，该
行为在图 2-7 中示意给出，图中画出了单位长度上沉积的能量（LET）与入射粒子能量
的变化关系曲线（注意曲线具有峰值变化率）。

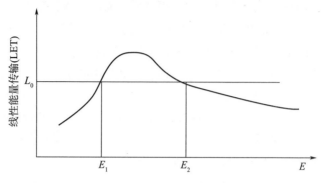

图 2-7　相对于能量的 LET

　　根据 LET 呈现环境的有用方法是 Heinrich 曲线。Heinrich 曲线给出了粒子积分通量
作为 LET 的函数而不是粒子能量的函数。Heinrich 通量 F_H 是用来计算具有阈值 LET_0 或
更高 LET 的单种类粒子的通量：

$$F_H(\mathrm{LET}_0) = \int_{E_1}^{E_2} f(E)\,\mathrm{d}E \qquad\qquad (2-89)$$

其中，f 是这种粒子的通量作为能量的函数；E_1 和 E_2 是能量边界：当粒子能量在 E_1 和 E_2
之间时，粒子的 LET 值大于或等于阈值 LET_0。LET 不仅取决于粒子能量，还取决于靶
材料。因此，对于不同粒子种类，LET - E 曲线是不同的。然而，实验表明，在一级近似
上，对决定翻转起重要作用的是 LET，而不是粒子能量或粒子种类。F_H - LET 图是用于
SEU 计算的呈现辐射数据的主要手段，正如 LET - E 图是用于剂量计算的呈现辐射数据
的主要手段一样。

第 3 章　航天器周围的空间环境

本章介绍了与航天器相互作用的主要自然（未受干扰）空间环境，有太阳环境、中性大气、地磁场、等离子体环境、地球静止轨道环境、高能粒子辐射、电磁和光辐射，以及颗粒物（碎片和流星体）。由这些成分定义的周围空间环境已经成为众多书籍和综述文章［例如，Jursa（1985）］的主题，标准 MIL - STD - 1809（1991）中也对周围空间环境做了精彩简短的描述。与大多数主要处理空间环境细节的书籍和文章不同，本章的目的是为读者提供足够的背景知识来评估环境（自然的和人为的）对航天器的潜在影响。

轨道分类和自然环境之间的关系总结在图 3 - 1 中。表 3 - 1 列出了对于给定的轨道必须考虑哪些环境。

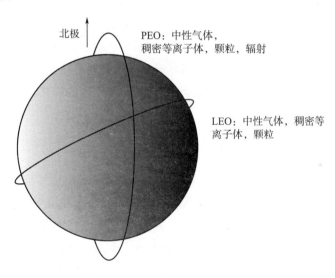

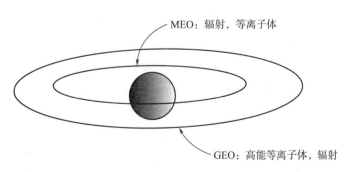

图 3 - 1　LEO、PEO、MEO 和 GEO 的环境示意图

表 3-1　环境与轨道之间的关系

空间环境	轨道
中性环境	LEO,PEO
等离子体	LEO,PEO,MEO,GEO 和行星际轨道
辐射	LEO(一定程度上);PEO,MEO,GEO 和行星际轨道
颗粒	LEO,PEO 和行星际轨道;MEO,GEO(一定程度上)

3.1　太阳的影响

太阳系中空间环境的主要能量来源是太阳。太阳对空间环境的主要影响是通过其电磁辐射通量（参见 3.4.2 节）和发出的带电粒子产生的。太阳粒子通量基本上由两个部分组成：与太阳事件（耀斑，日冕物质抛射，质子事件等）相关的偶发的高能量（$E >$ 1 MeV）等离子体喷射和被称为太阳风的变化的低能量（数十电子伏特）背景等离子体。虽然电磁辐射通量可以穿透地球大气层，并且在许多波长下可以穿透地球表面，但带电粒子环境在很大程度上受到地球磁层的屏蔽。对于太阳风，它的密度（每立方厘米几十个粒子）和速度（200～2 000 km/s）主导着行星际环境，有时可直接到达 GEO 环境。尽管它对 LEO，PEO 或 MEO 环境没有直接贡献，但作为地磁活动的主要能量来源，它也会对这些轨道环境产生显著影响。

3.1.1　太阳周期效应

几百年来，对太阳的实际观测揭示了一种不断变化的扰动形式（尽管最初只有太阳黑子可以观察到，从 20 世纪初开始，耀斑和太阳磁场也被系统地记录下来），看似遵循大约 11 年周期的大致规律。这些太阳活动循环虽然在时间上是可预测的，但其峰值活动水平从一个最大值到下一个最大值可能因四个因素而变化。此外，历史记录表明在相对较长的时期，例如 17 世纪的大部分时期（所谓的蒙德极小期），没有可辨识的太阳周期。观测到中性大气和地球电离层的长期变化与这些周期相对应。这些变化显然与来自太阳的极紫外（EUV）辐射通量的增加以及与太阳风变化相关的地磁活动的增长有关。太阳活动的增加会提高高层大气的温度，使其向外扩展并增加给定高度的密度。同样，电离层密度和温度也会对太阳周期变化产生响应。

太阳活动的特征可以通过几个指数来表征，包括太阳黑子数的每日、每月和每年平均值（通常称为 R 值），10.7 cm 辐射通量（代表 EUV 通量并称为 $F_{10.7}$），以及地球表面各种地磁指数（见 3.1.2 节）。中性大气和电离层的模型通常使用这些指数中的一个或多个作为太阳活动影响的度量，用于预测本章介绍的环境。

3.1.2　太阳和地磁指数

太阳活动最古老、最基本的指标是所谓的太阳黑子数。太阳黑子是较冷的太阳大气的局部区域，在较热的太阳表面上看起来较暗并且通常与太阳磁场的增强相关联。太阳黑子的主要衡量标准有沃尔夫（Wolf）数或苏黎世（Zurich）数或每日相对太阳黑子数（R），不是如其名称所暗示的那样指太阳上可见太阳黑子的实际计数，而是太阳上的斑点状程度的指数。$R = k(10g + s)$，其中 s 是单个黑子的数目，g 是太阳黑子群的数目，k 是一个主观的修正因子，修正因观测设备和条件带来的差异。太阳黑子数是一般水平的太阳活动最常用的指数。从 18 世纪有观测记录以来，已发现它在大约 11 年周期内发生波动，最大值约为 150，最小值约为 10，如图 3 - 2 所示。

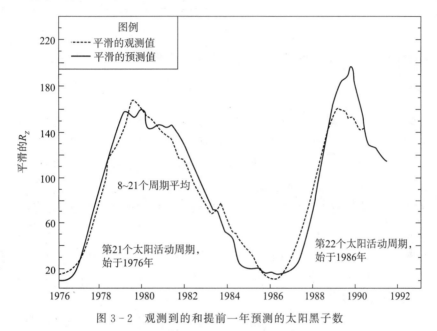

图 3 - 2　观测到的和提前一年预测的太阳黑子数

［来自 DeWitt，Dwight and Hyder（1993），经 Kluwer 学术出版社许可重印］

另一个衡量太阳活动的重要指标是 $F_{10.7}$ 通量。$F_{10.7}$ 指数是在 10.7 cm（2 800 MHz）波长下观测到的太阳射电通量。它对应于铁的射电发射线，并且通常以太阳通量单位（sfu，也称为 jansky，j）来发布，这里一个太阳通量单位为 10^{-22} W·m^{-2}·Hz^{-1}。$F_{10.7}$ 的变化被认为遵循太阳 EUV 通量的变化，并与太阳活动总的长期变化相一致。由于 $F_{10.7}$ 可以在地面上测量，它可用于衡量太阳活动对大气的影响，而 EUV 则不能。它在太阳活动极小（R 最小值）时的约 50 sfu 和太阳活动极大（R 最大值）时的 240 sfu 之间变化，并随着 11 年太阳活动周期而变化。

太阳黑子数用于表示总的、长期的太阳活动的变化，短期地磁活动依赖性由 3 小时的半对数的 K_p 或其线性形式 a_p 来说明。这些指数代表由太阳风的变化诱发的磁场扰动，并且通过加热效应与高层大气的短期变化相关联。下标 p 表示整个行星的，因为指数综合了来自世界各地的单个站点的测量结果。虽然 K_p 指数是基本量，但其线性形式 a_p 更易于理解。a_p 值的选取对应于中纬度地区地球表面磁场在 3 小时内的最大变化，该值被乘以了 $2\gamma(\gamma = 1 \text{ nT})$。$a_p$ 和它的日平均值 A_p 从最小值 0 到最大值 400 取值。由于 K_p 和 a_p 最终与太阳活动有关，因此它们与 R 和 $F_{10.7}$ 之间存在弱相关性。a_p 和 A_p 的值可以与表 3 - 2 的地磁活动水平定性相关。a_p 的每个值对应于 K_p 指数的一个值。K_p 是无量纲的，并且提供了 3 小时期间地磁场扰动水平的半对数度量。K_p 的范围为 0_0 至 9_0，具有 27 个三分之一单位步长（0_0，0_+，1_-，1_0，1_+，2_-，2_0，2_+，依次类推）。

表 3 - 2　A_p 和 a_p 的变化

活动水平	平静	不平静	活跃	小磁暴	大磁暴
指数	0～6	7～14	15～29	30～49	＞50

使用这些指数的一个例子是，空间站设计要求能够在最恶劣中性环境中保持姿态控制，这在空间站设计文档中定义为 $A_p = 140$ 和 $F_{10.7} = 230$。

3.1.3　短期事件

太阳活动的短期变化对 LEO 地球环境的影响主要表现为太阳耀斑和地磁暴。太阳耀斑（定义为 H_a 频率下太阳光中增强的亮度）有时（尽管不总是如此）产生高能粒子事件。这些高能粒子与加热大气的 EUV 通量的变化相耦合，这在太阳活动极大期间比太阳活动极小期间出现得更加频繁，持续时间从几分钟到几个小时。

在 LEO 地球环境中与太阳相关的最剧烈变化是由地磁亚暴引起的。这些变化反映在可见的极光现象，以及低至 100 km 的极光区的强烈的粒子和磁场变化中。这被认为是太阳风等离子体与磁场和地球磁层之间复杂相互作用的结果。太阳风的变化，无论是与太阳耀斑相关还是太阳风粒子流和冻结磁场方向的变化，都是这些事件的主要能量源。地磁暴的频率（由 a_p，K_p 等度量）与太阳活动周期之间存在相关性，但这些事件的强度基本上与太阳活动周期无关。典型的地磁暴通常紧随着地磁场的突然变化（暴的突然开始，或称 SSC）并且可能持续数天。标志地磁暴的是一系列与极光增强相关的、时间尺度在 $0.5 \sim 2\ h$ 之间的称为"亚暴"的脉冲事件。这些亚暴与太阳风磁场的方向（或等效地，$V \times B$ 电场）相关，当磁场转向南时出现亚暴。

3.2　中性大气

在图 3 - 1 中给出了 LEO 和 PEO 的环境示意图。中性大气是 LEO 和 PEO 高度的重要环境，对于其他轨道，中性气体密度太低而不重要。已经开发了多种模型来描述高层大气的总密度和/或成分及温度。目前，最常用的高层大气分析模型是质谱仪和非相干散射（MSIS）模型（Hedin，1983，1987，1991）。该模型基于原位中性质谱数据，平均偏离基于航天器阻力数据的旧模型约 20%。考虑到模型与 LEO 的实际环境之间可能存在巨大差别（在某些情况下高达 10 倍或更多），模型之间的差异则是一个相对不太重要的差异。在很大程度上，后一个问题是由于在给定位置上模型预测的地磁暴诱发的密度变化和实际发生时之间的相位差产生的。为了对预期值范围进行定量估算，在 3.3 节中使用 MSIS - 86 模型（1986 年版）估算了标称的空间站轨道和 EOS 轨道（见表 1 - 3）的中性大气参数。

　　图 3-3 和图 3-4 分别显示了中性大气温度和组分随高度的典型分布。基于温度或组成的分布剖面或在该区域中起作用的物理过程，可将大气划分成几个特征区域或球层。与 LEO 和极地轨道航天器运行特别相关的是热层，它始于 85 km 高度，终于 1 000 km 高度。如图 3-3 所示，热层的特点是温度随着高度呈稳定上升，其实际结构十分依赖于太阳活动水平。在热层中，粒子碰撞不足以引起不同成分的混合，因此对于每种单独的成分可达到流体静力学平衡。在热层之上是外逸层（该区域中的粒子，主要是氢和氦，处于单独的轨道中），温度较为恒定。

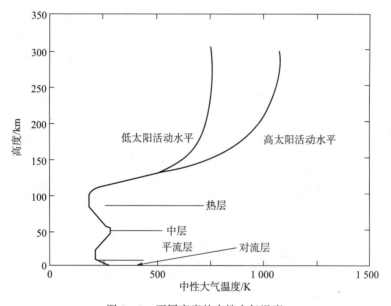

图 3-3　不同高度的中性大气温度

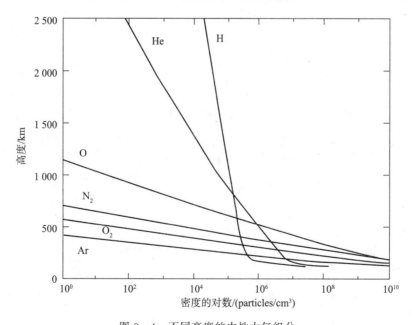

图 3-4　不同高度的中性大气组分

由于气体处于流体静力学平衡，热层中的粒子密度随高度大致呈指数下降趋势。这显示于图 3-4 中，其中绘制了在太阳活动极大和极小期间主要成分的取样分布图。按质量（以 amu 为单位）递减排序，中性热层的主要成分是氩（Ar），39；分子氧（O_2），32；分子氮（N_2），28；原子氧（O），16；氦（He），4；原子氢（H），1。流体静力学平衡使得较轻的粒子 H 和 He 在较高的高度上成为主要成分，而重粒子如 Ar，O_2 和 N_2 则相对不重要。对于大多数实际应用而言，LEO 和 PEO 高度的中性大气被认为主要由原子氧组成（注意：对于低外逸层温度，原子氢偶尔可以成为 500 km 以上的主导成分），并伴有少量的分子氧、分子氮和原子氢。氦、一氧化氮、原子氮和氩的含量也低于百分之一。这些成分的温度大约呈指数变化，从 100 km 处的 100 K 到 1 000 km 处的 500~1 500 K，取决于太阳活动周期、纬度和地方时，在高水平的地磁活动时可以升至 2 000 K。由于 100~1 000 km 之间的航天器以大约 7.8 km/s 的速度运动，因此粒子在航天器的迎风（或冲压）表面的撞击能量可能超过 5 eV（从 N 的 4.6 eV 到 O_2 的 10.25 eV 之间变化）。这些撞击能量足以引发化学反应（包括氧侵蚀，如 4.4 节所述）。此外，大的定向速度/热速度比率意味着到达航天器的通量存在显著的各向异性。

三个基本中性大气参数（密度、温度及成分）因多种因素而变化，包括地方时、纬度、高度以及太阳和地磁活动。就对太阳的依赖性而言，$F_{10.7}$ 指数通常代表太阳 EUV 辐射变化，而太阳黑子数 R 代表太阳对地磁活动的影响。EUV 和地磁相关的加热是高层大气的主要热源。一般来说，观察到的中性大气参数值随着 $F_{10.7}$ 和 / 或 a_p/A_p 指数的增加而增加。例如，400 km 处的平均中性大气密度从太阳活动极小值（$F_{10.7} \approx 70$）到太阳活动极大值（$F_{10.7} \approx 230$）增加约 10 倍。与此同时，由于在太阳极大值期间额外的 EUV 加热，外逸层温度从约 700 K 增加到约 1 200 K。

中性大气的时间依赖性反映了当地球在日下点旋转时的季节模式和明显的昼夜变化。此外，还有一个半年模式的变化，中间热层高度（500 km）的平均总浓度在 10—11 月和 4 月有最高值。在相同的高度，平均每日气温在正午后数小时呈最大值，接近地方时 14：00 点。

除了位置和时间等标准输入外，MSIS-86 模型计算还需要大量输入条件，包括太阳 $F_{10.7}$ 和地磁（A_p）指数。为了说明由这些变量引起的大气变化范围，这里考虑了沿空间站轨道和 EOS 轨道的两组输入参数极值。表 1-3 给出了轨道的描述，相应的输入参数值列于表 3-3 中。假设太阳活动和地磁活动最大值条件为 $F_{10.7}=230$ 和 $A_p=400$。为了反映北半球的季节变化，输入月份取 11 月（第 315 天）作为最大值，7 月（第 195 天）作为最小值，因为这两个月份分别产生最高和最低的粒子浓度。为了在输入条件之间进行比较，还提供了一组平均输入参数。$F_{10.7}$ 和 A_p 的平均值对应太阳活动周期的平均值。这些输入值的结果总结在表 3-4 和表 3-5 中，n_n（m^{-3}）代表总密度；n_O（m^{-3}）代表原子氧密度；T（K）为热层温度；M 为平均原子质量（amu）。（注意：MAX 和 MIN 是沿轨道计算的最大值和最小值，AVE 是沿轨道计算的平均值。）

表 3 - 3　MSIS - 86 模型计算的输入条件

	Max	Min	Mean
$F_{10.7}$	230	70	120
A_p	400	4	12
月份	11 月	7 月	5 月

表 3 - 4　空间站轨道的 MSIS - 86 计算结果

表 3 - 3 输入值	输出	n_n /m^{-3}	n_O /m^{-3}	T /K	M/amu
Max	MAX	5.5×10^{14}	5.3×10^{14}	2 023	17.4
	MIN	1.2×10^{14}	1.0×10^{14}	1 139	15.0
	AVE	3.2×10^{14}	2.8×10^{14}	1 535	16.2
Min	MAX	6.9×10^{12}	4.9×10^{12}	800	13.0
	MIN	1.3×10^{12}	0.5×10^{12}	626	7.3
	AVE	3.2×10^{12}	1.9×10^{12}	708	10.3
Mean	MAX	3.9×10^{13}	3.4×10^{13}	1 091	15.1
	MIN	0.9×10^{13}	0.7×10^{13}	847	13.1
	AVE	2.0×10^{13}	1.7×10^{13}	959	14.3

表 3 - 5　EOS 轨道的 MSIS - 86 计算结果

表 3 - 3 输入值	输出	n_n /m^{-3}	n_O /m^{-3}	T /K	M/amu
Max	MAX	1.4×10^{14}	0.8×10^{14}	2 602	25.9
	MIN	1.0×10^{13}	0.7×10^{13}	1 206	11.3
	AVE	4.8×10^{13}	3.4×10^{13}	1 792	16.7
Min	MAX	2.5×10^{12}	0.1×10^{12}	893	9.1
	MIN	1.8×10^{11}	2.2×10^{9}	592	2.3
	AVE	8.1×10^{11}	0.3×10^{11}	726	4.1
Mean	MAX	4.0×10^{12}	2.2×10^{12}	1 228	14.4
	MIN	8.4×10^{11}	1.7×10^{11}	822	4.6
	AVE	2.2×10^{12}	7.5×10^{11}	995	8.5

从表 3 - 4 和表 3 - 5 中列出的结果可以看出，沿着空间站轨道的总密度和原子氧密度都比沿着 EOS 轨道更高，但温度具有相反的趋势。此外，平均中性大气质量沿 EOS 轨道显示出比空间站轨道更大的波动。

3.3　等离子体环境

中性大气环境仅对 LEO 和 PEO 有重要意义，与此形成对比的是，空间等离子体环境可以影响任何轨道上的航天器。在地球附近，等离子体是冷而稠密的，但是随着离地球越

来越远，等离子体密度显著下降。然而，尽管其密度下降，等离子体的平均能量一直到
GEO 都在不断增加，最终过渡到磁层外的太阳风等离子体。因为等离子体是带电粒子的
集合，所以它会响应磁场变化。因此，典型的做法是首先描述控制等离子体的地磁场，然
后介绍 LEO 和 PEO 的等离子体环境，接着是 MEO 等离子体环境，最后是 GEO 等离
子体环境（行星际轨道的太阳风等离子体特性如前所述），这就是本节所采用的思路。

3.3.1　地磁场

图 3-5 显示了地球的等离子体环境和典型条件下的地磁场结构。等离子层外部的地
磁场严重偏离了简单的偶极场。这是地球磁层与太阳风之间复杂的磁流体动力学相互作用
的结果。在 1 000 km 以上，占主导地位的地球物理环境是地球的磁场，这是地球磁层的
来源。在 1 000 km 以下，地球的磁场主要通过对电离层等离子体的控制而在自然环境的
动力学中起着重要作用，这一高度区域的自然环境往往由中性大气所主导。因此，准确了
解环境磁场对于正确理解所有高度的大多数等离子体现象是至关重要的。国际标准地磁场
模型（IGRF）是确定高达 25 000 km 的近地磁场的主要模型。以下主要基于 IGRF 模型描
述近地磁场的主要特征。

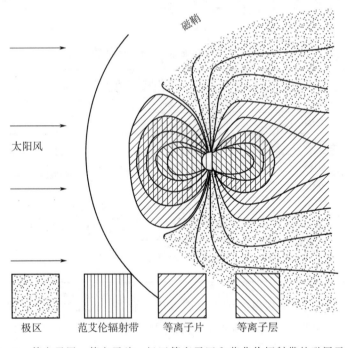

图 3-5　等离子层、等离子片、极区等离子区和范艾伦辐射带的磁层示意图

地球的地磁场 B 由三个不同的部分（或电流体系）组成：地核场、地壳场和外源场
（Jursa，1985）。地核场是地球表面的主要磁场，是由于导电流体在地球内核的对流运动
而形成的。地壳场源自地核—地幔边界和地球表面之间的区域，是由居里温度以下的铁磁
物质的磁感应或残余磁场产生的。地壳场的分布导致了地球表面与地质和构造相关的磁场

异常现象。出于分析目的,地核场和地壳场通常合并称为内源场或主磁场 B_i。B_i 在 100 年的量级上缓慢变化,目前每年变化 0.05%。B_i 在 LEO 占主导地位,即使在极大的地磁暴期间也占据了 B 的 99% 以上。相比之下,外源场 B_e 占 LEO 高度地磁场的 1%,主要由地外源头引起,包括环电流和太阳风。它随时间快速变化[从毫秒到 11 年(例如,太阳活动周期)],并且与地磁活动和太阳相互作用密切相关。

通常用七个量描述地磁场,这七个量也称为地磁要素(Jursa,1985),如图 3 - 6 所示。对于任意空间矢量,需要三个独立的量(例如,[H,D,Z]或[X,Y,Z])来唯一地定义。对于在 LEO 运行的航天器,最方便的坐标系是地理(也称为地心)坐标系或地磁坐标系。这些基于球坐标的坐标系在图 3 - 7 中进行了定义。地理坐标对应于基于格林威治(Greenwich)本初子午线的地心经度/纬度系统。地磁坐标同样以地球为中心,坐标系的北极经过北纬 78.5° 和东经 291.1° 的地球磁极附近。地磁经度是从穿过地理极点和地磁极点的大圆测量的。其他坐标系的描述可以在文献 Jursa(1985)中找到。

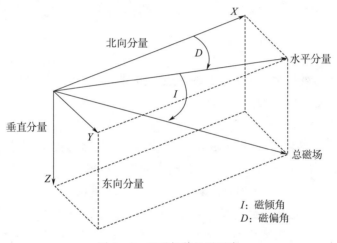

图 3 - 6　地磁场的地磁要素

除了地球的引力场之外,LEO 高度来自内部地磁场的磁场是知道最准确的自然环境。它可以粗略地按照一个倾斜的(从地理北极偏转 $-11°$)磁偶极子 $M = 0.311G \cdot R_E^3 = 7.9 \times 10^{15}$ T·m^3 来建模。在地磁坐标系中,在 M 点(r,θ_m,ϕ_m)产生的磁场强度由下式给出

$$B_i = (M/r^3)(3\cos^2\theta_m + 1)^{1/2} \tag{3-1}$$

它有如下分量

$$
\begin{aligned}
B_r &= -(M/r^3)2\cos\theta_m \\
B_{\theta_m} &= -(M/r^3)\sin\theta_m \\
B_{\phi_m} &= 0
\end{aligned}
\tag{3-2}
$$

B_i 被发现在极盖附近具有最大值($\approx 0.6 \times 10^{-4}$ T),在地球表面赤道附近具有最小值($\approx 0.3 \times 10^{-4}$ T)。

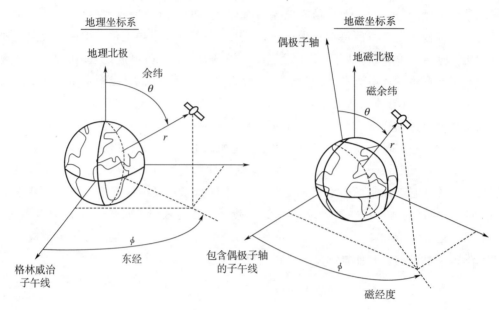

图 3 - 7　地磁和地理坐标系

式（3–1）仅对处以地心的偶极子的理想化构型成立。不幸的是，在测量磁场和地心偶极场之间存在高达 ±25% 的差异。将偶极子构型修改为偏心偶极子可以减小大约 10% 的差异。对大多数应用而言，更精确的 IGRF 系列模型是国际上普遍采用的标准模型。IGRF–87 版本是一个基于将磁标势展开到 10 阶球谐函数来对测量数据进行数值拟合的计算机模型（Barraclough，1987）。对于任意给定的地理位置，该模型计算 B_i 的七个磁场要素，包含了从输入时间到 1995 年的长期变化。

图 3–8 显示了在北半球恒定高度 400 km 的典型地磁场计算结果。磁场幅度从赤道附近最小值 0.25×10^{-4} T 变化到极盖上方的 0.5×10^{-4} T。北极的磁场强度存在两个峰值（如果考虑矢量分量，则 270°E 处的最大值是真正的倾斜磁极）。同样，赤道附近有两个最小值，其中较大的一个正是造成南大西洋异常区的原因，南大西洋异常区是确定 LEO 轨道遭受辐射量的关键区域。地磁暴变化也被叠加在该主要磁场上，这些通常小于 0.01×10^{-4} T，因此，即使在严重的地磁暴中，LEO 高度的磁场波动也比平均场小（尽管这只是地球磁场中极小的变化，地磁暴对极区电离层或 GEO 的粒子通量的影响可能是巨大的）。

对于空间站轨道和 EOS 轨道，IGRF 模型计算结果总结于表 3–6 中。通过沿轨道求平均值计算一天任务（1990 年）的磁场要素的值。表 3–6 中列举了两个轨道的 $F = \sqrt{X^2 + Y^2 + Z^2}$，$X$，$Y$ 和 Z 的计算结果。

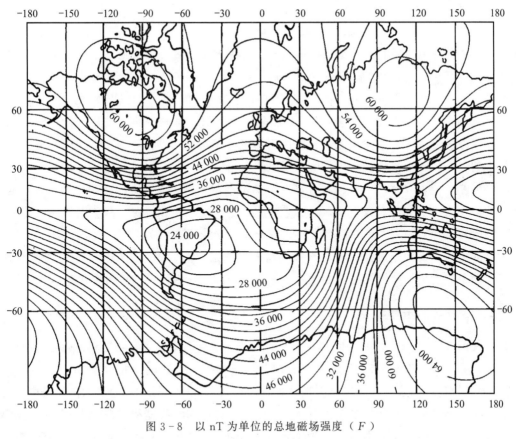

图 3 - 8　以 nT 为单位的总地磁场强度（F）

［经 Jursa（1985）许可重印］

表 3 - 6　用 IGRF - 87 对空间站轨道和 EOS 轨道的计算结果

	F/T	X(North)$/T$	Y(East)$/T$	Z(Down)$/T$
SS	0.23×10^{-4}	0.23×10^{-4}	-0.6×10^{-8}	-0.15×10^{-5}
EOS	0.14×10^{-4}	0.14×10^{-4}	0.3×10^{-7}	-0.16×10^{-5}

3.3.1.1　外源场和扰动场

与内源场 B_i 相比较，外源场 B_e 来自地球以外的电流源，主要是太阳风和环电流，并且表现出几分钟到几天的短暂时间变化。它可以进一步分为两个部分：平静场 Q 和扰动场 D。

在地球表面，通常的做法是将 Q 场（外部电流产生的背景磁场）划分为三个来源：S_q，太阳活动平静期的变化；L，月亮活动的变化；M，地球等离子体片的电流引起的磁层变化。在每个给定的地面站都观测到三个成分均呈现严重的日变化。在主磁场中这些变化的典型最大强度为：$S_q \approx 100\gamma$，$L \approx 10\gamma$ 和 $M \approx \gamma(\gamma = 10^{-9}\ \text{T})$。平均而言，外源场的平静场分量 $Q = S_q + L + M$ 比内源场 B_i 至少小 2～3 个数量级。关于 S_q，L 和 M 场的更多细节在文献 Jursa（1985）中有详细描述。

扰动场分量 D 是从总磁场 B 中去除 B_i 和 Q 后剩余的磁场变化，因此

$$B = B_i + B_e = B_i + (Q + D) = B_i + [(S_q + L + M) + D] \quad (3-3)$$

其中，D 是由行星际环境的突然变化引起的，这些导致地磁扰动或地磁暴的环境变化主要由太阳风等离子体和捕获的太阳磁场所引起。由于 Q 和 D 都是时变场，因此区别它们通常较困难。D 的一个主要特征是它通常不具有时间变化的简单规律性或周期性。

D 场有两个不同的组成部分：D_{st}（地磁暴成分）和 D_p（地磁脉动成分）。D_{st} 和 D_p 都是对磁层状态的度量，因而对航天器相互作用的研究很重要。这里，与 D_{st} 相关的地磁暴是磁层中的长期扰动现象，被认为是由太阳风的变化引起的。它们以 SSC［地球表面水平场突然增加 $(10 \sim 100)\gamma$］为先兆并且可在全球范围内观测（Jacobs，1970）。D_{st} 场的幅度范围从最小数十 γ 到最大数百 γ，取决于观测站的具体时间和位置，与所谓的环电流成比例。环电流是在 GEO 附近环绕地球的等离子体环，由地磁暴期间注入的等离子体形成，环电流的方向使得地球表面的磁场被抑制，而在磁层前面的磁场则增强。与地磁暴相比，地磁脉动是幅度更小、周期更短的地磁场振荡，例如响应太阳风的压力变化产生的振荡。

3.3.2　LEO 等离子体环境

在大约 60 km 以上，紫外线和粒子的辐射加热并电离中性大气。受到太阳光照射的半球，紫外线 UV、极紫外 EUV 和 X 射线辐射穿透中性大气，电离并激发大气分子。随着 UV/EUV 辐射的渗透，它越来越多地被吸收，直到 60 km 才几乎完全从太阳光谱中消失。与此同时，中性大气密度及电离也在增加。因此，在增加的密度和增强的吸收之间存在着细致平衡，导致电离层的形成（主要有所谓的 F 层，在 150～1 000 km 之间；E 层，在 100～150 km 之间；D 层，在 60～100 km 之间），产生了大气电离成分的平均结构。电离层定义为 60～1 000 km 的区域，它是从相对非电离的大气层到称为等离子体层的完全电离区域之间的过渡区域。等离子体层的特征是电子密度从 1 000 km 高度的 $10^{10} \sim 10^{11} \ m^{-3}$，然后下降到其外边界处的约 $10^9 \ m^{-3}$。等离子体层的外边界被称为等离子体层顶，特征是电子密度迅速下降至 $10^5 \sim 10^6 \ m^{-3}$。等离子体层顶在地方时 24：00 到 18：00 之间离地球最近，距离大约为 4 个地球半径；在当地黄昏时段达到 7 个地球半径，被称为黄昏凸起（Al'pert，1983）。等离子体层顶的位置是 K_p 的函数，当 K_p 小时（地磁平静）最大，当 K_p 大时最小。

电离层密度峰值与中性大气密度凸起的峰值平行出现，大约在当地正午后约两小时出现。电离层的成分也同样遵循中性大气的成分，大致从 D 区的 NO^+/O^+ 占主导到 E 区的 O^+ 占主导，到 F 区的 O^+/H^+ 占主导（不过，化学反应使得这一图像复杂化）。电离层垂直结构如图 3 - 9 所示；关于高层电离层的一般描述参见文献 Whitten and Poppoff (1971)，Banks and Kockarts (1973)，Al'pert (1983)，Kelley (1989)，以及其中引用的参考文献。在太阳光照侧约 300 km 的 F 区峰值密度达到 $10^{12} \ m^{-3}$。在夜间 500 km 以上，峰值离子密度低于 $10^{11} \ m^{-3}$，成分从 O^+ 变为 H^+。温度大致接近中性大气的温度，从 50～60 km 的几百开尔文指数增长到 500 km 以上的 2 000～3 000 K（即十分之几电子伏

特）。电子温度往往是中性大气的两倍，离子温度介于两者之间。最后，在太阳活动极大时，由于较高的 UV/EUV 通量，电子密度也最大。对于中纬度的典型高度剖面，离子成分如图 3-10 所示［另见 Kasha（1969）］。

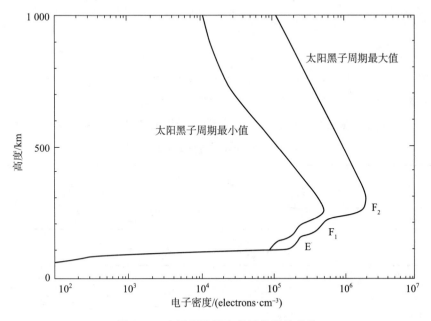

图 3-9 电子密度随电离层高度的变化

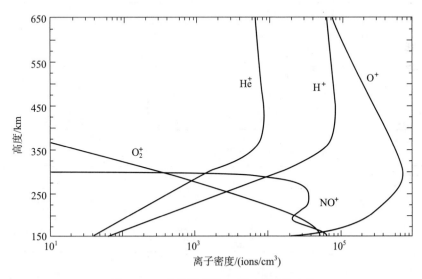

图 3-10 离子密度随电离层高度的变化

目前使用的主要电离层模型是国际参考电离层（IRI）（Rawer，1982）。该计算模型主要基于地面对总电子含量的观测，是最容易获得的计算模型，它给出了电子密度（n_e），离子密度（n_i）和温度（T_e 和 T_i）作为经度、纬度、高度（65～1 000 km）、太阳活动（太阳黑子数，R）和时间（年和地方时）的函数。通过编制和有选择地综合所有可靠的实验数据，它使用平均分布轮廓作为预测的基础。

虽然 IRI 模型是有限制的（它被限制在 150 或更小的 R 值，而在太阳活动极大期间可能出现 200 的 R 值），但它是全面的和最方便获取的电离层分析模型（能够进行类似估算的复杂计算模拟程序是存在的但不容易获得）。对表 3-7 中三种不同的输入条件，沿着空间站和 EOS 轨道进行了 IRI 计算。选择参数对给定轨道生成最大、最小和平均等离子体密度，对于每个轨道，给出五个量：等离子体密度 n_e（m^{-3}），氧离子密度 n_{O+}（m^{-3}），等离子体电子和离子温度 T_e 和 T_i（K），以及平均离子质量 M（amu），结果总结在表 3-8 和表 3-9 中。[注意：这些是沿给定轨道（见表 1-3）的最大值、最小值和平均值，不应与表 3-7 中的输入条件混淆；在最大输入条件下获得的 MAX 值是该任务的最大值。]

表 3-7　IRI 计算的输入条件

	Max	Min	Mean
太阳黑子数 R	150	10	80
月份	4 月	7 月	9 月

表 3-8　空间站轨道 IRI 计算结果

表 3-7 输入值	输出	n_e /m^{-3}	n_{O+} /m^{-3}	T_e /K	T_i /K	M/amu
Max	MAX	2.7×10^{12}	1.9×10^{12}	2 653	1 501	11.7
	MIN	3.0×10^{11}	0.7×10^{11}	989	1 019	4.2
	AVE	9.8×10^{11}	5.1×10^{11}	1 497	1 244	7.9
Min	MAX	3.9×10^{11}	2.8×10^{11}	2 531	1 372	11.8
	MIN	2.3×10^{10}	0.5×10^{10}	776	623	4.2
	AVE	1.1×10^{11}	0.6×10^{11}	1 384	988	7.9
Mean	MAX	1.0×10^{12}	0.7×10^{12}	2 643	1 362	11.7
	MIN	8.3×10^{10}	1.8×10^{10}	810	804	4.2
	AVE	3.4×10^{11}	1.8×10^{11}	1 415	1 045	7.9

表 3-9　EOS 轨道 IRI 计算结果

表 3-7 输入值	输出	n_e /m^{-3}	n_{O+} /m^{-3}	T_e /K	T_i /K	M/amu
Max	MAX	1.2×10^{12}	0.9×10^{12}	3 074	2 332	14.0
	MIN	5.8×10^{10}	0.5×10^{10}	905	1 020	2.4
	AVE	3.2×10^{11}	1.8×10^{11}	2 028	1 613	8.4
Min	MAX	1.9×10^{11}	1.4×10^{11}	3 099	2 334	18.0
	MIN	5.1×10^{9}	0.5×10^{9}	847	681	2.2
	AVE	4.2×10^{10}	2.2×10^{10}	2 066	1 519	9.2
Mean	MAX	2.7×10^{11}	1.3×10^{11}	3 078	2 327	14.5
	MIN	2.2×10^{10}	0.2×10^{10}	823	806	2.4
	AVE	8.3×10^{10}	4×10^{10}	1 997	1 531	8.4

IRI 模型预测：与中性大气温度不同，电离层电子温度从赤道到极区增加；像中性大气密度一样，如前所述，电子密度的峰值时间从当地正午移动了大约两个小时。在空间站和/或航天飞机高度，电离层由 O^+ 占主导，主要是由于有相应的高含量中性氧存在。即使如此，空间站电离层的 IRI 模拟结果仍然显示出白天一侧峰值电子密度随当地时间的复杂变化，这些变化可导致空间站冲压面/尾迹面结构的显著变化。

同样的结论也适用于 EOS 轨道。然而，对于极地轨道，航天器不仅受冷电离层等离子体的影响，还受高能粒子的影响。3.3.3 节探讨了对此环境的修正。

3.3.3　PEO 等离子体环境

与 LEO 航天器不同，极轨平台的轨道穿过地磁纬度约 60° 以上的极光椭圆区域。除了电离层热成分的快速变化之外，还存在一种低倾角轨道所没有的显著的高能等离子体成分，这与极光区有关，偶尔还与极盖有关。极光区是约 6° 宽的带，构成环绕极地的圆环，以磁极午夜方向约 3° 为中心，直径为 25°～50°，这就是极光区。可见极光是由沉降的高能粒子和空气分子碰撞产生的光发射。极光电子的高能成分（典型能量在 100 eV～10 keV 之间）产生大量电离，从而增加了热成分的密度。沉降粒子在大气中发生相互作用的高度取决于粒子的能量，其中 0.1 keV 电子主要在 200 km 以上相互作用；1～10 keV 电子在 100～200 km 的区域相互作用，更高能量的电子在 100 km 以下相互作用。与相当稳定的 UV/EUV 通量不同，这些粒子沉降事件变化很快，并且可以使电离层密度产生数量级的增长。极光的出现和强度与地磁活动密切相关，通常通过 K_p 度量。

已经确定了两种类型的极光。漫射或连续极光是几乎不可见或微弱可见的光发射。这些是由几个 keV 的各向同性沉降电子引起的（Hardy，Gussenhoven and Holeman，1985；Hardy，Gussenhoven and Brautigam，1989）。另一方面，离散的极光是明亮的空间上可清晰分辨的弧、带、射线和幕状，它们是由大约平均能量为 1 keV 的麦克斯韦能量分布的沉降电子加上沿着磁场经过几千电子伏的加速所引起的。离散的极光就是通常被识别的极光，一般具有纬度范围窄（有些被认为小于 1 km）而经向跨度大（几十度）的特点。电子通量可以达到数百 $\mu A/m^2$，并且可以严重扭曲电离层。大多数离散极光都出现在一个带中，带的位置取决于地方时。典型情况下，在当地午夜位于地磁纬度 60°～72° 范围内，当地中午时在 75°～77°。这些粒子可能影响航天器表面的电荷平衡，对于航天器充电十分重要。

两种类型的极光都是强烈依赖地磁活动的函数。图 3-11 显示了来自 Hardy et al. (1989) 的电子和离子半球数通量，以地磁活动的函数来度量。可以看出，电子数通量强烈地随着地磁活动而增加。流量和通量都对确定这些高能粒子对电离层、大气层和航天器表面的影响至关重要。

目前，只有少数非常复杂的热层通用循环模型（TGCM）可以充分模拟这些效应。由于将这些代码应用到实际问题还不太现实，基于观测数据的环境就成为取而代之的一个最可行的方法。

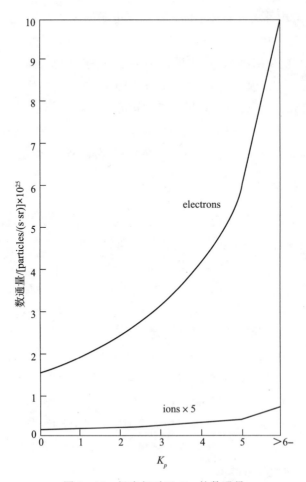

图 3 - 11　极光相对于 K_p 的数通量

[摘自 Journal of Geophysical Research，vol. 94，pp. 370 - 92，1989，由美国地球物理学会出版]

　　在此，为了对极光对航天器的影响进行建模，假设漫射极光沿磁纬度的分布是半高宽（FWHM）为 3. 2°的高斯分布 [MIL - STD - 1809 （1991）；Jursa，1985]，沉降电子的数通量分布为

$$\phi(E) = \frac{P_d}{2E_m^3} E \exp(- E/E_m) \tag{3 - 4}$$

其中，$\phi(E)$ 是微分数通量（作为能量的函数），以 electrons/（$m^2 \cdot s \cdot keV$）为单位。能量标度因子 E_m 和功率密度 P_d 在表 3 - 10 中给出。对于该麦克斯韦分布模型，沉降电子的平均能量为 $2E_m$，并且数通量为 $P_d/(2E_m)$ [单位为 electrons/（$m^2 \cdot s$）]。

　　同样，Jursa（1985）建议离散极光在磁纬上的分布为 FWHM 为 0. 1°的高斯分布。沉降电子的数通量分布由下式给出

$$\phi(E) = \frac{Q_d}{\pi E_s E_g} \exp[- (E - E_g)/E_s] \tag{3 - 5}$$

其中，$\phi(E)$ 是微分数通量（作为能量的函数），单位是 electrons/（$m^2 \cdot s \cdot keV$）；E_s 是等

于 $0.2E_g$ 的比例因子；E_g 是被加速电子的最大能量；Q_d 是电子的功率通量。Q_d 的典型值为 6.25×10^{12} keV/（$m^2 \cdot s$），实际可能比该值大 100 倍；最大能量 E_g 在 $5 \sim 18$ keV 范围内取值。

表 3-10　漫射极光能量标度因子和功率密度

	最小值	典型值	标称值	最大值
$P_d /(\text{keV} \cdot m^{-2} \cdot s^{-1})$	1.6×10^{12}	6.2×10^{12}	1.9×10^{13}	7.5×10^{13}
E_m /keV	0.4	1.5	3.0	9.0

3.3.4　GEO 等离子体环境

GEO 航天器位于等离子体层顶的边缘。大多数时候 GEO 航天器将处于代表外磁层特征的微弱的、相对较冷的等离子体中。然而，该区域的特征是会突然注入与亚暴相关的高能等离子体（通常具有几十 keV 的平均能量）。这些事件被认为是 GEO 航天器表面充电的主要来源，因此受到特别关注。

特别是为了预测 GEO 航天器电势的需要，地球同步轨道等离子体环境已经由 Garrett（1981）以及 Garrett and Spitale（1985）进行了全面的综述。在此，只介绍这些综述中一些比较突出的要点。特别地，重点介绍解析模型，而不是综述中比较简单的（但使用起来更难）统计描述以及非常复杂的第一性原理模拟。

与 LEO 环境中基于麦克斯韦分布的等离子体是充分碰撞的情况形成鲜明对比的是，GEO 等离子体是稀薄和无碰撞的，没有理由认为分布函数是接近麦克斯韦分布。这意味着，一般情况下 GEO 等离子体不能像 LEO 等离子体那样以单一密度、漂移速度和温度来描述。实际上，为了充分表征 GEO 等离子体的分布，有必要或者提供实际测量的分布，或者提供分布函数的矩的模型。要通过矩来充分表征非麦克斯韦分布函数，需要知道各阶矩。既然这是不可能的，要尝试对 GEO 等离子体环境进行建模，就要寻求在尽可能长的时间和尽量高的分辨率（时间、能量、投掷角、质量等）下详尽地记录地球同步轨道上所有等离子体的变化。这些工作中，Garrett and DeForest（1979）〔也可参见 Garrett，Schwank and DeForest（1981a，b）〕的文章总结了 ATS - 5 和 ATS - 6 数据库，而 Mullen 及其同事（Mullen，Gussenhoven and Hardy，1986）总结了 SCATHA 卫星的测量结果。此外，来自 GEOS 卫星的少量总结（Geiss et al.，1978；Balsiger et al.，1980；Young，Balsiger and Geiss，1982）也可以得到。ATS 和 SCATHA 卫星数据库比其他数据源具有较大的优势，因为这些航天器携带了类似的等离子体探测器，因此提供了"校准"的源数据。这些粒子探测器测量了 $5 \sim 10$ eV 和 $50 \sim 80$ keV 之间的等离子体变化，还提供了有限的角向数据。从 1969 年到 1980 年，每个航天器可以提供大概 50 个整天、$1 \sim 10$ 分钟分辨率的数据，包含了一个太阳活动周期。

统计分布模型或者以细致分布函数本身，或者以分布函数的各阶矩来描述等离子体分布（DeForest，1972；Garrett and DeForest，1979；Garrett et al.，1981a，b）。尽管用细致分布函数描述等离子体的方法在科学应用中更受青睐，但通信卫星运营商和设计者作为这些信息的主要用户需要更简单的模型来评估对其卫星的危害，这在过去的 20 世纪 70 年代的十年中变得越来越明显。

DeForest 和 Garrett 的后续工作详细介绍了通过分布函数的前四个矩描述地球同步轨道等离子体的方法，即数密度、数通量（或电流密度）、能量密度（或压力）和能量通量。发现该方法可以给出非常有价值的科学信息，同时满足工程师和操作人员对简单性的要求。具有预测性用途的完整解析模型的首要例子是 Garrett 和 DeForest（1979）的分析模型，该模型通过地磁指数 A_p 和地方时提供了电子和离子的分布函数的前四阶矩。然后从这些矩推导出等离子体分布函数的单麦克斯韦和双麦克斯韦形式，可用于估算航天器充电的各个参量。定义各向同性分布的电子和离子（为简单起见假设为 H^+）分布函数的前四阶矩 M_j 为

$$
\begin{aligned}
M_1 &= 4\pi \int_0^\infty v^0 f_{i,e}(v) v^2 \, \mathrm{d}v \\
M_2 &= \int_0^\infty v^1 f_{i,e}(v) v^2 \, \mathrm{d}v \\
M_3 &= \frac{4\pi m_{i,e}}{2} \int_0^\infty v^2 f_{i,e}(v) v^2 \, \mathrm{d}v \\
M_4 &= \frac{m_{i,e}}{2} \int_0^\infty v^3 f_{i,e}(v) v^2 \, \mathrm{d}v
\end{aligned}
\tag{3-6}
$$

其中，M_1 是数密度，M_2 是数通量，M_3 是能量密度，M_4 是能量通量。双麦克斯韦分布描述假定实际的粒子分布函数可以写成

$$
f_{i,e} = \left(\frac{m_{i,e}}{2\pi}\right)^{3/2} \left[\frac{n_{1i,e}}{(kT_{1i,e})^{3/2}} \exp\left(-\frac{m_{i,e}v^2}{2kT_{1i,e}}\right) + \frac{n_{2i,e}}{(kT_{2i,e})^{3/2}} \exp\left(-\frac{m_{i,e}v^2}{2kT_{2i,e}}\right) \right]
\tag{3-7}
$$

需要强调的是，这种描述仅仅是为了分析简单。如前所述，不像 LEO 中那样碰撞会将分布函数推向麦克斯韦分布，在 GEO 环境没有基本理由认为分布函数是麦克斯韦分布。然而，通过该假设可以表明（Garrett and DeForest，1979）数密度 n_1 和 n_2 以及温度 T_1 和 T_2 与四个测量的矩 M_1、M_2、M_3 和 M_4 是唯一相关的，关系如下

$$
\begin{aligned}
M_1 &= n_1 + n_2 \\
M_2 &= \frac{n_1}{2\pi}\left(\frac{2kT_1}{\pi m}\right)^{1/2} + \frac{n_2}{2\pi}\left(\frac{2kT_2}{\pi m}\right)^{1/2} \\
M_3 &= \frac{3}{2} n_1 k T_1 + \frac{3}{2} n_2 k T_2 \\
M_4 &= \frac{m}{\pi}\left(\frac{2kT_1}{\pi m}\right)^{3/2} + \frac{m}{\pi}\left(\frac{2kT_2}{\pi m}\right)^{3/2}
\end{aligned}
\tag{3-8}
$$

从图 3-12 可见这种方法的强大作用，图中显示了 ATS-5 的测量结果以及一个单麦克斯韦和双麦克斯韦分布的拟合。可以看出，离子和电子都不能用单麦克斯韦分布来拟合。对于电子，单麦克斯韦模型低估了 GEO 的低能电子数量；对于离子，单麦克斯韦分布拟合同时低估了低能离子和高能离子。然而，双麦克斯韦分布拟合，因为使用四个变量而非两个变量，提供了更接近真实的分布函数。

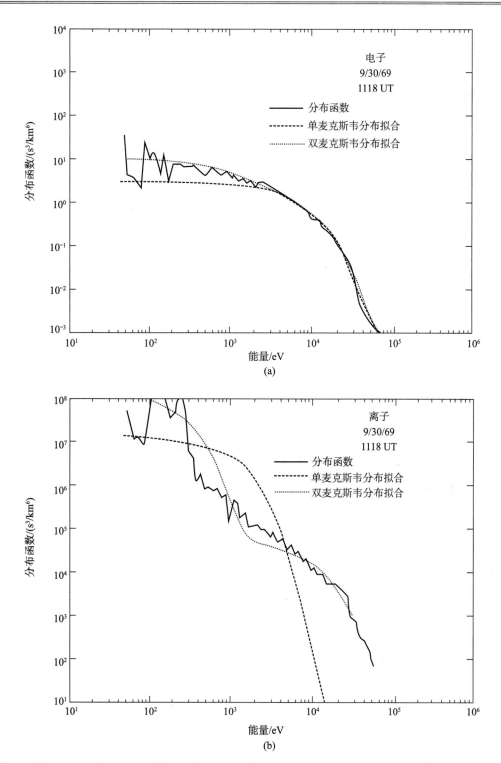

图 3-12　由 ATS-5 观测到的电子和离子分布函数以及单麦克斯韦和双麦克斯韦拟合

[取自 Garrett and DeForest（1979），经艾斯韦尔科学有限公司

（The Boulevard，Langford Lane，Kidlington 0X5 1GB，UK）许可重印]

　　Garrett and DeForest（1979）给出的地球同步轨道解析模型基于 1969 年至 1972 年间 ATS-5 航天器 10 天的数据。这些数据经过精心挑选，涵盖了广泛的地磁活动，并确保了当航天器在当地午夜时有一次等离子体注入事件发生（本质上，注入事件可以在任何时刻发生，导致许多事件的复杂叠加，因此希望把与单个事件相关的等离子体变化隔离出来）。等离子体注入被定义为在接近当地午夜在 GEO 突然出现稠密、相对高能量的等离子体。当地时间是从当地午夜为起点测量的。

　　能量范围在 50 eV～50 keV 的电子和质子分布函数的四个矩的表达式通过以一个按地方时 LT 周日和半周日变化的 A_p 的线性函数形式进行多次线性回归拟合来确定

$$M_j(A_p,\mathrm{LT}) = (a_{0_j} + a_{1_j}A_p)\{b_{0_j} + b_{1_j}\cos[2\pi(\mathrm{LT}-t_{1_j})/24] + b_{2_j}\cos[4\pi(\mathrm{LT}-t_{2_j})/24]\}$$

$$(3-9)$$

　　电子和离子分布函数的四个矩的 a_{0_j}、a_{1_j} 等的等效值以表格形式给出（Garrett and DeForest，1979）。

　　该模型有几个优点。首先，它非常紧凑。其次，它给出了 GEO 上随着一次亚暴注入事件环境变化的合理描述，如果有了 A_p 预报结果，此模型即可用于快速估算地球同步轨道等离子体情况。第三，由矩推导出的数密度和温度［参见 Garrett and Deforest（1979）］在数学上与这些矩是一致的（即，这些矩与推导出的数密度和温度可以唯一地彼此相互生成）。

　　将该方法应用于 SCATHA 结果，得出表 3-11 和表 3-12 所示的平均密度和温度。

表 3-11　SCATHA 卫星的平均电子环境

参量	
数密度 M_1/m^{-3}	$(1.09\pm0.89)\times10^6$
电流密度 $eM_2/(\mathrm{A/m}^2)$	$(0.115\pm0.1)\times10^{-5}$
能量密度 $M_3/(\mathrm{eV/m}^3)$	$(3\,710\pm3\,400)\times10^6$
能量通量 $M_4/(\mathrm{eV\cdot m}^{-2}\cdot\mathrm{s}^{-1}\cdot\mathrm{sr}^{-1})$	$(1.99\pm2)\times10^{16}$
n_1/m^{-3}	$(0.78\pm0.7)\times10^6$
$kT_1/e/\mathrm{eV}$	$(0.55\pm0.32)\times10^3$
n_2/m^{-3}	$(0.31\pm0.37)\times10^6$
$kT_2/e/\mathrm{eV}$	$(8.68\pm4.0)\times10^3$

表 3-12　SCATHA 卫星的平均离子环境

参量	
数密度 M_1/m^{-3}	$(0.58\pm0.35)\times10^6$
电流密度 $eM_2/(\mathrm{A/m}^2)$	$(3.3\pm2.1)\times10^{-8}$

续表

参量	
能量密度 M_3/(eV/m³)	$(9\ 440\pm6\ 820)\times10^6$
能量通量 M_4/(eV·m⁻²·s⁻¹·sr⁻¹)	$(2.0\pm1.7)\times10^{15}$
n_1/m⁻³	$(0.19\pm0.16)\times10^6$
kT_1/e /eV	$(0.8\pm1.0)\times10^3$
n_2/m⁻³	$(0.39\pm0.26)\times10^6$
kT_2/e /eV	$(15.8\pm5.0)\times10^3$

虽然这些结果对于理解 GEO 航天器所处的平均等离子体环境是有用的，但出于航天器设计的目的，通常需要针对地磁暴期间发生的最恶劣环境进行设计。地磁暴是广泛传播的地磁场扰动，一般定义当 a_p 指数为 30 或更高时地磁暴正在发展。当增强的太阳风等离子体撞击磁层时产生地磁暴，导致磁尾中的电流发生变化。偶发性地磁暴是由太阳耀斑和消失中的暗条（也称为喷发突起）发射的粒子引起的。重现性地磁暴是由行星际磁场（IMF）中与太阳扇区边界相关的太阳风的不连续性或来自冕洞的高速粒子流引起的。一般来说，重现性地磁暴较弱，出现较慢，但持续时间长于偶发性地磁暴。为了描述与这些地磁暴及有关亚暴注入相关的最恶劣环境，表 3-13 给出了用于航天器充电的最坏 SCATHA 环境（Purvis et al.，1984）。

表 3-13　最坏的 SCATHA 环境

参量	电子	离子
数密度 M_1/m⁻³	3.0×10^6	3.0×10^6
电流密度 eM_2/(A/m²)	5.0×10^{-6}	1.6×10^{-7}
能量密度 M_3/(eV/m³)	2.4×10^{10}	3.7×10^{10}
能量通量 M_4/(eV·m⁻²·s⁻¹·sr⁻¹)	1.5×10^{17}	7.5×10^{15}
n_1/m⁻³	1.0×10^6	1.1×10^6
kT_1/e /eV	600	400
n_2/m⁻³	1.4×10^6	1.7×10^6
kT_2/e /eV	2.51×10^4	2.47×10^4

表 3-11 和表 3-12 与表 3-13 的比较表明，不仅地磁暴期间等离子体密度增加，而且分布函数的高能部分也增加。这导致流向航天器的电流增加，后面将会看到这会对航天器表面充电产生较为复杂的影响。

3.4　辐射环境

辐射环境包括高能粒子辐射和光子辐照。尽管把粒子环境和光子环境合在一起似乎显得人为一些，但将会明显看到它们与物质的相互作用是密切相关的，并且它们的增强作用经常一起出现。下文首先讨论自然粒子环境，然后讨论光子环境，最后是人为环境，人为环境包括前两种环境示例。

3.4.1　高能粒子辐射

这里假设高能辐射环境由能量大于 100 keV 的电子和能量大于 1 MeV 的质子或重离子组成，讨论分为三个辐射源：

1) 范艾伦带捕获辐射；
2) 银河宇宙射线，由行星际质子和电离的重核组成；
3) 与太阳质子事件有关的质子和其他重核。

前两个来源相对恒定或在较长时间尺度上变化，而第三个是高度依赖时间的。

3.4.1.1　捕获辐射

捕获辐射最初由范艾伦及其合作者在探索者 1 号上发现。捕获辐射主要由地球周围的环形带中的高能质子和电子组成，其中包括较低比例的重离子，如 O^+。这个环形带通常被称为范艾伦带（Van Allen，1971）或辐射带，它由两个区域组成：一个低高度区域（或称内辐射带）和一个高高度区域（或称外辐射带）。内辐射带的高度从数百千米延伸到大约 6 000 km，并且由高能质子（数十 MeV）和高能电子（1~10 MeV）组成。外辐射带高度可跨越到 60 000 km，主要由高能电子组成。范艾伦带的电子和离子辐射通量曲线如图 3-13 所示。对于 LEO 航天器，特别值得关注的是内辐射带向下可延伸到南大西洋上空低高度区域，那里地球磁场非常弱（称为南大西洋异常区 SAA）。这可以在图 3-8 中清楚地看到，其中磁场强度在南大西洋降低。对于 GEO 航天器，尽管位于 $L \approx 7$，处于外辐射带中心之外，仍然可受到高能电子通量的影响。这在图 3-14 中给出了很好的说明，图中给出了屏蔽的航天器上遭遇的辐射剂量与相对于地球距离的关系。可以看出，在 GEO 辐射剂量仍然很大，尽管它并未深处于辐射带之中。目前，近地空间的辐射区域是根据两组模型来定义的：美国国家空间科学数据中心（NSSDC）的 AE 和 AP 模型。AE 和 AP 模型概括了地球轨道辐射环境的主要特征，当获得新数据时还会进行修正。

粒子被辐射带捕获的详细机制尚不十分清楚，粒子的主要来源也未清晰确认。反照中子被认为是内辐射带中观察到的强烈质子和电子通量的重要来源，已经有人提出外辐射带主要是由于低能太阳风等离子体被地磁场捕获，随后经过局部磁流体加速过程形成的。对元素丰度比率的观测意味着地球和行星际都是辐射带粒子的来源。

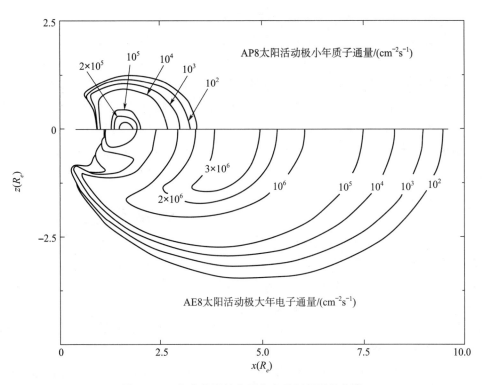

图 3 - 13　范艾伦带的电子和离子辐射通量曲线

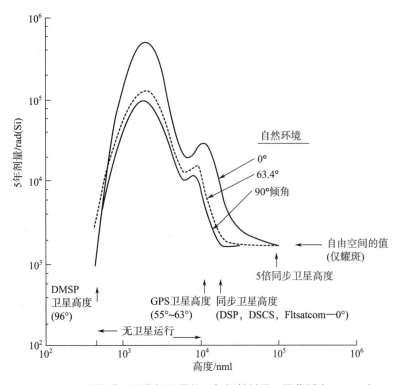

图 3 - 14　圆轨道上屏蔽航天器的 5 年辐射剂量，屏蔽厚度 3 g/cm²

　　一旦被捕获，地球磁场中带电粒子的运动由我们熟悉的洛伦兹力控制（见第2章）。由于地球主磁场起主导作用，内辐射带区域相对稳定。大多数内辐射带粒子的时间变化是因为，在给定高度上随着太阳周期和中性大气密度的变化，该高度以上大气的屏蔽效应会发生变化。内辐射带观测到的粒子计数率显示随时间呈三倍因子的变化，电子密度与地磁暴密切相关。相比之下，外辐射带受强烈变化的磁尾影响，随时间经历更加严重的扰动。外辐射带中的电子密度可能经历高达1 000倍的时间波动。幸运的是，由辐射带引起的大部分损伤很大程度上归因于航天器接收的长期累积辐射（或积分）剂量，而不是辐射的瞬时扰动。

　　由戈达德航天飞行中心的J. Vette及其合作者开发的AP8和AE8模式，是基于许多不同卫星的编译数据建立的（Jursa，1985）。模式名称AP8和AE8中的"P"和"E"表示"质子"和"电子"，而8是模式的版本号。对于一组给定的McIlwain $B-L$坐标（见2.5.1.1节），AP8和AE8提供了50 keV～500 MeV能量范围的质子和50 keV～7 MeV能量范围电子的全向（即，对所有俯仰角的平均）通量。AP8和AE8中不包括辐射通量的时间变化，例如由于地磁暴或短期太阳活动调制引起的辐射通量变化。然而，模式确实区分了太阳活动极大和极小条件。对于质子，太阳活动极小时的通量比太阳活动极大时更高；而电子的情况则相反（即太阳活动极大值处的通量更高）。

　　AE和AP模式将通量作为高度、纬度和经度的函数。更有用的参数即流量，可通过在适当的轨道上对通量进行时间积分来得到。图3-15和图3-16给出了太阳活动两个极端下空间站和EOS高度上的电子和质子一年的流量。如图所示，EOS将比空间站遇到更高的质子和电子辐射流量，因为它经过更高的 L 坐标，从而从更强的辐射区采样。航天器遭受的辐射剂量（也是计算航天器寿命和硬件损伤的重要参数）也将更高。辐射剂量及其影响将在第6章中讨论。

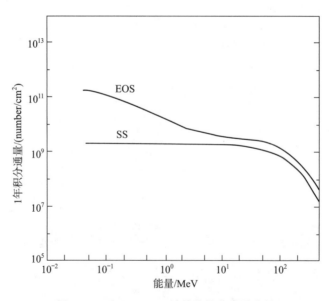

图3-15　AP8-MIN计算的捕获质子流量

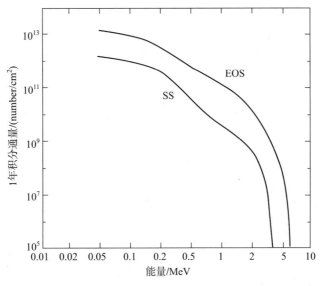

图 3 - 16　AE8 - MAX 计算的捕获电子流量

CRRES 卫星的最新数据为辐射带提供了新的视角。CRRES 于 1990 年 7 月 25 日发射到 18°倾角的地球同步转移轨道，该卫星一直工作到 1991 年 10 月 12 日。该卫星的目的之一是测量近地辐射环境的动力学，及其对电子器件、太阳能电池和材料的影响。在 1991 年 3 月 22 日至 1991 年 5 月 1 日发生的两次大的太阳活动事件期间 CRRES 处于主动工作状态，1991 年 3 月 22 日开始的事件是一次太阳耀斑，比 99% 测量到的耀斑都要大。由 CRRES 观测发现，在这些事件中太阳质子的注入形成了第二个内部质子带，当卫星不再工作时仍然存在。该第二个内部质子带正被纳入更新的辐射带模型中。

3.4.1.2　宇宙射线

银河宇宙射线（GCRs）主要是行星际质子和电离的重核，能量从 1 MeV/核子到高于 10^{10} eV/核子。电子也是 GCRs 的组成部分，但能量在 100 MeV 以上的电子测量强度至少比质子的测量强度小一个数量级，因而通常被忽略。实验研究表明，在地球磁层外宇宙射线通量在整个能量范围内是各向同性的，这表明它们起源于银河系和/或银河系外，但在磁层内不是各向同性的。对于 LEO 航天器，地球的磁场会使许多低能粒子偏转。在低轨道倾角下，只有具有足够高能量或刚度的粒子才能穿透地磁屏蔽（关于磁刚度的讨论，请参阅 2.5.1.1 节）。在极区，粒子几乎可以平行于磁场进入，从而产生能量更高和更具方向性的粒子通量，而且能量分布也不同。

图 3 - 17 显示了在地球磁场之外测量的铁的宇宙射线微分能谱，对于单粒子翻转（SEUs）这是最具破坏性的宇宙射线重离子。可以看出，在低能量段太阳活动极小和极大之间通量存在着显著差异。图 3 - 18 显示了宇宙射线作为能量函数的一年流量。图中显示了两条曲线，一条用于 PEO 环境，另一条用于空间站轨道，地磁屏蔽的效果是显而易见的。由于低倾角空间站轨道上的地磁屏蔽效应，EOS 的离子流量扩展到比空间站更大的

能量范围。表 3-14 显示了观测到的氢元素到铁元素从 450 MeV/核子到 1 GeV/核子的宇宙射线相对丰度分布。这些粒子的 LET 值是粒子成分和能量的函数，对于确定电子线路的单粒子翻转率是十分重要的，这将在第 6 章进一步讨论。

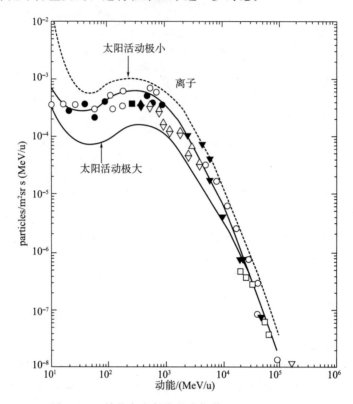

图 3-17　铁的宇宙射线微分能谱（Adams，1986）

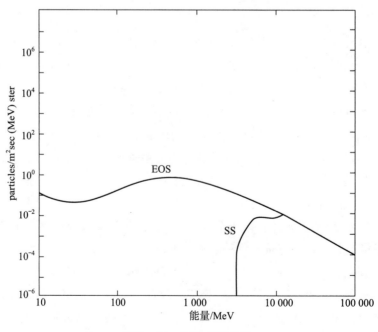

图 3-18　GCR 质子光谱

表 3 - 14　重宇宙射线的相对丰度

离子种类	相对丰度
He	44 700±500
Li	192±4
Be	94±2.5
B	329±5
C	1 130±12
N	278±5
O	1 000
F	24±1.5
Ne	158±3
Na	29±1.5
Mg	203±3
Al	36±1.5
Si	141±3
P	7.5±0.6
S	34±1.5
Cl	9±0.6
Ar	14.2±0.9
K	10.1±0.7
Ca	26±1.3
Sc	6.3±0.6
Ti	14.4±0.9
V	9.5±0.7
Cr	15.1±0.9
Mn	11.6±1
Fe	103±2.5
Ni	5.6±0.6

3.4.1.3　太阳质子事件

与太阳耀斑密切相关的强烈的高能质子通量经常被观察到（注意：太阳质子事件通常被称为太阳耀斑。严格来说，太阳耀斑涉及许多过程，可能有也可能没有一个可分类的质子事件）。像 GCRs 一样，在太阳质子事件期间，在 1 MeV/核子到 10 GeV/核子能量范围内的氢和重核被喷射出来。它们的强度通常比这些较低能量的 GCRs 大一些甚至大几个数量级，一般取决于与之相关的太阳耀斑尺寸的大小。太阳耀斑和太阳质子事件的模型受到缺乏充分数据的限制，特别是在相对丰度较高的区域，也受到无法预测太阳耀斑或太阳质子事件发生频率的限制。

与太阳质子事件相关的高能质子和重核，如同 GCRs 一样，会引起数字微电子器件中的 SEUs 和其他故障。过去，建模者使用了 1972 年发生的大质子事件结合平均丰度来获得最坏情况模型。这种最坏情况的太阳耀斑模型已被广泛用于最坏情况的 SEU 分析。GCR 模型与这种最坏情况太阳耀斑模型之间的比较如图 3-19 所示，其中绘制了两个模型的质子能谱。如图 3-19 所示，最坏情况下的太阳耀斑质子通量比 GCR 通量大 5 个数量级，但在 10 GeV 以上变得"更软"。如在宇宙射线的情况下，从极区中进入的粒子基本上与磁场平行，并且不会被磁场严重偏转。另一方面，在低倾角下，仅具有足够高能量或刚度的粒子可以穿透地磁屏蔽，粒子的能谱被这一过程显著地改变了。

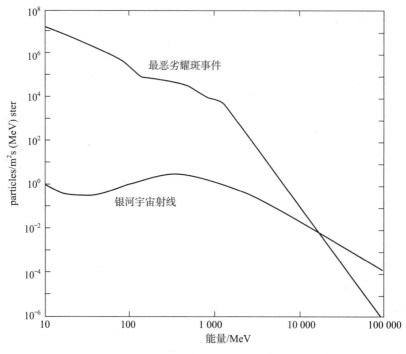

图 3-19　行星际质子能谱

根据 Feynman et al. (1993) 最近的研究工作已开发出一种工程模型，用于计算能量在 1~60 MeV 之间的行星际质子流量。该模型基于 1963 年至 1991 年间收集的数据，跨越几个太阳周期。典型的概率-流量曲线如图 3-20 所示，它是模型的基础。对于给定的置信水平和任务寿命，可以从该曲线确定 1 AU 处能量大于 10 MeV 的质子的预期流量。例如，在 95% 的置信水平（从图 3-20 中，这意味着与所考虑的任务完全相同的任务的 5% 将具有更大的流量），对于一个两年任务，能量大于 10 MeV 的质子流量将是 $4.9 \times 10^{10}/\mathrm{cm}^2$ 或更低。对于能量大于 4 MeV 的质子，在相同置信水平下，两年任务的流量为 $1.0 \times 10^{11}/\mathrm{cm}^2$，而对于大于 60 MeV 的质子，流量为 $5.0 \times 10^9/\mathrm{cm}^2$。该模型假设与日心距离的依赖关系在 $r > 1$ AU 时呈平方反比关系，而在 $r < 1$ AU 时为立方反比 (r^{-3}) 的关系。这些流量将在后续章节中计算辐射损伤和 SEUs 发生率时用到。

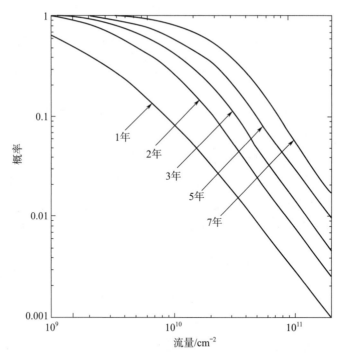

图 3 - 20　能量大于 10 MeV 的质子在不同曝露时间下的概率随流量的变化曲线

［摘自 Feynman et al. ，Journal of Geophysical，Research，vol. 98，pp. 13，281 - 94，1993。美国地球物理学会版权所有］

3.4.2　电磁辐射

电磁辐射环境按照三个频率范围进行讨论：

1）射频电磁辐射，DC～100 GHz。

2）光学的，10^{12}～10^{16} Hz（红外，可见光和紫外）。

3）EUV/X 射线，10^{16}～10^{21} Hz。

3.4.2.1　射频电磁辐射

射频的自然环境随频率变化很大。大多数外部源引起的、频率低于电离层 F 层峰值区域以上的等离子体频率（ω_{pe}）（1～10 MHz）的辐射会严重衰减。这意味着低于等离子体频率的干扰将是局部的、诱发的或起源于磁层的。这些无线电噪声通常对航天器与环境的相互作用不重要。

Al'pert（1983）对近地等离子体环境中自然产生的波浪现象和航天器引起的波浪现象进行了广泛的评述。高于 1～10 MHz 的无线电噪声来自于银河电磁辐射、太阳辐射（在相似的频率范围内有一个平静和脉冲分量），以及来自民用和军用发射机的地面噪声。银河背景通常是宽带的，而来自地面的噪声是窄带的，因为它们是分离的窄带传输产生的。

太阳射频发射伴随着太阳耀斑和相关太阳活动的强烈爆发会产生很大变化。太阳射电爆发分为几种类型（即 Ⅰ，Ⅱ，Ⅲ，Ⅳ 和 Ⅴ）。Ⅰ 类射电暴被认为与太阳耀斑无关，而 Ⅱ

类和Ⅲ类射电暴与等离子体频率处的等离子体振荡有关，Ⅱ类射电暴包含了该两类中最大的功率。Ⅳ类和Ⅴ类是极化的并与太阳宇宙射线有关。正如对太阳耀斑质子通量的预测一样，也不可能对大型射电暴的幅度或频率进行预测。

3.4.2.2　可见光和红外

可见光（3 500～7 000Å）和红外（0.7～7 μm）部分的光谱由太阳光通量主导。如图 3-21 所示，太阳光谱辐照度在 4 500 Å 到 7 000 Å 之间达到峰值，占太阳常数（即地球大气层外太阳总的能量通量）的绝大部分，目前估计为 1 370 W/m²。其他可能关心的可见光和红外光源还包括月球反射的光、大气辉光、地球的红外辐射和极光显示的光。虽然这些光源的强度远低于太阳光，但它们会影响可见光或红外仪器的探测背景，特别是在地球的阴影中。特别地，地球反照率是 LEO 航天器红外热平衡的一个重要贡献因素。

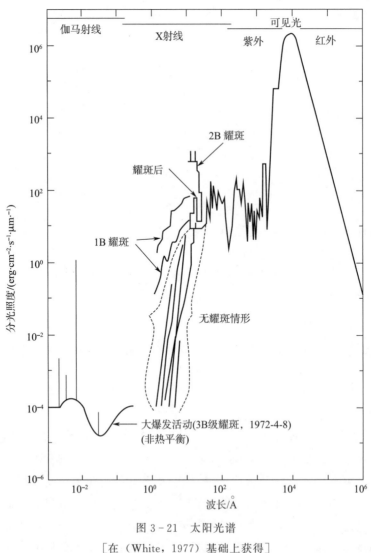

图 3-21　太阳光谱

［在（White，1977）基础上获得］

3.4.2.3　紫外、极紫外和 X 射线

就像光谱的可见光和红外波段的情形一样，太阳通常主宰了直接太阳光光谱的短波长部分。最短波长（10～100 Å 或更短），被称为 X 射线。该波长范围对电离层 E 区的电离起到主要贡献。大约 100～1 000 Å 范围的光谱区域称为极紫外（EUV），与电离层中的 O_2、N_2 和 O 的光电离过程以及热层加热有关。紫外辐射是 1 000～3 500 Å 之间的连续谱和线谱，该光谱范围对中间层、平流层和对流层的光解离、吸收和散射过程有贡献。10～1 750 Å 的光谱范围在较低的热层中被吸收，并影响氧原子的产生及其在中气层顶以上的垂直分布。1 216 Å 的 Lyman - alpha 线通过解离 O_2、H_2O、CO_2 和氮的氧化物而在中间层中起着主要作用。1 750～2 400 Å 之间的光谱区域导致 O_2 的解离以及中间层和平流层中臭氧的产生。在 2 400～3 300 Å 之间，太阳辐照度导致臭氧和其他一些影响平流层收支平衡的示踪气体的分解。

紫外、极紫外和 X 射线辐射不仅对大气和电离层动力学很重要，而且通过引起材料表面改性和光电子发射成为所有高度空间系统设计考虑的主要环境因素。该光谱范围的能量由 1 000 Å 以下 10^7～10^{10} photons/（cm^2·s）的太阳通量表示。在 1 000～10 000 Å 之间太阳通量几乎呈指数上升到 10^{16} photons/（cm^2·s）。太阳通量不是恒定的，因许多因素而随时间变化，其中一个因素是太阳活动周期变化。这种辐射光谱也是 LEO 航天器进出地球阴影时大气衰减的复杂变量。

3.5　宏观颗粒环境

地球附近的宏观颗粒主要有两个来源：行星际流星体和空间碎片。地球周围的空间碎片包括航天器的操作性废弃物、卫星残骸、火箭燃料残渣、表面老化剥落碎片等固体颗粒。而对其他行星（如土星），碎片构成环绕行星的环。这些粒子通常是局域性的（在地球周围通常以壳状或流的形式存在，对于其他行星，则是扁平的环状分布）。相比而言，行星际宏观颗粒环境以瞬发性背景环境和孤立的流为特征，穿透整个太阳系。通常，人们关注的颗粒尺寸从微米到数十米甚至更大（例如，火箭体、空间实验室，或更大的土星环颗粒）不等，典型的速度范围从每秒几千米到每秒 50 千米不等，这些颗粒对航天器构成了威胁。

虽然这些颗粒造成的主要效应是通过表面物理损伤造成的机械效应和通过将光散射入传感器造成的光学效应，它们甚至能间接地改变空间系统的电磁特性。例如：穿透表面绝缘层会产生微孔使下面的导体暴露于等离子体环境中，由此产生的电流可能会严重改变局部电场。撞击产生的抛射物质是部分电离的，引起充电和电磁脉冲。撞击的累积侵蚀效应最终将导致外露绝缘层、太阳能电池阵表面以及线路系统的失效。对宏观颗粒环境这些效应和其他影响必须在空间系统的规划寿命期内进行定量分析，以预测空间系统的寿命，定量评估防护需求，对空间站而言还要制定维护计划。

量化空间颗粒环境影响的建模过程涉及大量的计算。首先，采用流星体或碎片环境模

型确定数密度与质量的关系曲线、颗粒密度和速度的分布函数（通常只是平均速度）。然后，将这些曲线与撞击穿透曲线（例如，最小穿透质量相对于速度的变化）耦合来预测穿透率。本章讨论颗粒的分布，撞击引起的穿孔、撞击坑和防护策略等问题将在第 7 章中进行概述。

3.5.1　宏观颗粒的物理过程

宏观颗粒的物理过程类似于带电粒子环境的物理过程，如引力这一控制力（这里忽略了光压和静电力，尽管它们对于较小或低密度的粒子很重要）随相互作用物体之间距离的倒数而变化。这意味着用于表征粒子分布和矩的许多概念都可以应用。与单粒子动力学、等离子体束和带电粒子的麦克斯韦分布类似，宏观颗粒环境模型可分为三类：

1）循着单个粒子运动轨迹的单粒子动力学，这类似于等离子体物理的网格质点法，对于小行星或较大空间碎片（例如，NORAD 跟踪的 10 000 个卫星和卫星碎片）情形，此方法可用于一些具有明确行为的颗粒。

2）有组织的粒子流（即微流星雨或新解体的地球轨道航天器碎片）、环（即土星环）或壳（在固定高度上具有随机轨道倾角的小的地球空间碎片）。

3）背景场环境，主要是所谓瞬发的流星体或黄道光，通常其总体数量太大而不能按照单个颗粒处理。因此，通常采用对各种属性的分布函数进行平均。

为了使与带电粒子群的相似性更清晰，考虑空间中一个质量为 m，位置坐标为 $r(x, y, z)$，以及速度 $v = dr/dt$（分量为 v_x，v_y，v_z）的颗粒。颗粒可以用如下定义的连续分布函数来描述

$$dN = [H_m dm][g_0 (dx\,dy\,dz)(dv_x dv_y dv_z)] \tag{3-10}$$

其中，dN 是质量、位置、速度在区间（m，$m+dm$）、（x，$x+dx$）、…，（v_z，v_z+dv_z）内的平均粒子数。这里，对于流星体和空间碎片，对质量 m 的依赖关系假设只存在于函数 H_m 中（与 r 和 v 无关），它与累积质量分布 H_M 有关

$$H_M = \int_\infty^m dm H_m \tag{3-11}$$

g_0 代表粒子在位置-速度空间中的密度，类似于气体或等离子体的数密度，与 m 和 t 无关。对于宏观颗粒，g_0 可以认为是引力场中运动常数（例如开普勒轨道六根数）的函数。特别是对于行星际流星体，g_0 可以用近日点距离 r_1、偏心率 e 和倾角 i 来描述，假设颗粒对其他要素是均匀分布的。依据文献 Divine（1993），g_0 可以近似为

$$g_0 = [1/2(\pi e)][r_1/(GM_0)]^{3/2} N_1 p_e p_i \tag{3-12}$$

其中，对于特定的粒子群，函数 p_i 仅取决于 i，p_e 仅取决于 e，N_1 仅取决于 r_1。文献 Divine（1993）说明了如何从这些方程中通过适当的矩推导出粒子密度和通量。

在最简单的应用中，流星体（或空间碎片）模型设定一个 H_M 的函数形式和 g_0 的矩（因为必须在相空间上进行积分）。特别是，NASA 约翰逊航天飞行中心的人员［Cour-Palais（1969）］和 Divine（1993）已经建立了详细的行星际流星体模型，确定了 H_M 的等价量，并以距离太阳的径向距离、日心经度和纬度、密度和依赖于观测者所在轨道的速

度来近似计算分布函数的变化。两个研究都确定了不同特征的粒子群。在 Divine 模型（包含了最新数据）中，有五个不同的粒子群，其密度从 0.25～2.5 g/cm³ 不等。较早的 NASA 模型只有彗星（0.5 g/cm³）和小行星（3.5 g/cm³）两个群，后者是基于模型中粒子的可能来源而构建的。这里，为简单起见，行星际环境由 NASA 模型的简化版本（Cour - Palais，1969）进行描述，因为它显示了流星体模型的基本组成并被广泛使用。不过，读者可以参考 Divine（1993）以及相关论文来了解最新模型。类似说明也适用于将采用正式的 NASA 碎片模型（Kessler，1993）来描述的碎片环境。后面要提供的模型只是用来演示的，因为关于环境的估算都在不断变化中，并随着来自于低轨道 LDEF 试验、超高速撞击测试、各种星际传感器，甚至 Cleinentine 任务的数据不断改变我们的认知而重新评估。其实，碎片环境本身是一个高度动态的、随时间快速变化的分布，"抓拍"是现实中唯一可能的方式。

3.5.2　流星体模型

背景行星际流星体被定义为太空中按轨道运动的固体颗粒，它们起源于彗星或小行星（Cour - Palais，1969）。人们感兴趣的空间范围为 0.1～30.0 AU（天文单位），质量范围为 10^{-12}～10^2 g。对这些粒子的认识主要来源于对流星、彗星、小行星及黄道光的地基观测，以及火箭和航天器的原位测量。粒子通量与质量的关系是流星体环境建模所必需的基本量，在大部分质量范围内通量是不能直接测量的，而是必须进行推测的（例如，从流星的光强度、撞击坑的分布等进行推测）。地基观测主要包括光学成像和雷达观测，分别获得质量为 10^{-3} g 以上和 10^{-6}～10^{-2} g 的通量。黄道光的观测和直接的原位测量覆盖了更小的质量范围，典型地在 10^{-13}～10^{-6} g 范围。在另一个极端，用望远镜观测小行星、行星和月球表面的陨石坑数量来确定 50 km 以上的流星体分布。正如看到的那样，在所采用的分布中存在数据间断。航天器最关注的颗粒质量范围是 10^{-3}～10 g，因为这些颗粒构成了主要的失效威胁，它们难以探测且数量足够大，成为航天器面对的主要问题。质量范围在 10^{-3}～10^{-9} g 之间的粒子主要关注其形成微孔，因为这些粒子有足够的通量来侵蚀表面和足够的能量穿透防护层。陨石和流星落在这一范围，但由于不常观测到它们发生碰撞，而且很难将最终质量与初始质量联系起来，因此可用的数据较少。基于这些数据，NASA 模型（Cour - Palais，1969）将观测到的粒子群分为低密度的类彗星体（0.5 g/cm³）和高密度的类行星体（3.5 g/cm³）两种成分。每个粒子群都有与之相关的不同特征质量、速度和角度分布，因而它们相对于彼此的重要性随轨道、屏蔽和效应而改变。这两种粒子群的主要特征在 3.5.2.1 节和 3.5.2.2 节进行了定义。

在下面的讨论中，一个关键函数是一个翻滚的、具有随机取向的平面在单位时间内遭遇流星体撞击的通量，可表示为

$$F = \rho_c V'/4 \tag{3-13}$$

其中，ρ_c ＝大于临界质量的流星体总数；F ＝航天器上每秒每平方米通过的粒子数；V' 是一个加权的或平均的相对撞击速度［实际上在 NASA 模型中是 $(\overline{V^{-1}})^{-1}$］。因子 4 来自要

求粒子撞击一个平面的结果。因此，问题简化为确定合适的粒子数和平均速度。

3.5.2.1　彗星流星体

首先考虑行星际彗星成分作为质量函数的数密度（或质量分布函数）。关心的质量范围（<10 g）的流星体被认为是大的水-冰彗星从前因碰撞而蒸发或破碎形成的固体残骸。剩余的硅酸盐或颗粒状物质具有非常低的密度（0.16～4 g/cm³）。模型中在 1.5 AU 以内的主要流星体通量由这些彗星构成，因为假设了更稠密的类行星流星体集中在小行星带中。基于测量结果，在不考虑地球的情况下，在 1 AU 处彗星流星体的质量分布可通过下式表示（Cour-Palais，1969）：

当 10^{-6}g< m <100 g 时

$$\log_{10} S_c = -18.173 - 1.213 \log_{10} m \tag{3-14}$$

当 10^{-12}g< m <10^{-6}g 时

$$\log_{10} S_c = -18.142 - 1.584 \log_{10} m - 0.063 (\log_{10} m)^2 \tag{3-15}$$

其中，S_c 是在 1 AU 处每立方米（m^{-3}）内质量为 m（单位 g）以上的彗星流星体的数量。

如果环境中包含大行星或月亮，还需要考虑其他因素。为了确定在一个真实的地球（或其他行星）处的流星体环境，S_c 必须针对引力聚集（因子 G）和地球屏蔽（因子 h）效应进行修正。因子 G 用来修正与一个吸引的星体的中心相距某一距离处的引力增强，表示为

$$G = 1 + 0.76 \frac{R V_p^2 r_p}{V_e^2 r} = 1 + 0.76 \frac{R_E}{r} \tag{3-16}$$

其中，r_p 是行星半径（R_E ＝地球半径）；V_p 是从行星逃逸的速度（V_e 是从地球逃逸的速度）；R 是距太阳的距离，以 AU 为单位；r 是距行星的距离，右边的表达式是针对地球的。

由于地球（或一个行星）本身的物理存在——对任意取向的航天器起到屏蔽作用——所引起的修正可表示为

$$h = \frac{1}{2} + \frac{1}{2} \left(1 - \frac{R_E}{r}\right)^{1/2} \tag{3-17}$$

乘以 h 的作用是减去屏蔽体（这里是指地球）所对应的立体角内的通量。

完整的 NASA 行星际彗星模型包括对密度的径向和纬度变化的修正，数据表明随日心距呈 $R^{-1.5}$ 的变化。类似地，也存在一个随日心系中日心纬度 β 的变化

$$\exp(-2 |\sin\beta|)$$

这些变化，认为相互独立且不依赖于质量分布，按总密度乘以一个因子进行处理。这里给出了一个在感兴趣密度范围内的最终方程式［来自式（3-14）］

$$\log_{10}(S_c') = -18.173 - 1.213 \log_{10}(m) - 1.5 \log_{10}(R) - 0.869 |\sin\beta| \tag{3-18}$$

其中，R 是日心距（AU）。

将这些因素结合起来，把地球视为一个大的航天器，则通量可估算为通过一个随机取向平板的通量

$$F_{ce} = \frac{\rho_e \bar{V}_c}{4} \tag{3-19}$$

其中，$\rho_e = hGS_c'$，F_{ce} 是地球位置处的粒子通量 [particles/（m² · s）]，$\bar{V}_c$ 是地球位置处的平均相对撞击速度（见以下讨论，对 1AU 处的地球，$\bar{V}_c \approx 14.3$ km/s）。由此得到 500 km 高度的彗星流星体（$\rho = 0.5$ g/cm³）通量，如图 3 - 22 所示。该图中的通量为颗粒直径 D 的函数，其中假设直径与质量相关

$$D = 2 \left(\frac{3m}{4\pi\rho} \right)^{1/3} \tag{3-20}$$

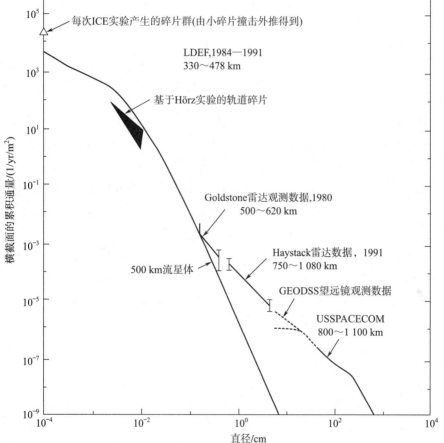

图 3 - 22　碎片和流星体在 500 km 处的通量

［取自 D. J. Kessler，Orbital debris environment in low Earth orbit：An update，Advances in Space Research，vol. 13，pp. 139 - 48，1993，经 Elsevier Science Ltd.，The Boulevard，Langford Lane，Kidlington OX5 1GB，UK. 许可重印］

由于行星际空间的彗星流星体轨道特征差异很大，确定合适的速度（实际速度）V_c 用于上述方程并不容易。特别是，尽管大多数彗星流星体都有同向轨道，但它们的偏心距、近日点距离等都是在很大范围内随机分布的。为了简化模型使之对设计者更实用，NASA 模型假设偏心率、倾角以及半长轴与日心距离比值的分布都与日心距离无关。可以假设在 1 AU 处（即，对地球引力进行修正后在地球表面）的速度分布，使用该分布和已知的在

地球处的角度变化，可以计算出在特定轨道上彗星流星体与航天器的相对撞击速度。平均撞击速度是通过对速度分布的积分（如前所述，是速度分布函数的矩）确定的。在 NASA 模型中定义，对给定幂指数 n 的加权速度为

$$\overline{V^n} = \int N(V)V^n \, dV = \bar{V}^n \delta^{n(n-1)/2} \tag{3-21}$$

其中，V 是航天器和流星体之间的相对速度；$N(V)$ 是速度为 V 流星体所占的比例。引入 δ 参量作为一种对不同的 n 次幂进行快速近似处理的方法，这对估算穿透通量具有重要影响，在 7.1.1.5 节中有详细的定义。现在，注意如果 $N = \pi g_0 V^3$，$H_M(m) = 4F_{ce}(m)$，这个公式就等价于我们对各阶矩的标准定义。对于考虑彗星撞击通量的具体例子，NASA 模型将"平均"相对撞击速度（km/s）近似为

$$\bar{V}_c(\sigma, \theta, R) = R^{-1/2}(31.29)(1.3 - 1.923\,5\sigma\cos\theta + \sigma^2) \tag{3-22}$$

其中，σ 为航天器日心速度与圆轨道速度之比；θ 为航天器速度矢量与圆轨道平面的夹角。

3.5.2.2　小行星流星体

除了密度和速度之外，彗星和小行星流星体之间的主要差异在于小行星流星体在数密度上表现出明显的日心变化。对质量 $10^{19} \sim 10^{20}$ g 量级的可见光观测显示，在 $1.5 \sim 3.5$ AU 之间存在已知的小行星带。根据地球上小行星流星体陨落的相对稀少程度（相对于彗星流星体），在 NASA 模型中假设更小质量的小行星流星体也类似地局限在 $1.5 \sim 3.5$ AU 的范围内。从实验室中对小行星流星体的研究结果推测这些粒子的平均密度约为 3.5 g/cm³，比彗星流星体要大得多。小行星流星体的质量-数密度曲线与彗星流星体不同。不幸的是，这条曲线还不如彗星流星体的了解得清楚，在大多数行星际任务关心的质量范围内［NASA 模型发布后，探索者 10 和 11 的观测（Humes et al.，1974）意味着该粒子群在质量低于 10^{-9} g 甚至不存在，而且依照外推判断，可能在撞击研究关心的质量范围内不存在］，在高达 $2 \sim 3$ 个数量级的幅度上是不确定的。NASA 模型给出了 2.5 AU 处的质量分布：

当 $m < 10^{-9}$ g 时

$$\log_{10}(S_a) = -8.23 \tag{3-23}$$

而当 10^{-9} g $< m < 10^{19}$ g 时

$$\log_{10}(S_a) = -15.79 - 0.84\log_{10}(m) \tag{3-24}$$

至于彗星流星体群，其他变化因素也作为独立的变量被包含进来，这些变化有随太阳径向距离的变化量 $f(R)$ 和一个随日心经度 l 的变化量 j，可近似为

$$j(l, R) = G(R)\cos(l - l_0) \tag{3-25}$$

其中，$G(R)$ 是 j 的日心距离变量，$l_0 = 0°$（近似）。

还有一个随纬度的变化量 $h(\beta)$ 在这里被忽略了。同样，假定所有的变量本质上都是相互独立的，所以通量是所有分量的乘积。对于我们关注的质量范围，得到的方程为

$$\log_{10}(S_a) = -15.79 - 0.84\log_{10}(m) + f(R) + G(R)\cos(l) \tag{3-26}$$

如前所述

$$F_a = S_a \bar{V}_a / 4 \qquad (3-27)$$

其中，$\bar{V}_a$（单位 km/s）是加权撞击速度，由下式得到：

对于 $R = 1.7$ AU

$$\bar{V}_a(\sigma, \theta, R) = R^{-1/2}(30.05)(1.229\ 2 - 2.133\ 4\sigma\cos\theta + \sigma^2) \qquad (3-28)$$

对于 $R = 2.5$ AU

$$\bar{V}_a(\sigma, \theta, R) = R^{-1/2}(29.84)(1.039\ 1 - 1.988\ 7\sigma\cos\theta + \sigma^2) \qquad (3-29)$$

对于 $R = 4.0$ AU

$$\bar{V}_a(\sigma, \theta, R) = R^{-1/2}(29.93)(0.959\ 3 - 1.923\ 0\sigma\cos\theta + \sigma^2) \qquad (3-30)$$

3.5.3　空间碎片

人类的空间飞行在地球周围产生了大量空间碎片（Johnson and McKnight，1991）。对于距离地球表面 2 000 km 以内的航天器来说，这一由空间碎片构成的壳层造成的撞击威胁大于天然的流星体。轨道碎片的主要来源是在轨航天器、爆炸的助推火箭或航天器产生的碎片、固体火箭发动机的金属氧化物和微粒、航天器表面涂层碎片和以前空间任务抛射的物品。它们之间又会发生相互碰撞进一步产生新的碎片。例如，挑战者号航天飞机的舱窗玻璃被一个碎片颗粒击中，可能是一块涂漆碎片。目前，对空间碎片日益增长的威胁，有几套观测数据可用来评估。首先，地面光学和雷达观测信息构成了碎片信息的主体，主要有来自美国太空司令部的直径大于 10 cm 的目标信息，来自麻省理工学院光学测量的直径 $\geqslant 2$ cm 的目标信息，以及利用 ATMOS/MOTIF 的 IR 望远镜、美国太空司令部的雷达、NASA 和太空司令部的望远镜测量的空间碎片粒子反射率结果。其次，对于直径在 $10^{-6} \sim 10^{-3}$ cm 之间的粒子，有 Solar Maximum 任务（Laurance and Brownlee，1986）和轨道高度 500 km 的 LDEF 任务回收样品的表面原位测量数据可供使用。事实上，最近也发布了基于级间适配器卫星微米级粒子原位测量结果的、高度拓展到 12×10^5 km 的数据。

Kessler（1991）评估了在轨运行航天器的碎片累积通量，可由下式给出

$$F(d, h, i, t, S) = kH(d)f(h, S)y(i)[F_1(d)g_1(t) + F_2(d)g_2(t)] \qquad (3-31)$$

式中，F 是每年每平方米面积上的撞击通量；对于随机翻滚的平面，$k = 1$（对于方向一定的面必须进行计算）；d 为碎片直径（cm）；t 为日期（a）；h 为高度（km），$h < 2\ 000$ km；S 为 13 个月平滑处理的 10.7 cm 波长太阳辐照通量；i 为倾角（°）；$y(i)$ 是轨道倾角函数（见表 3 – 15）。

这里

$$H(d) = \{10^{\exp[-(\log_{10}d - 0.78)^2 / 0.637^2]}\}^{1/2}$$

以及

$$f(h,S)=f_1(h,S)/[f_1(h,S)+1]$$

$$f_1(h,S)=10^{h/200-S/140-1.5}$$

$$F_1(d)=1.22\times10^{-5}d^{-2.5}$$

$$F_2(d)=8.1\times10^{10}(d+700)^{-6}$$

$$g_1(t)=(1+q)^{(t-1988)}\qquad t<2011$$

$$g_1(t)=(1+q)^{23}(1+q')^{(t-2011)}\qquad t>2011$$

$$g_2(t)=1+[p(t-1988)]$$

其中,p 为每年未受损目标的增长率,$p=0.05$;q 为 2011 年前碎片增长率,$q=0.02$;q' 为 2011 年后碎片增长率,$q'=0.04$。

空间碎片的平均质量密度（以 g/cm^3 为单位）可近似为

$$\rho=2.8d^{-0.74}\qquad d>0.62\ cm$$

$$\rho=4\qquad\qquad d<0.62\ cm$$

上式给出了每年每平方米表面积上碎片的碰撞通量。作为参考,在低轨道高度上相对撞击速度（km/s）可由撞击速度矢量与航天器速度矢量的夹角 α 进行估算

$$\bar{V}_d=15.4\cos(\pm\alpha)\tag{3-32}$$

表 3 - 15　轨道倾角函数 $y(i)$

倾角/(°)	$y(i)$	倾角/(°)	$y(i)$	倾角/(°)	$y(i)$
24	0.895	58	1.075	92	1.400
26	0.905	60	1.090	94	1.500
28	0.912	62	1.115	96	1.640
30	0.920	64	1.140	98	1.750
32	0.927	66	1.180	100	1.780
34	0.935	68	1.220	102	1.750
36	0.945	70	1.260	104	1.690
38	0.952	72	1.310	106	1.610
40	0.960	74	1.380	108	1.510
42	0.972	76	1.500	110	1.410
44	0.982	78	1.680	112	1.350
46	0.995	80	1.710	114	1.300
48	1.005	82	1.680	116	1.260
50	1.020	84	1.530	118	1.220
52	1.030	86	1.450	120	1.180
54	1.045	88	1.390	122	1.155
56	1.060	90	1.370	124	1.125

Kessler 还给出了一个详细的碎片速度分布函数,本书不再重复,读者可以参考 Johnson and McKnight（1991）或 Kessler（1991）。

图 3-22 显示了来自 Kessler（1993）的迄今为止最好的空间碎片数据和流星体通量的比较。Kessler（1993）定义了临界空间碎片密度，在这个密度下，即使一些碎片由于大气阻力被去除，碎片群仍然保持不变。这是由于消失的粒子不断被其他碎片碰撞产生的碎片或者被从更高轨道上拖曳下来的碎片所替代。在 800 km 以下，当前碎片群是低于这个临界密度的，而在 800~1 000 km 之间，当前碎片群是高于这个临界密度线的。也就是说，即使从明天起不再发射航天器，后者的碎片数量仍会继续增长。

3.5.4　卫星解体的 Gabbard 图

在前一节中介绍了在地球周围一定范围内的空间碎片环境，这种颗粒环境通常用来确定与低轨航天器发生碰撞的概率。然而，最近的数据表明碎片流也可能发挥重要作用（至少对于微米大小的颗粒）。由于碎片云中的粒子在碎片化后会发生快速的变化，因此分析卫星解体时碎片的形态以及因此对碎片环境的贡献具有重要意义，这可以通过使用 Gabbard 图来实现（Johnson and McKnight，1991）。

Gabbard 图绘制了卫星的远地点和近地点高度与轨道周期的关系。圆轨道包含一个点，而椭圆轨道包含在图上垂直对齐的两个点。一颗最初在圆轨道上运行的卫星爆炸解体产生的碎片在 Gabbard 图上呈 X 形状，如图 3-23 所示，取自 Johnson and McKnight

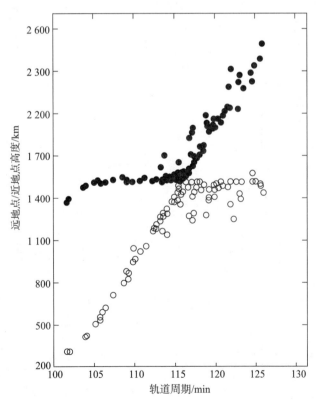

图 3-23　1973-86B 号卫星碎片的 Gabbard 图

[Johnson and McKnight，1991]

(1991)。卫星最初位于 X 的中心，X 左臂包含的碎片受到的速度冲量使其相对于卫星变慢，碎片因此进入了一个椭圆轨道，其远地点与最初的圆轨道相同但近地点要低得多；这些碎片因为经过大气层上部而最终会再入大气层。X 右侧的碎片受到使速度提高的冲量，因此进入了具有相同近地点但远地点较高的轨道。X 点中心附近晕圈内的碎片是受到径向冲量的碎片，其远地点和近地点受到影响，但其轨道周期相对不受影响。

　　在卫星初始运行于椭圆轨道的情况下，碎片的两个臂不会交叉成 X 状，而是以一个角度展开，角度是卫星解体时真近点角的函数，如图 3 - 24 所示，取自 Johnson and McKnight (1991)。碎片仍沿两条臂展开，像前面一样，两条臂分别包含了受到正速度冲量和负速度冲量作用后的碎片。

　　这些图可用于确定卫星爆炸解体碎片的最终去向，从而确定特定轨道上碎片环境的变化。

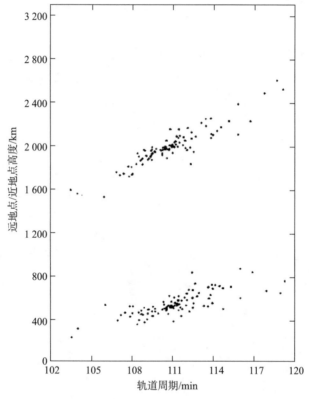

图 3 - 24　1977 - 65B 卫星碎片的 Gabbard 图

[Johnson and McKnight，1991]

3.6　人工环境

3.6.1　外大气层核爆

　　核武器在外大气层爆炸（这里考虑 100 km 以上）会产生各种辐射环境，对航天器系统造成影响。本书只介绍少数较严重的环境，考虑与瞬间或瞬态辐射效应有关的环境，以及与爆炸产生的碎片和捕获电子导致的长期效应有关的环境，通常忽略电磁脉冲效应。

3.6.1.1　事件形态

首先，考虑核爆的总体事件形态。通常，一次超过 100 km 的核爆，最初产生的效果是快速膨胀的等离子体。这种等离子体包括核燃料、外壳和运载工具的电离残留物以及周围的大气。等离子体由于其带电状态而被地球磁场限制在一个"泡"中，在最初的 100 ns 内，爆炸释放出由伽马射线、X 射线和中子组成的瞬时辐射。这个辐射脉冲呈放射状膨胀，以 $1/r^2$ 的速率衰减。这种延迟效应与随后的等离子体泡演化有关。在初始爆炸后，热等离子体泡大致呈球形膨胀并上升。最终，等离子体冷却并收缩，留下的碎片被俘获在磁场线上产生 β 衰变释放电子。这些碎片要么最终消失在大气中，要么附着在航天器、空间碎片或其他废弃物上。高能电子在地球磁场和电场中向东漂移，形成了一个人工辐射带。这条辐射带在爆炸后 6 h 左右形成，此后开始衰变。根据带的强度和位置，它可以持续几个月到几年（由 Starfish 和 Argus 实验产生的辐射带至少持续了一个 11 年的太阳周期）。

3.6.1.2　瞬时环境

核武器产生的 X 射线主要作用是能量沉积和电离。实际上，70%～80% 的能量以 X 射线的形式存在，其中 1% 的能量以中子和伽马射线的形式存在。在低能 X 射线的情况下，如果能量沉积足够快，表面物质就会汽化或被吹掉。由于这种快速加热产生的应力可以在材料中产生冲击波，从而导致从内部或外表面发生开裂和不同材料的分层。只有在航天器内部，中能 X 射线才会产生类似于低能电子的效应。除了这些影响之外，高能 X 射线还能在单个器件上产生光电流，造成扰动或烧毁。X 射线也是系统产生的电磁脉冲（SGEMP）的主要来源。

伽马射线由于能量较高，不能有效地被屏蔽。它们是由裂变和聚变最初的 10^{-8} s 释放的中子与炸弹碎片相互作用而产生的。随后，核碎片辐射衰变产生伽马射线。虽然伽马射线的作用与 X 射线相似，并以 $1/r^2$ 的速率衰减，但它的穿透性要强得多。

与 X 射线和伽马射线一样，中子从爆炸点向外辐射（即，它们以 $1/r^2$ 的速率衰减）。与 X 射线和伽马射线不同，中子的传播速度不是光速，而是与初始能量的平方根成正比。能量最高的中子最先到达航天器，能量最低的中子最后到达。因此，航天器的脉冲持续时间取决于航天器与爆炸点之间的距离，典型值为 10^{-3} s。中子能量高（$E > 1$ MeV），由于不带电，所以截面很低，这使其很难被屏蔽。中子电离脉冲的持续时间比 X 射线或伽马射线的持续时间长得多，具有更大的破坏性。位移损伤（后面将介绍）是中子辐射产生的主要影响。中子谱包含一个 14.7 MeV 的尖峰，这在裂变谱中没有发现，是聚变的特征。

3.6.1.3　碎片环境

如前所述，电离态的碎片是由核武器爆炸、外壳、当地大气层和爆炸附近的其他物质汽化造成的。大多数物质受地球磁力线的约束，但有些碎片可以横跨磁力线沿径向喷射出去。大部分被磁场约束的碎片在磁力线共轭点上消失于高层大气中。少量被磁捕获的碎片会通过 β 衰变产生电子。穿过碎片云的航天器将被碎片所覆盖，这些碎片可以通过 β 衰变、α 辐射、γ 辐射和中子的方式诱导辐射（剂量通常很小，但剂量率可能瞬间很高）。

比碎片环境更重要的是俘获电子环境。放射性碎片的衰变会产生大量俘获电子。这种效应，在 1958 年 Argus 高空炸弹试验后被称为 Argus 效应，可以产生人工辐射带。形成辐射带的范围和强度高度依赖于爆炸的高度、产额和纬度。最大的情况对应于所谓的饱和核环境，即辐射粒子的总动能密度等于地球磁场的总能密度（即如果单位体积粒子的能量超过了单位体积的磁场能量，那么地球磁场就不能再容纳辐射粒子）。核武器产生的俘获电子的能谱比自然电子能谱能量更高（更硬）。即使是在屏蔽良好的航天器内，这些电子的能量也足够产生次级 X 射线——实际上是轫致辐射。因为俘获电子的剂量率往往比自然电子的剂量率高几个数量级，因此依赖于速率的效应分析起来特别麻烦。与瞬态效应只发生在爆炸后很短的一段时间内不同，由俘获电子引起的效应在许多轨道上是持续时间的积分。

3.6.2　核能源

3.6.2.1　放射性同位素热电发电机（RTGs）

由于太阳能通量太低，火星轨道以远的星际任务通常无法有效利用太阳能，像 Voyager，Galileo 和 Ulysse 这样的任务都使用了 RTGs。这里，作为以这些任务为代表所诱导的辐射环境的一个典型例子，对 Galileo 任务的 RTGs 进行描述。值得注意的是，这个环境非常依赖于装置，对每个特定的设计需要进行详述。

Galileo 有两个 RTGs，这些 RTGs 被称为通用热源（general - purpose heat source, GPHS）RTGs，基本上是装有高尔夫球大小的钚－238（^{238}Pu）丸的大圆柱形容器。^{238}Pu 通过发射 α 粒子产生热量，再通过热电偶直接转化为电能。每一个 RTG 含有大约 11 kg 或大约 13.7 万居里（1 居里表示每秒产生 3.7×10^{10} 放射性衰变）的钚，产生的中子强度约为 7 000 个中子/（s·g）的同位素装料区的水平。燃料形式是纯氧化钚（PuO_2），含有 0.7×10^{-6} 的 ^{238}Pu，以及小于 0.5% 的 ^{232}U 和 ^{228}Th。主要关注的辐射环境是中子和伽马射线。表 3 - 16 列出了 RTGs 和放射性同位素加热器单元（RHUs）中归一化微分通量随能量的变化（Hoffman，1987）。

表 3 - 16　Galileo RTGs 和 RHUs 的伽马射线和中子的归一化微分通量

伽马射线		中子	
能量宽度/MeV	群内正常数通量	能量宽度/MeV	群内正常数通量
7～6	1.09×10^{-5}	10～8.55	9.64×10^{-4}
6～5	3.29×10^{-5}	8.55～6.66	4.59×10^{-3}
5～4	9.72×10^{-5}	6.66～5.18	9.93×10^{-3}
4～3	2.96×10^{-4}	5.12～4.46	9.66×10^{-3}

续表

伽马射线		中子	
能量宽度/MeV	群内正常数通量	能量宽度/MeV	群内正常数通量
3～2.616	2.65×10^{-4}	4.46～4.04	1.34×10^{-2}
2.616～2.614	1.56×10^{-1}	4.04～3.14	8.73×10^{-2}
2.614～2	1.54×10^{-2}	3.14～2.45	1.76×10^{-1}
2～1.75	2.79×10^{-3}	2.45～1.91	1.57×10^{-1}
1.75～1.5	3.89×10^{-2}	1.91～1.49	1.46×10^{-1}
1.5～1.25	1.75×10^{-2}	1.49～1.16	9.76×10^{-2}
1.25～1.0	2.21×10^{-2}	1.16～0.9	7.6×10^{-2}
1.0～0.75	1.18×10^{-1}	0.9～0.702	5.87×10^{-2}

注:数据基于 1.2×10^{-6} ^{238}Pu 和 5 年燃料年限,通量会随燃料年限变化,因此应该根据时间进行修正。

这些归一化的值必须乘以一个绝对值,该绝对值是相对于 RTG 的距离和角度的函数。图 3-25 说明了中子和伽马射线的等剂量线。由于 RTG 钚燃料的半衰期短,其辐射特性随时间变化较快。此外,建议将因子 2 作为最坏情况下的设计裕度。

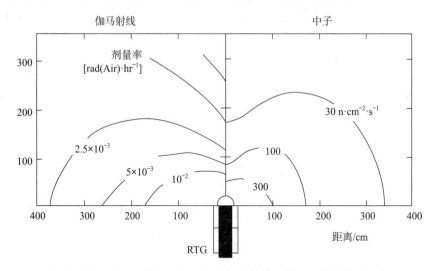

图 3-25　Galileo 的 RTGs 中子和伽马射线的等剂量线和等通量线

RHUs 的目的是在航天器内提供局部加热,并尽量减少电力的使用。Galileo 的设计是基于一个 1 W 的单元,每个单元大约含有 34 居里(2.6 g)的钚燃料。每个装置在发射时都已经过了五年。PuO_2 燃料颗粒封装在铂铑合金包层的燃料容器内。和 RTGs 一样,假设钚基本上是纯 ^{238}Pu,包含小于 1.2×10^{-6} 的 ^{236}Pu,以及小于 0.5% 的 ^{232}U 和 ^{228}Th。将表 3-16 中的归一化通量与表 3-17 中的值相乘可得到绝对值,这是按照到 RHU 的距离给出的,单位是 cm。对于 RTGs,伽马射线值必须用一个时间因子校正。

表 3-17　Galileo RHU 的中子和伽马辐射的距离变化因子，与前面的表结合使用给出通量、
流量和剂量随离开 RHU 距离的变化的绝对值

距 RHU 的距离/cm	中子		伽马射线	
	峰值通量/$(cm^2/s)^{-1}$	流量/cm^{-2}	峰值通量/$(cm^2/s)^{-1}$	剂量/$rad(Si)$
0	6.1×10^2	1.6×10^{11}	4.7×10^4	5.3×10^3
2	9.5×10^1	2.4×10^{10}	7.3×10^3	8.3×10^2
4	4×10^1	1.0×10^{10}	2.5×10^3	2.9×10^2
6	2.4×10^1	6×10^9	1.5×10^3	1.7×10^2
8	1.2×10^1	3.0×10^9	1×10^3	1.1×10^2
10	8.1×10^0	2×10^9	6.4×10^2	7.2×10^1
15	3.9×10^0	9.8×10^8	3.0×10^2	3.4×10^1
20	2.3×10^0	5.8×10^8	1.8×10^2	2×10^1
50	3.9×10^{-1}	9.8×10^7	3.0×10^1	3.4×10^0

注:伽马射线通量和剂量基于发射时开始计算的 5 年燃料年限,必须根据具体时间进行校正。

第4章　中性气体环境效应

对于在 LEO 和 PEO 轨道运行的航天器，主要的环境是中性气体。在这种环境中，组成大气环境的中性气体在航天器周围形成独特的结构，并引起阻力、表面侵蚀和航天器辉光。航天器本身释放的中性气体会对航天器的其他部分造成污染。在本章中，系统地介绍了这些作用，重点放在与这些相互作用相关的气体流动的物理学。

4.1　航天器周围的中性气体流

对于 LEO 或 PEO 航天器，周围环境的动量交换平均自由程由式（2-38）给出。具有 $O(10^{-20}\ \mathrm{m}^2)$ 典型弹性散射截面和表 3-4 所示的轨道附近平均密度，环境气体的平均自由程为千米数量级。图 4-1 为美国标准大气模型给出的从地表到 700 km 高度的中性粒子数密度、碰撞频率、平均自由程和粒子速度的剖面图。其中克努森数［参见式（2-39）］满足 $K_n \gg 1$ 时，航天器周围的中性气体是无碰撞的。由于气体的温度如表 3-4 所示，典型处于几百到几千开尔文，热速度大约是 700 m/s 量级。对于轨道速度 8 km/s，速度比（见 2.3.2 节）满足 $S \gg 1$。因此，在近地轨道航天器周围的中性气体流是无碰撞和超声速的，这两个观测结果使得气体流动控制方程得以大大简化。

一般来说，任何由分布函数 $f(\boldsymbol{x}, \boldsymbol{v}, t)$ 描述的中性气体都必须满足玻耳兹曼方程（Bird，1976）

$$\frac{\partial f_n}{\partial t} + \boldsymbol{v} \cdot \nabla f_n + \frac{\boldsymbol{F}}{m_p} \cdot \nabla_v f_n = C(f_n) \qquad (4-1)$$

其中，$\boldsymbol{F}$ 是作用在质量为 m_p 分子上的力。复杂碰撞算子 $C(f_n)$ 包含了分子与同类分子及异类分子之间碰撞的所有影响（Bird，1976），估计为 $O(\nu f_n)$ 小量，其中 ν 为式（2-36）中定义的中性粒子之间的碰撞频率。如果中性气体流动不依赖于时间，则航天器周围将达到稳态，这种情况下 $f_n = f_n(\boldsymbol{x}, \boldsymbol{v})$。另外，在远离航天器表面时没有明显的力作用于气体分子上（在典型的 L_b 尺度上，重力的影响非常小，可以忽略不计），因此，航天器周围稳定中性气体流动的玻耳兹曼方程简化为

$$\boldsymbol{v} \cdot \nabla f_n = C(f_n) \qquad (4-2)$$

其中 $\boldsymbol{v} \cdot \nabla f_n$ 项是关于 $v_{th} f_n / L_b$ 的同阶量 $O(v_{th} f_n / L_b)$。该项与碰撞项的比率是

$$C(f_n) / (\boldsymbol{v} \cdot \nabla f_n) = \nu f_n / (v_{th} f_n / L_b) = 1 / K_n \ll 1$$

因此，远离航天器时，玻耳兹曼方程的主导项是对流项，可以简化为

$$\boldsymbol{v} \cdot \nabla f_n = 0 \qquad (4-3)$$

在对小量 $1/K_n$ 的展开式中达到最低阶。

为了引入合适的边界条件，$\boldsymbol{v}$ 可以定义为气体分子相对于航天器的速度，$\boldsymbol{u}$ 定义为地球

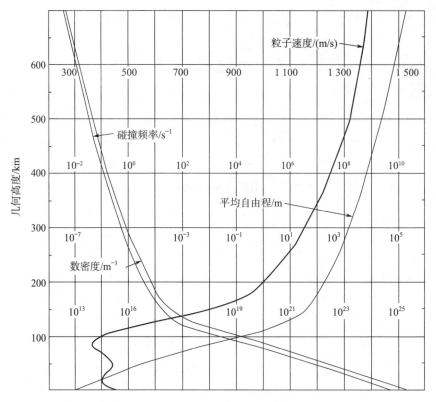

图 4-1　美国标准大气模型中高度到 700 km 的中性气体密度、碰撞频率、平均自由程和粒子速度的剖面图
[来自 DeWitt et al.（1993），经 Kluwer 学术出版社许可重印]

坐标系中的速度。因此，对于轨道速度 $\boldsymbol{V}_0$，这两个速度的关系为

$$\boldsymbol{v}=\boldsymbol{u}-\boldsymbol{V}_0 \tag{4-4}$$

在远场，在相对于航天器长度较长的距离上，近地轨道的中性气体可用局部麦克斯韦
分布来描述（见第 3 章），因此

$$f_n(\boldsymbol{x}\to\infty,\boldsymbol{v})=n_0\left(\frac{m_p}{2\pi kT}\right)^{3/2}\exp[-m_p\mid\boldsymbol{u}\mid^2/(2kT)] \tag{4-5}$$

其中，n_0 和 T 分别为低轨道环境中远离航天器的中性气体密度和温度（典型值见表 3-4）。
在固定于航天器的坐标系中，利用式（4-4），远场边界条件为

$$f_n(\boldsymbol{x}\to\infty,\boldsymbol{v})=n_0\left(\frac{m_p}{(2\pi kT)}\right)^{3/2}\exp[-m_p\mid\boldsymbol{v}+\boldsymbol{V}_0\mid^2/(2kT)] \tag{4-6}$$

为评估方程（4-3）在航天器表面的边界条件，采用 Al'pert（1983）的处理方法。
Al'pert 在无界空间上求解方程（4-3），但考虑到航天器的存在，在方程的右边嵌入了形
式为 $A_n(\boldsymbol{r}_s,\boldsymbol{v})\delta(F)$ 的项，其中航天器的表面定义为

$$F(\boldsymbol{r}_s)=0 \tag{4-7}$$

$\boldsymbol{r}_s$ 是到航天器表面的径向矢量，$\delta(F)$ 是在 $F=0$ 的航天器表面上非零的 delta 函数。因此，
要求解的在远场边界条件为方程（4-6）·的无界空间上的方程为

$$v \cdot \nabla f_n = A_n(\boldsymbol{r}_s, \boldsymbol{v})\delta(F) \tag{4-8}$$

函数 A_n 描述了气体分子与航天器表面的相互作用，所以 $\int A_n \mathrm{d}^3 \boldsymbol{v}$ 为航天器存在引起的单位时间内粒子通量的变化。

为了专门评估函数 A_n，需要弄清楚当气体分子撞击航天器表面时会到底发生什么（Al'pert，1983）。需要考虑以下三种相互作用：

1）镜面弹性反射：当气体分子撞击航天器时，分子速度的大小不发生变化，相对于表面法线的反射角等于入射角。

2）弹性漫反射或散射：分子速度的大小在反射时也没有改变，但分子在航天器表面可以等概率地以任意角度反射。

3）非弹性反射或部分调节反射：分子速度的大小在反射时减小，并在可能的反射角上形成一定的分布。

对于半径为 R_0 的球形航天器，若从球心测得的半径矢量为 $\boldsymbol{r}$，且具有镜面弹性反射（Al'pert et al.，1965），函数 $A_n \delta(F)$ 可由下式给出

$$A_n \delta(F) = \frac{\boldsymbol{r} \cdot \boldsymbol{V}_0}{r} f_n(\boldsymbol{r}, \boldsymbol{v})\delta(r - R_0); \quad \boldsymbol{r} \cdot \boldsymbol{v} < 0$$

$$\tag{4-9}$$

$$A_n \delta(F) = \frac{\boldsymbol{r} \cdot \boldsymbol{V}_0}{r} f_n\left[\boldsymbol{r}, \boldsymbol{v} - \frac{2\boldsymbol{r}(\boldsymbol{r} \cdot \boldsymbol{v})}{r^2}\right]\delta(r - R_0); \quad \boldsymbol{r} \cdot \boldsymbol{v} > 0$$

其中，$\boldsymbol{r} \cdot \boldsymbol{v} < 0$ 表示粒子向航天器运动，$\boldsymbol{r} \cdot \boldsymbol{v} > 0$ 表示粒子被反射远离航天器。同样，对于在航天器表面被全部吸收的粒子，函数 $A_n \delta(F)$ 可表示为

$$A_n \delta(F) = \frac{\boldsymbol{r} \cdot \boldsymbol{V}_0}{r} f_n(\boldsymbol{r}, \boldsymbol{v})\delta(r - R_0); \quad \boldsymbol{r} \cdot \boldsymbol{v} < 0$$

$$\tag{4-10}$$

$$A_n \delta(F) = 0; \quad \boldsymbol{r} \cdot \boldsymbol{v} > 0$$

在给出式（4-8）的正式解之前，从物理的角度推导出解的结构是很有用的。图 4-2 为球形航天器模型周围的粒子密度和运动状态示意图。在粒子相互无碰撞时，粒子只与航天器表面发生相互作用。如果粒子被反射，那么在航天器前方的粒子密度就会增加，这就是所谓的冲压区。例如，如果所有的粒子都被反射并在航天器表面经过了热适应，使其以表面温度决定的热速度被反射，根据通量平衡，表面反射的粒子密度是

$$n_r = n_0(V_0/v_{th})$$

式中，n_r 为反射粒子对密度的贡献；v_{th} 为基于表面温度的热速度。因此，在冲压区表面上总密度是

$$n_0 + n_r = n_0(1 + V_0/v_{th}) \gg n_0$$

在远离航天器的地方，航天器看起来像一个点源，所以，由球极坐标系下的通量平衡可给出

$$n_r = n_0 (R_0/r)^2 \quad r \gg R_0$$

在航天器的后方，由于航天器会扫开中性气体，因此会产生一个尾迹区。在没有碰撞的情况下，只有分子的随机热运动才能使它们进入航天器后部的尾迹区。一个分子在时间

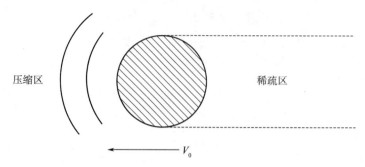

图 4 - 2　低轨球形航天器模型周围的气体流动示意图

Δt 内会在航天器后方向下游运动一段距离 $V_0 \Delta t$。分子横向移动一段距离 R_0 所需的时间是 $\Delta t = R_0 / v_{th}$。因此，航天器后尾迹区的长度为

$$L_w = R_0 (V_0 / v_{th}) \gg R_0$$

对于航天器后方 $r \ll L_w$ 的区域，只有速度为 $v \approx V_0 (R_0 / r) \gg v_{th}$ 的粒子才能到达。因此，对于粒子的麦克斯韦分布，航天器后方的密度由下式给出

$$n \approx n_0 \exp(- v^2 / v_{th}^2) \approx n_0 \exp [- (V_0 / v_{th})^2 (R_0 / r)^2]$$

在正式求解方程（4 - 8）时假设（Al'pert et al.，1965），既然速度比 $S \gg 1$，对于相对航天器的线性尺寸具有较长距离的尾迹区而言，航天器的特定形状对尾迹区的影响很小。因此，如果定义一个笛卡儿坐标系，使 $z = 0$ 对应于航天器的中心，那么航天器可以被一个 $z = 0$ 处的圆盘所代替，圆盘的横截面面积为 S_0，对应于航天器的最大横截面面积（图 4 - 2）。在平面 $z = 0$ 中，如果这个平面上定义了一组点 (x_0, y_0)，那么，忽略反射粒子，这个平面上的分布函数一定是

$$f_n(x_0, y_0, 0, v_x, v_y, v_z) = n_0 \left(\frac{m_p}{2\pi kT} \right)^{3/2} \exp\{- [v_x^2 + v_y^2 + (v_z + V_0)^2] / v_{th}^2\}$$

$$= 0; \quad \begin{array}{l} v_z < 0 \quad \text{and} \quad (x_0, y_0) \notin S_0 \\ v_z > 0 \quad \text{or} \quad (x_0, y_0) \in S_0 \end{array}$$

$$(4 - 11)$$

这显然满足了远场边界条件。在航天器后面，式（4 - 8）为

$$v_x \frac{\partial f_n}{\partial x} + v_y \frac{\partial f_n}{\partial y} + v_z \frac{\partial f_n}{\partial z} = 0 \tag{4 - 12}$$

这是一个双曲线方程，其特征可表示为

$$\frac{\mathrm{d}x}{v_x} = \frac{\mathrm{d}y}{v_y} = \frac{\mathrm{d}z}{v_z} \tag{4 - 13}$$

这些特征方程的解是

$$x_0 = x - \frac{v_x}{v_z} z \tag{4 - 14}$$

$$y_0 = y - \frac{v_y}{v_z} z \tag{4 - 15}$$

航天器后面 f_n 的解是

$$f_n(x,y,z,v_x,v_y,v_z) = n_0 \left(\frac{m_p}{2\pi kT}\right)^{3/2} \exp\{-[v_x^2 + v_y^2 + (v_z + V_0)^2]/v_{th}^2\}$$

$$v_z < 0 \quad \text{and} \quad \left(x - \frac{v_x}{v_z}z, y - \frac{v_y}{v_z}z\right) \notin S_0$$

$$= 0; \qquad v_z > 0 \quad \text{or} \quad \left(x - \frac{v_x}{v_z}z, y - \frac{v_y}{v_z}z\right) \in S_0$$

$$(4-16)$$

该分布函数可以在速度空间上积分得到航天器后面的密度。为了便于积分，可以利用式 (4-14)、式 (4-15) 中的关系将积分变量由 v_x、v_y、v_z 改为 x_0、y_0、v_z。如果将由于航天器的存在而引起的密度扰动定义为 $\delta n = n(x,y,z) - n_0$，则密度扰动为

$$-\delta n = \frac{n_0}{z^2} \left(\frac{m_p}{2\pi kT}\right)^{3/2} \int_{S_0} \mathrm{d}x_0 \mathrm{d}y_0 \int_{-\infty}^0 \mathrm{d}v_z v_z^2 \times$$

$$\exp\left\{-\frac{1}{v_{th}^2}\left[\frac{(x-x_0)^2 + (y-y_0)^2}{z^2}v_z^2 + (v_z + V_0)^2\right]\right\}$$

$$(4-17)$$

取极限 $z^2 \gg (x-x_0)^2 + (y-y_0)^2$，评估其在半径为 R_0 的圆截面上的表达式，给出

$$-\delta n = 2n_0 \exp[-(V_0/v_{th})^2 (r/z)^2] \int_0^{-(R_0/z)(V_0/v_{th})} \rho \exp(-\rho^2) I_0\left(-\frac{rV_0}{zv_{th}}\rho\right) \mathrm{d}\rho$$

$$(4-18)$$

其中 $r = \sqrt{x^2 + y^2}$ 和 $I_0(p)$ 是具有虚数参数的零阶 Bessel 函数。在 z 轴 $r=0$ 处，表达式可以简化为

$$-\delta n(r=0, z) = n_0 (V_0/v_{th})^2 (R_0/z)^2 \qquad (4-19)$$

一个快速运动的球体或椭球体后面的密度等值线如图 4-3 所示，取自 Al'pert (1983)。由式 (4-19) 可以看出，密度扰动可能出现在航天器后面距离很远的位置。如果假设航天器的特征尺寸 $R_0 = 10$ m，速度比 $V_0/v_{th} = 8$，那么在航天器后方 500 m 处，环境密度会有 3% 或更高的扰动。

航天器冲压侧密度增加区的具体结构取决于分子表面相互作用以及航天器冲压侧的几何形状。一般来说，计算可能相当复杂。Al'pert 等人 (1965) 分析了几种简单几何形状的密度增加区。如果存在来自球面的镜面反射，则通过考虑简单的几何形状并结合通量守恒可计算出密度增加。在平面极坐标 (r, z) 下，球体前方的密度为

$$n(r,z) - n_0 = n_0 \frac{R_0^2}{r^2} \frac{\sin^2\theta' \cos^2\theta'}{1 - (R_0/r)\sin^3\theta'} \qquad (4-20)$$

其中，角度 θ' 由下式确定

$$R_0 = 2z\cos\theta' + 2r\sin\theta' - r/\sin\theta' \qquad (4-21)$$

在 $r=0$ 轴上，密度由下式给出

$$n(0,z) = n_0\left[1 + \frac{R_0^2}{(2z - R_0)^2}\right] \qquad (4-22)$$

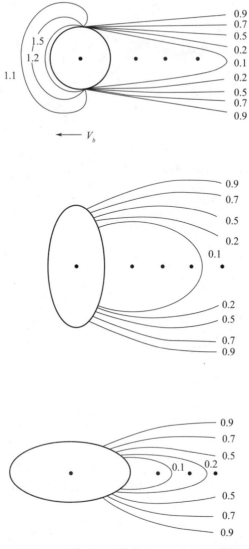

图 4-3　在快速运动的球体或椭球体后的归一化密度等值线，$V_0/v_{th} = 8$

［摘自 Al'pert，1983，经剑桥大学出版社许可重印］

在球表面 $z = R_0$ 处，总密度恰好是环境密度的两倍。考虑到沿轴运动的粒子都会沿轴反射回来，可以推导出上述结论。球体的归一化密度等值线如图 4-3 所示。冲压侧密度增加区域的尺寸可以延伸到航天器横截面尺寸的量级。

对于具有可能发射出气体的凸面和凹面的真实航天器，必须对中性气体分布结构细节进行数值计算。通常，在航天器前面密度增加，而在航天器后会有一个密度非常低的长的尾迹区。

航天器前方的密度增加要求对用来推导密度增加幅度的无碰撞假设进行重新检查。在环境流中，平均自由程由下式给出

$$\lambda_{mfp}^{aa} \sim \frac{1}{n_0 \sigma_\infty}$$

然而，反射分子也会与周围入射分子发生碰撞。这种碰撞相互作用的平均自由程为

$$\lambda_{mfp}^{ra} \sim \frac{v_r}{n_0 \sigma_\infty V_0}$$

λ^{ra} 表示反射分子和周围分子的碰撞，λ^{aa} 表示周围分子和周围分子的碰撞。如果反射速度 v_r 很小，就如同分子将全部能量贡献给表面，然后以反映表面温度特性的热速度重新被发射一样，则速度比 $S = V_0/v_{th}$ 满足 $S \gg 1$，所以 $\lambda_{mfp}^{ra} = \lambda_{mfp}^{aa}/S \ll \lambda_{mfp}^{aa}$。这意味着环境中性粒子对航天器可能是无碰撞的，而冲压侧压缩区的中性粒子可能是有碰撞的。从这个分析来看，无碰撞假设在任何地方都成立的判据是，要满足更加严格的 $K_n/S \gg 1$ 条件。

4.2　大气阻力

中性气体分子与 LEO 航天器发生碰撞会向航天器传递能量和动量，航天器感受到的动量交换是阻力。考虑简单的动量守恒可以给出作用于航天器上的阻力反平行于速度矢量方向，其大小为

$$D = \frac{1}{2} c_d \rho_\infty V_0^2 S \qquad (4-23)$$

其中，ρ_∞ 为周围中性气体密度；S 为卫星投射到速度矢量方向上的横截面面积；c_d 为阻力系数，表示阻力对环境中自由气体流的动量通量的偏离程度。

低地球轨道卫星在 $150 \sim 1\,000$ km 处的大气阻力是预测航天器寿命、轨道参数、推进剂需求和动量轮极限的关键参数。横截面由卫星的方向和构型决定。横截面可以变化，因为它取决于是否存在大型太阳能电池阵或天线。特别是太阳能电池阵是个问题，它不断地改变方向跟踪太阳，会导致卫星绕轨道过程中有效横截面面积发生巨大变化。大气密度取决于许多因素，如太阳和地磁活动、潮汐、重力波和风。短期密度涨落影响轨道位置，这使跟踪和通信变得复杂；长期密度变化会对卫星寿命、推进剂和重新助推需求产生主要影响。这些密度变化可以通过模型来估计，例如第 3 章讨论的 MSIS 模型。

阻力系数 c_d 取决于气体分子与航天器表面的相互作用。为了计算或测量 c_d，需要确定气体分子撞击表面时会发生什么。其中一个最古老的近似［麦克斯韦近似（Kogan，1969）］假设，对于入射分子的分布函数 f_i，反射分子的分布函数为

$$f_r(\boldsymbol{x}, \boldsymbol{v}_r, t) = (1-\tau) f_i [\boldsymbol{x}, \boldsymbol{v}_r - 2(\boldsymbol{v}_r \cdot \boldsymbol{n})\boldsymbol{n}, t] + \qquad (4-24)$$
$$\tau n_r \{ m_p / (2\pi k T_r)^{3/2} \exp[-v_r^2/(2kT_r/m_p)] \}$$

其中，τ 为自由参数，$\boldsymbol{n}$ 为表面法向单位矢量。这个模型说的是，$(1-\tau) \times 100\%$ 的分子从表面镜面反射，$\tau \times 100\%$ 的分子以温度为 T_r 的麦克斯韦分布从表面以漫反射形式重新发射。如果 τ 设为 1，则所有撞击分子都会以相同的概率与表面成任意角度再次发射。以角度 θ_r 发出的分子的强度是

$$I = \int^{\theta_r} I_0 \sin\theta \, \mathrm{d}\theta \, \mathrm{d}\phi = 2\pi I_0 \cos\theta_r \qquad (4-25)$$

这被称为余弦定律，通常写成

$$dI = I_0 \cos\theta_r (d\Omega/\pi) \qquad (4-26)$$

其中 $d\Omega$ 是微分立体角。

由于分子既能发生镜面反射，又能发生漫反射，需要定义一个气体分子与表面相互作用的调节系数。假设一个温度为 T_s、释放的粒子相应能量为 E_s 的表面，受到一股能量 E_i 分子流的撞击，分子以能量 E_r 反射。能量调节系数定义为

$$\alpha = (E_i - E_r)/(E_i - E_s) \qquad (4-27)$$

如果能量 E_i 和 E_r 与温度 T_i 和 T_r 的平衡分布相关，则调节系数为

$$\alpha = (T_i - T_r)/(T_i - T_s) \qquad (4-28)$$

对于单原子气体，能量调节系数可以用分子流的动能表示为

$$\alpha = (v_i^2 - v_r^2)/(v_i^2 - v_s^2) \qquad (4-29)$$

其中速度 $v_s^2 = 4kT_s/m_p$。

可以定义两个动量调节系数。如果一个分子以法向速度 v_{iN}、切向速度 v_{it} 接近表面，并以法向速度 v_{rN}、切向速度 v_{rt} 反射，则法向动量调节系数为

$$\alpha = (v_{iN} - v_{rN})/(v_{iN} - v_{sN}) \qquad (4-30)$$

其中，速度 v_{sN} 为 v_s 的平均法向分量，由于 v_s 为 T_s 下的平衡回弹速度分布，相应的空间分布满足余弦定律，因此

$$v_{sN} = \int_0^{2\pi} \int_0^{\pi/2} (v_s \cos\theta_r) \cos\theta_r \sin\theta_r d\theta_r d\phi = 2v_s/3 \qquad (4-31)$$

切向动量调节系数为

$$\tau = (v_{it} - v_{rt})/(v_{it} - v_{st}) \qquad (4-32)$$

其中，v_{st} 为在 T_s 下的平均平衡切向速度，由于 v_s 服从余弦分布，平均切向速度为零，因此

$$\tau = (v_{it} - v_{rt})/v_{it} \qquad (4-33)$$

调节系数是它们相互作用参数的缓变函数，可以测量得到。它们以 0 和 1 为边界，$\sigma = \tau = \alpha = 0$ 对应镜面反射，$\sigma = \tau = 1$ 对应漫反射（这种情况也称为完全调节）。

目前已经测量了很多航天材料的调节系数（Hurlbut，1986；Krech，Gauthier and Caledonia，1993）。对于原子氧撞击镍和金，能量调节系数约为 0.4（Krech et al.，1993）。超热区也被定义为 $v_i \gg v_s$ 区，调节系数通常近似为

$$\alpha = \frac{v_i^2 - v_r^2}{v_i^2} \qquad (4-34)$$

$$\sigma = \frac{v_{iN} - v_{rN}}{v_{iN}} \qquad (4-35)$$

$$\tau = \frac{v_{it} - v_{rt}}{v_{it}} \qquad (4-36)$$

对于 LEO，$v_i \simeq V_0 \simeq 8\ km/s$，$T_s = 300\ K$，$v_s = 800\ m/s$，则 $v_i/v_s \simeq 10 \gg 1$。因此，LEO 很好地处于过热区。

4.2.1　攻角 β 的平板的阻力和提升

有了调节系数的定义，是可能确定阻力系数的。这很容易从任意攻角下的平板来进行说明（图 4 - 4）。在阻力方向上，每个分子碰撞所产生的动量 v_i 为

$$f_d = m_p v_i + m_p v_r \cos(\theta_i + \theta_r) \tag{4-37}$$

如果将其展开，使用 σ 和 τ 的过热定义，则方程可改写为

$$f_d = m_p v_i [1 + (1 - \sigma)\cos^2\theta_i - (1 - \tau)\sin^2\theta_i] \tag{4-38}$$

来自于每秒 $n v_i A_s \sin\beta$ 个分子碰撞产生的阻力为

$$F_d = n m_p A_s \sin\beta \, v_i^2 [1 + (1 - \sigma)\cos^2\theta_i - (1 - \tau)\sin^2\theta_i] \tag{4-39}$$

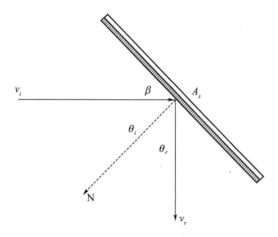

图 4 - 4　处于分子流中具有一定攻角的平板

在式（4 - 23）中，c_d 表示为

$$c_d = 2[1 + (1 - \sigma)\cos^2\theta_i - (1 - \tau)\sin^2\theta_i] \tag{4-40}$$

存在两种特殊情况：第一种是镜面反射（$\sigma = \tau = \alpha = 0$），得到 $c_d = 4\cos^2\theta_i$；第二种是完全调节（$\sigma = \tau = 1$），得到 $c_d = 2$。对于无镜面反射的漫反射，得到平均值 $v_{rN} = 2v_r/3$，平均反弹角 $\theta_r = 0$。将它们代入式（4 - 37），则单位面积每秒的撞击力为

$$f_d = m_p v_i \left[1 + \frac{2}{3}(1 - \sigma)\cos^2\theta_i\right] \tag{4-41}$$

对于这种类型的反射，能量调节系数给出

$$v_r = (1 - \alpha)^{1/2} v_i \tag{4-42}$$

因此

$$c_d = 2\left[1 + \frac{2}{3}(1 - \sigma)\cos^2\theta_i\right] \tag{4-43}$$

或者

$$c_d = 2\left[1 + \frac{2}{3}(1 - \alpha)^{1/2}\cos\theta_i\right] \tag{4-44}$$

反射粒子也产生垂直于拖曳阻力的升力。由图 4 - 4 可知，每一次碰撞在升力方向产

生的动量为

$$f_L = m_p v_r \sin(\theta_i + \theta_r) \tag{4-45}$$

升力为

$$F_L = nm_p v_i^2 A_s \sin\beta \sin\theta_i \cos\theta_i [(1-\sigma) + (1-\tau)] \tag{4-46}$$

使用升力系数的另一个定义

$$F_L = \frac{1}{2} c_L \rho \infty v_i^2$$

给出

$$c_L = 2\sin\theta_i \cos\theta_i [(1-\sigma) + (1-\tau)] \tag{4-47}$$

对于完全调节 $\sigma = \tau = 1$，升力系数趋于零。

4.2.2　球体的阻力

一旦计算出平板的阻力，球体上的阻力也可以计算出来。作用在球面单位面积上的微分作用力与平板是一样的

$$\frac{\mathrm{d}F_D}{\mathrm{d}A} = nm_p v_i^2 [1 + (1-\sigma) \cos^2\theta_i - (1-\tau) \sin^2\theta_i] \tag{4-48}$$

撞击分子看到的微分面元是

$$\mathrm{d}A = r\sin\theta \, \mathrm{d}\phi (r\mathrm{d}\theta) \cos\theta \tag{4-49}$$

因此，总阻力为

$$F_D = \int_0^{2\pi} \int_0^{\pi/2} nm_p v_i^2 [1 + (1-\sigma) \cos^2\theta_i - (1-\tau) \sin^2\theta_i] r^2 \sin\theta \cos\theta \, \mathrm{d}\theta \, \mathrm{d}\phi \tag{4-50}$$

可得到

$$F_D = (nm_p v_i^2)(\pi r^2) \left[1 + \frac{1}{2}(1-\sigma) - \frac{1}{2}(1-\tau)\right] \tag{4-51}$$

阻力系数为

$$c_d = 2 + (\tau - \sigma) \tag{4-52}$$

对于一个球体，c_d 在 $\sigma = 0$，$\tau = 1$ 时的范围是 3～0.5 之间。

在上述分析中，假设了过热极限而忽略了分子的热运动。虽然这对于垂直于冲压方向或与冲压方向成一定角度的表面是可能的，但对于与冲压方向相切的表面分子的热运动是不可忽略的。在图 4-5 中，显示了一个与流动相切的平板与反弹的分子。根据调节系数的定义，v_{rt} 与 v_{it} 之间的关系为

$$v_{rt} = v_{it}(1-\tau) \tag{4-53}$$

每一次分子碰撞和弹回所传递到表面的动量为

$$f_d = m_p(v_{it} - v_{rt}) \tag{4-54}$$

由分子随机运动引起的到达表面的分子通量如式 (2-29) 所示。则切向阻力为

$$F_{Dt} = m_p(n\bar{c}/4)(v_{it} - v_{rt}) \tag{4-55}$$

利用式 (4-53) 和 $v_{it} = V_0$，则切向阻力为

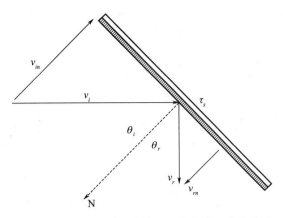

图 4 - 5　从相切于冲压方向的平板反弹回来的分子

$$F_{Dt} = m_p (n\bar{c}/4) V_0 \tau \tag{4-56}$$

如果阻力写成 $F_{Dt} = 1/2(c_{dt}\rho_\infty V_0^2 A_t)$ ，其中 A_t 为切向面积，则阻力系数为

$$c_{dt} = \frac{\tau \bar{c}}{2V_0} = \frac{\tau}{\sqrt{\pi} S} \tag{4-57}$$

其中 S 为速度比（见 2.3.2 节），总阻力变为

$$F_D = \frac{1}{2} c_D \rho_\infty V_0^2 A \tag{4-58}$$

其中，A 是投影到速度矢量上的表面积，总阻力系数是

$$c_D = c_d + c_{dt} A_t / A \tag{4-59}$$

对于 $\tau = 1$ 和 $S = 8$，有 $c_{dt} = 0.07$，c_d 是小量 $O(2)$。因此，只有当切向面积较大时，切向阻力才会使总阻力显著增加。

4.2.3　大气变化对阻力的影响

大气阻力对卫星轨道演化的一般影响是降低远地点高度。在每一个轨道中，航天器在与近地点相关的高层大气中经历的时间越来越长，直到阻力变得足够大时，航天器轨道将迅速衰减，航天器重新进入大气层。注意，由于风和大气旋转会对轨道施加较小的侧向力，因此阻力可能不会严格地沿着轨道的切线方向。

计算 LEO 航天器轨道行为最困难的问题之一是精确计算大气阻力的值，这是由于在此高度上存在大量的大气变化现象。在高纬度地区，大气密度可以在一个小时内增加 400%，这与大气潮汐、太阳活动、重力波等驱动力有关。第 3 章从太阳和地磁指数两方面讨论了大气密度的变化。特别是，由 $F_{10.7}$ 指数度量的太阳紫外辐照的增强，增加了 120～175 km 大气吸收的能量，这种能量驱动了全球范围内大气的大规模扰动。磁场活动的增加会产生高能粒子流，这些粒子流将能量直接沉积到高纬度的大气中，并增加水平电场，从而导致焦耳加热。这些效应都对两极上空观测到的突然的高密度扰动和高速风产生贡献。$F_{10.7}$ 指数变化的影响如图 4 - 6 所示，400 km 处的平均中性大气密度从太阳极小值

（$F_{10.7} \approx 70$）到太阳极大值（$F_{10.7} \approx 230$）增加了约 10 倍。从图中可以看出，一颗
400 km的卫星在太阳活动极小值时，其寿命为 4 年，而在太阳活动极大值时为 6 个月。由
于太阳入射角变化引起的不等量加热，对大气造成季节性影响。这些长期影响被充分认
识，并且是可预测的。大气潮汐是由太阳和月球的引力以及太阳能加热引起的，这导致了
全球密度的日变化和半日变化。相比而言，大气中的重力波是小尺度空间密度和温度的扰
动，扰动范围约 100 km。它们引起了 30% 的大气密度变化，是由极光粒子通量、雷暴和
山脉等多种因素驱动的。最后，已观测到速度可达 1 km/s 的高纬度热层风，这些热层风
的阻力会引起卫星的轨道误差以及极轨卫星的交叉跟踪误差。

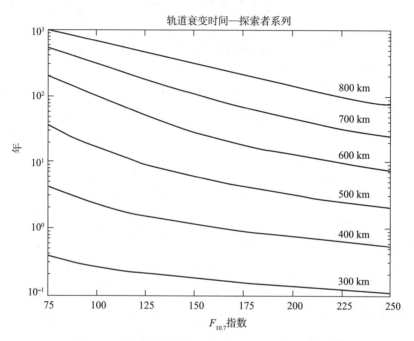

图 4-6   不同圆轨道的卫星寿命相对于 $F_{10.7}$ 的变化

[取自 DeWitt et al. （1993），经 Kluwer 学术出版社许可重印]

4.2.4　卫星寿命和轨道确定

对于 LEO 航天器，其轨道寿命，或反过来，是否需要轨道再提升，是由大气密度及
其长期扰动决定的。作为例子，表 4-1 给出了不同太阳活动情况下，空间站轨道维持对
推进剂的需求。可见，在高太阳活动时空间站所需的推进剂会增加一个数量级。

表 4-1   空间站在标称轨道上进行轨道维持的推进剂需求

太阳活动水平	太阳黑子数	所需推进剂/(kg/a)
低	50	454
中	100	1 362
高	200	4 536

　　精确确定航天器轨道的能力对大气阻力非常敏感。通常，这种精确定轨需要来自于对飞行器精确指向并与之通信的需求。如果轨道跟踪误差超过了跟踪和通信设备的搜索范围，那么卫星就会"丢失"。许多卫星的数据存储能力有限，需要频繁地下传链接以提供完整的数据覆盖。当地面终端无法与卫星通信时，新的数据和信息就会将旧数据覆盖。随着 LEO 卫星数量的增加，这一问题已成为一个关键问题，可用于对每颗卫星进行搜索和通信的时间更少了。例如，在 1989 年 3 月 6 日的地磁风暴中，随着一次与磁暴相关的剧烈大气密度扰动，1400 颗卫星连续丢失几天。因此，未来几十年随着航天器数量以及指向要求的增加，本节讨论的问题将变得越来越重要。

4.3　污染

　　污染是外来物质对空间系统及其运行产生不利影响的一系列过程。污染物定义为在航天器表面或其前方的任何外来物质。在航天器设计语境中，污染物可以是分子排出物，也可以是固体或液体颗粒。虽然有时很难明确区分气态和颗粒状表面污染物（如霜和水蒸气），但这里假设气态污染物是由空间材料排放出来的，或者在航天器表面冷凝出来的单个中性原子、分子或离子。气体污染物可通过在关键光学表面冷凝或吸收视线上的光而降低系统性能。通常，用于航天器结构的材料既能吸附也能释放挥发性成分。低密度气体环境极大地促进了这些出气污染物在航天器不同表面间的转移。

　　推进系统和姿态控制系统是污染物的重要来源。特别是，尽管羽流中的微粒被限制在羽流核心的狭窄区域内，但一些气体仍可能从喷嘴出口平面向前流动，并撞击暴露的表面。以推进系统产生的污染物为例，固体火箭发动机排放 Al_2O_3 颗粒和气态 HCl、H_2O、CO、CO_2、N_2、H_2 等；双推进剂发动机排放硝酸肼、H_2O、CO_2、N_2O、N_2O_4、NO_2、NO、CO、CH_4 和 H_2；单推进剂发动机产生 N_2H_4、NH_3、N_2、H_2、O 和 $C_6H_5NH_2$。

　　除了推进系统外，像航天飞机这样的航天器还会周期性地释放水，导致水蒸气和冰粒子在局部高度集中，以及气体不断从高压舱泄漏。航天飞机上的测量结果表明，水的出气速率在 $0.2 \sim 0.5$ g/s，快速蒸发系统可以释放高达 10 g/s 的水。

　　一种常见的污染物对红外传输的影响如图 4-7 所示。邻苯二甲酸二辛酯是由薄膜或片状材料中的聚氟乙烯、用于硬件和结构材料的聚酰亚胺，以及用于一些航天器涂漆的环氧树脂产生的出气成分之一。从图中可以看出，污染物的存在使多个频段红外传感器的性能受到显著影响。

　　污染可能出现在航天任务的所有阶段：在地面段（航天器制造、组装及与运载火箭对接时），在发射段和入轨段（在轨道的早期阶段，在长期任务期间或在轨后期），以及在航天器返回系统的恢复期。与这些阶段相关的污染过程都同样复杂：颗粒污染；气体污染引起的航天器充电效应；以及最近发现的航天器辉光和表面侵蚀。这些过程可以通过降低分辨率、光的透过率、热控性能和表面电导率而显著降低暴露在空间环境中的系统的性能，这些又反过来降低任务寿命和数据质量。例如，如果决定应用天基激光系统，那么光学表

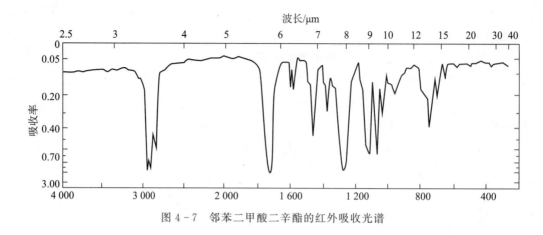

图 4 - 7　邻苯二甲酸二辛酯的红外吸收光谱

面的微小、长期变化，可能会导致系统灾难性的后果。热控表面吸收率的微小变化将降低其热控有效性，并最终导致热控系统乃至整个航天器失效。因此，随着航天器对环境影响越来越敏感，污染的不利影响将会越来越严重。

各污染阶段中最便于研究和预防的是地面过程对航天器系统组件的影响。也就是说，从开始制造到最终组装，这些系统和子系统都暴露在地球表面环境的不利影响之下。影响包括从物理接触，到污染物进入航天器内部或落在其表面。尽管已有洁净室标准，并且正常情况下在生产设施使用中是得到遵守的，但在操作、测试、储存和运输过程中也可能发生污染。因此，从任务一开始的地面阶段就应该对污染进行严格控制。尽管十分复杂，但通过在制造设备中使用空气清洁标准、限制人员（服装要求和限制进入）、采取防护措施（防尘罩和气体净化）并结合监测手段来实施广泛的污染控制，已经证明对避免产生更严重的影响是十分成功的。如 Jemiola（1980）所评论的那样，研究要瞄准确定洁净室中的主要污染源，建立将空气中的颗粒物数量与实际附着在表面的物质相关联的方法。此外，对组件进行烘干以确保它们满足出气要求，在监测释放的污染物期间进行热真空测试，以及在发射前清洗敏感表面也是十分有用的预防措施。

在任务的发射和入轨阶段具有独特的污染特征，因为载荷将暴露于卫星整流罩气动加热、推进器点火和分级工作引起的污染中。例如，在 Titan 二级制动火箭点火期间，Lincoln 试验卫星 LES - 8 和 LES - 9 上的石英晶体微量天平（QCMs）观测到大量的质量沉积（见图 4 - 8）。对于一次性运载火箭来说，载荷最终是要与运载火箭分离的，但航天飞机不属于这种情况，它有自己特殊的问题。对于航天飞机而言，不仅单个载荷会暴露在其他载荷释放出的气体环境中，而且它们还会受到前期任务中沉积在舱内的污染物的影响。更糟糕的是，航天飞机主结构的通风路径和一些诸如液压管路之类的其他子系统都要经过载荷区，这些都是潜在的污染源。

早期在航天飞机任务中，对于发射和入轨阶段合并构成的在轨环境，放气成为其典型的主要关注点。地球上所有物质表面都积聚着一层气体分子，一旦大气压力降低或温度升高，任何与表面结合松散的分子和具有高挥发性的分子都会被释放出来，这些表面吸附的物质种类包括水蒸气，以及分布在整个材料中的气体，如溶剂、催化剂和未完全聚合的聚

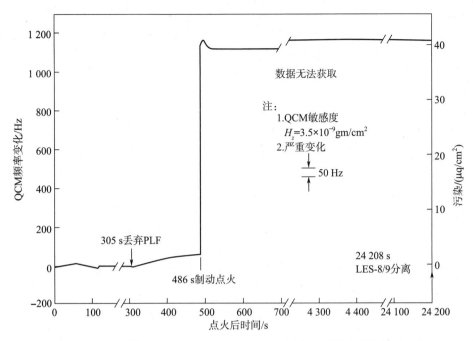

图 4 - 8　在 Titan Ⅲ - C 火箭发射 LES - 8 和 LES - 9 时，QCM 频率（污染物沉积厚度）相对于时间的变化
[取自 Jemiola（1980），AIAA 版权所有，经允许重印]

合物。放气机理主要包括从表面物理脱附、气体从体内扩散至表面以及在表面发生的化学反应。航天器上排放气体的最大来源之一是从热控层中脱附的水以及从石墨-环氧结构等复合材料中脱附的水。面对着的表面间可以直接相互放气。物理间隔和表面温度决定了放气通量在接收表面沉积的量，这在 4.3.1 节中进行了解析建模。紫外线辐照一般通过增加分子在表面的沉积速度来增加污染的影响；此外，它还能使沉积在表面上的物质发生光聚合，从而改变沉积物质的性质。通常，沉积物会变得更暗（Martin and Maag, 1992）。

最近的航天飞机任务表明，航天飞机需要超过一天的时间才能使机舱内的大气水平下降 10 000 倍至周围环境水平。在此期间，当舱门关闭时，出气分子的平均自由程接近于航天飞机舱的尺寸水平。污染物可以沉积在一个表面，然后被重新释放并沉积在舱内的其他表面上。通过这种方式，舱内某一部分的污染能到达整个载荷区域的敏感表面，即使它们对污染源是遮挡的。甚至在舱门打开后，污染物也会重新沉积到处于视线中的表面。推进器点火、人员生活舱的空气和水泄漏，以及航天飞机上等离子源等设备运行，都可能使该阶段的运行进一步恶化。

除了任务早期阶段的污染外，在任务期间出现的低水平污染影响也可能变得严重起来。辐射（粒子和电磁）可以改变材料表面和传输特性，太阳能电池玻璃盖片变暗就是一个典型的例子。对于某些材料来说，在空间站和航天飞机的轨道高度，其表面的氧侵蚀也是一个严重问题，必须予以认真考虑，因为表面材料的侵蚀或氧化会产生二次污染物，如4.4 节所讨论的。长期的热应力可能导致材料开裂，并导致在任务后期进一步放气。

航天器的热控性能高度依赖于表面的热物理性质。许多具有良好性能的表面易受污染损伤，特别敏感的是那些太阳吸收率低或热发射率低的表面，包括二次表面热控镜。在图4-9中，总结了近期一些卫星散热器太阳吸收率的变化。表4-2列出了几种二次表面反射镜散热器的性能，表中 α 是热吸收率。对于 NTS-2 卫星，太阳吸收率的变化导致电池散热器过热，可能导致电池故障，甚至航天器故障。

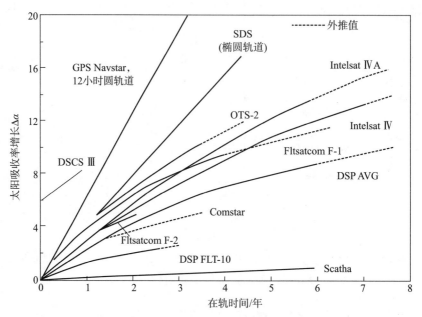

图 4-9　二次表面反射镜散热器的在轨性能

［摘自 1992 年在华盛顿举行的 IAF 世界空间大会上提交的 IAF-92-0336 号文件］

表 4-2　二次表面反射镜散热器的性能

航天器	温度/℃	初始 α	$\Delta\alpha$
NTS-2	−10～25	0.15	0.11/year
SATCOM-1	−10～25	0.27	0.02/year
SATCOM-2	−10～20	0.27	0.02/year
ANIK-B	−10～20	0.25	—
DSP	冷	0.075	0.001 2/month
INTELSATs	冷	0.08	0.001 6/month
MARISATs	冷	0.08	0.001 2/month
TIROS/NOAA	0	0.14	0.58/2 years

　　随着航天飞机的出现，返回后的污染已经成为一个问题。再入段的加热和随后的表面烘烤、重新进入大气环境、地面操作、运输及储存都是潜在的问题。飞行前在氮气下覆盖和储存可用来限制污染问题，但在重返大气层前使用氮气覆盖储存是不可能的。

　　分子污染物将在不同程度上降低光学系统的性能。热控表面和光学元件对污染物特别敏感。凝结在光学表面上的分子污染物会根据波长和污染物性质吸收和散射入射光，从而降低光学系统的信噪比。一般来说，污染物的吸收系数在紫外波段最高，在可见光波段最低，在红外波段中等。为了限制这些影响，已经开发出了甄选技术来确定哪些材料具有最高放气率。表 4-3 列出了航天器上的典型材料及其放出的气体种类。由表中可以看出，所有类型的表面材料都会放气。目前，已有很好的地面设备气体沉积数据和在轨的分子沉积、体积密度及放气种类数据。对于航天飞机，这些数据包括质谱仪（Green, Caledonia, and Wilkerson，1985）、观察板和石英晶体微量天平的测量结果。发动机点火、返回流和放气对航天飞机环境的影响已由 Wulf 和 von Zahn（1986）进行了研究，这些测量结果将在 4.3.3 节中讨论。

表 4-3　材料放气种类数据

材料种类	商业名称	出气成分
胶		
环氧树脂		低分子量环氧树脂或聚酰亚胺
电路板		
环氧玻璃	Micarta	苯乙烯
膜和片		
聚对苯二甲酸二醇酯	Mylar	乙二醇邻苯二甲酸二辛酯
聚氟丙烯	Teflon	二氧化碳
泡沫材料		
聚氨酯	Eccofoam	氮,甲苯,苯乙烯
结构材料		
聚碳酸酯	Lexan	水,己烷混合物
密封剂		
硅酮	RTV 602	三甲基硅醇

4.3.1　污染建模

在前一节中，讨论了几个关于污染带来的有害影响的例子，表明了污染对航天器设计和运行的影响有多么严重。在这一节中，描述污染的建模过程及污染的影响。航天器污染建模一般分为四个步骤：

1）确定污染源；

2）污染的输运分析；

3）表面污染物的调节；

4）确定污染物对表面和航天器运行的影响。

首先考虑航天器上的污染源：推进器的排出物、舱外通风口、压力容器的泄漏和航天器材料的放气。

由于在推进器点火过程中释放出大量的物质，推进器羽流极有可能产生污染，这在 4.3.2 节中和大型舱外通风口及泄漏的影响一起进行讨论。小的泄漏和通风口的分析方法与材料放气相同，下面将进行考虑。

所有材料第一次放置在太空的超低压环境中都会放出气体。放气速率强烈依赖于材料类型、预处理、材料温度、暴露于空间环境的时间。材料放气的主要机制有三种：

1）表面物理吸附或化学吸附气体的解吸；

2）溶于材料中气体的蒸发；

3）材料本身的蒸发或升华。

对于大多数航天器材料来说，表面分子的解吸和溶解气体的蒸发构成了放气污染的绝大部分。一般来说，放气速率与材料类型和加工历史密切相关。材料暴露于周围环境气体是十分重要的，因为它决定了材料在暴露太空真空之前可能积累气体的多少。对于从有限的溶解和吸附气体进行放气的材料，随着材料中气体量的减少，排放速率会随着时间的推移而缓慢下降。根据经验观察，金属往往按照时间的 t^{-1} 规律进行放气，产生如 H_2O、CO_2 和 O_2 等气体。玻璃材料倾向于按照 $1/\sqrt{t}$ 的规律放气，主要产生 H_2O 和 CO_2。对于像散热器这样的大型空间部件，典型的初始质量损失率为 10^{20} 个分子/秒。

一旦确定了放气的来源，下一步就是确定污染物的输运。由放气产生的污染物密度足够小，以至于分子在撞击另一个表面之前按弹道运动或仅发生少量碰撞。这就将污染排出物到达另一个表面的过程分成三个路径来讨论（见图 4 - 10）：1）直接辐照；2）散射辐照；3）自辐照。在直接辐照中，接收表面会"看见"发射表面，分子从发射表面按弹道曲线运动到接收表面。对于散射辐照，分子从发射表面脱附，并经另一表面或由其他分子散射到接收表面。当分子从一个表面脱附并散射回到同一表面时，就发生自辐照。

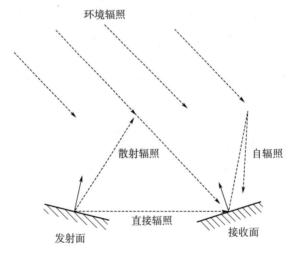

图 4 - 10　分子的辐照路径

直接辐照比较容易分析和避免。在接收表面上方的分子密度是

$$\rho = \rho_s [\Omega/(2\pi)] \tag{4-60}$$

式中，ρ_s 为发射面上方的密度，Ω 为从发射面看到的接收面所包含的立体角。避免直接辐照的解决办法是不要把严重放气的材料放在敏感表面的视野内。

散射辐照或自辐照的分析较复杂，取决于航天器的几何形状和周围环境的细节。通常，这些分析都是通过对实际航天器进行蒙特卡罗模拟完成的（Bird，1976）。不过，结果可能显示这些类型的污染主要对低轨道航天器会成为问题，如下所示。

如果将航天器建模为一个半径为 R 的球体，脱附分子沿径向向外运动，直到与周围环境碰撞并停止，则脱附分子在距离表面 x 处的通量变化为

$$\mathrm{d}\Gamma_d = -\Gamma_d (\mathrm{d}x / \lambda_{mfp}) \tag{4-61}$$

由于一个分子被停止的概率与它以平均自由程为单位行进的距离成正比，如果表面的初始放气速率为 N_d，脱附中性粒子的热速度为 v_d，则脱附中性粒子密度为

$$n_d = \frac{N_d \exp(-x / \lambda_{mfp})}{4\pi (R+x)^2 v_d} \tag{4-62}$$

脱附中性粒子的平均自由程用无穷远处的平均自由程表示为

$$\lambda_{mfp} \simeq \frac{v_d}{V_0 + v_d} \lambda_\infty \tag{4-63}$$

因此，脱附中性粒子的通量为

$$\Gamma_d = \frac{N_d \exp\{-[(V_0 + v_d)/v_d] x / \lambda_\infty\}}{4\pi (R+x)^2} \tag{4-64}$$

散射回来的分子通量是

$$\Gamma_b = -\int_0^\infty \mathrm{d}\Gamma_d \approx \frac{N_d}{4\pi \lambda_{mfp} R} \tag{4-65}$$

在 $x = 0$ 时，回流通量与脱附通量之比为

$$\frac{\Gamma_b}{\Gamma_d} = \frac{R}{\lambda_\infty} \frac{V_0 + v_d}{v_d} \tag{4-66}$$

对于典型周围环境及脱附中性粒子热速度为 400 m/s 的情况，的该比率如图 4-11 所示。从图中可以看出，在 600～800 km 及以上高度，自辐照非常小，可以安全地予以忽略。

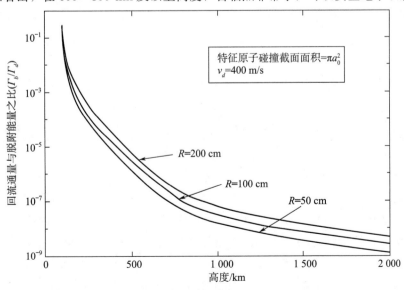

图 4-11　回流通量与脱附通量之比相对于高度的变化

　　一旦污染物分子通量到达接收表面，分子不是被反射就是附着在表面。如果发生反射，可能会发生一定的能量或动量调节，它们会像从反射表面放气一样，再次按照上述的机制被散射回航天器。附着的污染物既可以凝结也可以吸附在表面上。当污染气体施加于表面的压力超过该气体在材料表面温度下的饱和蒸气压时，就会发生凝结。由于凝结很容易在表面形成厚厚的一层，这将是一个非常严重的问题。通常避免的办法是在航天器表面使用那些只释放极少量挥发性可凝结成分（VCM）的材料。目前的标准是，航天器上使用的材料在 125 ℃的真空环境下暴露一小时，VCM 的质量损失小于 0.1％。

　　除了 VCMs，航天器表面沉积的主要来源是单个分子的吸附。吸附物的形成是由于基体的单个原子与污染物原子之间的表面吸引力。任何单个粒子的吸附程度取决于气体种类、表面温度、基底成分和表面覆盖总量。随着单层膜的形成，由于遮挡了基底分子，额外的污染物分子再粘附的可能性降低。如果一个表面既有凝结层又有吸附层，而且被凝结物覆盖的表面比例为 f_b，则表面质量积累的净速率可写为

$$\dot{m} = \dot{m}_i \left[S_a (1 - f_b) + S_b f_b \right] - \left[\dot{m}_b f_b + \dot{m}_d (1 - f_b) \right] \qquad (4-67)$$

式中，S_b 为粘附在凝结层上的入射分子的分数值；S_a 为粘附在吸附层上的入射分子的分数值；$\dot{m}_i$ 为污染物的入射质量通量；$\dot{m}_b$ 为体积再蒸发速率；$\dot{m}_d$ 为脱附速率。粘附系数 S_b 是凝结物质的特性，通常接近于 1。体积再蒸发速率 $\dot{m}_b$ 通过 Langmuir 方程与凝结物种类的蒸气压关联

$$\dot{m}_b = m_s \frac{p_v(T)}{\sqrt{2\pi m_s k T}} A \qquad (4-68)$$

式中，m_s 为凝结物的分子量；T 为表面温度；A 为表面面积；$p_v(T)$ 为表面气体的平衡蒸气压。平衡蒸气压通常可以测量。从式（4-68）可以看出，蒸气压低的气体容易在表面积聚，而蒸气压高的气体则不会。S_a、f_b 及 $\dot{m}_d$ 高度依赖于气体与表面及温度的相互作用，并且必须针对每种情况进行测量。f_b 还取决于表面上凝结物的流动性。脱附速率 $\dot{m}_d$ 通常具有以下形式

$$\dot{m}_d = A \frac{m_s w_d}{\tau_d} \exp\left(-\frac{E_d}{kT}\right) \qquad (4-69)$$

式中，w_d 为吸附层的表面密度，单位是粒子数/面积；τ_d 为特征晶格振动时间，E_d 为脱附活化能。对于物理吸附的分子，$E_d \leqslant 1$ eV；对于化学吸附的分子，$E_d \approx 3 \sim 5$ eV。式（4-69）的物理含义是：当粒子获得足够的能量打破表面的化学键时，它们就会脱附，而它们获得这种能量的特征速率与晶格振动时间有关，晶格振动时间大约是 10^{-13} s 量级。

　　放气分子的量及效应可以通过考虑一个实际的例子予以说明，Rault 和 Woronowicz（1993）分析了高层大气研究卫星（UARS）上卤素掩星实验系统（HALOE）的红外望远镜的污染。设计该实验的目的是测量引起氧气消耗的示踪气体的浓度，因此它非常容易受到污染的影响。仪器上的污染是利用三维直接模拟的蒙特卡罗模型对 UARS 几何结构进行计算实现的。该蒙特卡罗模型允许对直接辐照、散射辐照和自辐照进行计算。模拟的 UARS 轨道为 600 km，使用了温度为 1 000 K、浓度为 6×10^{12} 个分子/m³ 的原子氧标称

大气。未扰动的自由流中的平均自由程为 $\lambda_\infty = 400\ km$，卫星速度 $V_0 = 7.5\ km/s$，卫星表面温度为 300 K。对两种放气成分进行了建模。其中一种成分的分子量为 100 g/mol，以 2×10^{18} 个分子/$(m^2 \cdot s)$ 的速率从卫星上与 HALOE 相对一侧的狭缝中排出。另一种成分的分子量为 200 g/mol，以 $9\times10^{13} \sim 4\times10^{15}$ 个分子/$(m^2 \cdot s)$ 的速率从所有暴露的表面释放出来。这些分子可以相互碰撞，也可以与周围的氧气碰撞［假设了一个可变的硬球模型（Bird，1976）］。图 4-12 表示了每个粒子到达 HALOE 位置时遭遇的碰撞次数。在到达 HALOE 位置的分子中，98% 是原子氧，只有 2% 是相对分子质量为 200 的成分。在到达仪器的撞击分子中，80% 未发生过碰撞。这表明，保护该仪器最简单的方法是将其指向远离碰撞的地方，并确保航天器的任何部分都不在其视野之内。

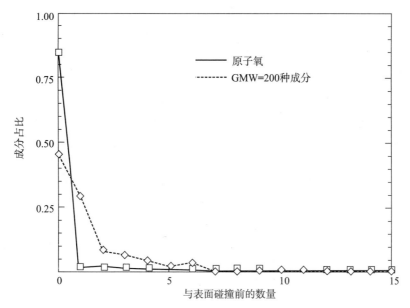

图 4-12　粒子在撞击 HALOE 光圈之前所遇到的表面碰撞次数

［取自 Rault and Woronowicz（1993）。AIAA 版权所有，经许可重印］

4.3.2　推进器污染

推进器点火产生污染的可能性非常大。上面级，如惯性上面级（IUS），装载有 10 000 kg 的推进剂，所有推进剂都在推进器点火过程中被耗尽并进入太空。要使空间散热器性能显著下降，只需在表面沉积 0.1 g 的污染物就足够了，在羽流每 10^8 个分子中，只要有一个分子沉积到散热器上就能使其性能显著降低。

推进器排气产物可通过三种机制到达航天器表面。第一种机制是羽流与航天器的不等量带电，导致废气产物与航天器表面产生静电吸引。尽管航天器带有大量的电荷，但对化学推进器来说静电吸引通常是很小的，这是因为在化学推进器的羽流中几乎没有电离。推进器的能量不足以产生平衡电离，而羽流过多的碰撞又无法形成非平衡电离。不过，临界电离速度（CIV）效应（Newell，1985）会引起异常电离。

推进器污染的另一种机制是：排出产物与环境中的原子或羽流中运动较慢的分子发生碰撞而反弹回航天器；对于和排出产物发生的碰撞，只有羽流中非常轻的分子与运动缓慢的重分子发生碰撞才会导致其反弹回航天器。

推进器污染的主要机制是火箭喷管边界层中缓慢运动的成分会回流到航天器（Dettleff，1991）。羽流向真空膨胀的基本特征如图 4-13 所示，羽流是由推进器中一个等熵核心区和慢速运动边界层构成的连续流场。等熵核心区经历连续膨胀，随着密度的下降进入自由分子流区；边界层在连续膨胀的同时沿喷管唇部急剧转向，然后迅速进入回流区的自由分子流。由于感兴趣的污染流场尺寸远大于典型喷管出口的尺寸，因此，将羽流按照从出口平面中心线上的点源发出来建模。对于一些恒定的 A_p 和角函数 f，远离喷管出口的羽流密度为

$$\rho(r,\Theta)/\rho^* = A_p \, (r^*/r)^2 f(\Theta) \tag{4-70}$$

其中，ρ^* 是喷管喉部的密度，r^* 是喉部的半径。基于等熵流动理论和实验，等熵核心区的函数 f 如下给出

$$f(\Theta) = \cos^{\frac{2}{\gamma-1}}\big[(\pi/2)(\Theta/\Theta_{\lim})\big] \tag{4-71}$$

式中，$\Theta_{\lim}$ 为喷管角 Θ_E 与 Prandtl-Meyer 偏转角 Θ_∞ 之和（Vincenti and Kruger，1965）。Prandtl-Meyer 偏转角为 $\Theta_\infty = v_{PM}(M=\infty) - v_{PM}(M_E)$，其中 M_E 为喷管出口的马赫数，v_{PM} 为 Prandtl-Meyer 函数（Vincenti and Kruger，1965）。式（4-71）中的表达式对于直到从喷嘴出口边界层的边缘发出的流线都是适用的。若半径为 r_E 的喷嘴出口的边界层厚度为 δ，则极限流线将以角度 Θ_0 发出

$$\Theta_0 = \Theta_{\lim}\left[1 - \frac{2}{\pi}\left(\frac{2\delta}{r_E}\right)^{(\gamma-1)/(\gamma+1)}\right] \tag{4-72}$$

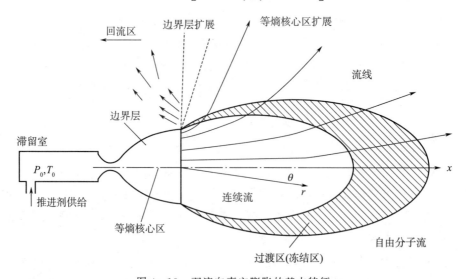

图 4-13　羽流向真空膨胀的基本特征

〔取自 Progress in Aerospace Science，vol. 28，Dettleff，Plume flow and plume impingement in space technology，pp. 1-71，Copyright 1991。经 Elsevier Science Ltd，the Boulevard，Langford Lane，Kidlington，0X5 1GB，UK 许可〕

对于角度 $\Theta > \Theta_0$，函数 f 为（Simons，1972）

$$f(\Theta) = f(\Theta_0) \exp\left[-\beta(\Theta - \Theta_0)\right] \tag{4-73}$$

其中 β 为

$$\beta = A_p \left(\frac{\gamma+1}{\gamma-1}\right)^{1/2} \frac{2\bar{u}_{\lim}}{u_{\lim}} \left(\frac{r_E}{2\delta}\right)^{(\gamma-1)/(\gamma+1)} \tag{4-74}$$

极限速度 $u_{\lim}$ 是等熵流中给定的最大速度

$$u_{\lim} = \sqrt{\frac{2\gamma}{2\gamma-1} R_g T_c} \tag{4-75}$$

式中，R_g 为喷嘴气体的气体常数；T_c 为燃烧室温度。速度 $\bar{u}_{\lim}$ 是边界层的平均速度，通常取 $\bar{u}_{\lim} = 0.75 u_{\lim}$。羽流常数 A_p 由质量守恒得到

$$A_p = \frac{u^*(2u_{\lim})}{\int_0^{\Theta_{\lim}} f(\Theta)\sin\Theta \, \mathrm{d}\Theta} \tag{4-76}$$

　　由该模型得到的几个 γ 值的远场角向密度分布如图 4-14 所示，远场密度分布与可描述为连续流的羽流区的实验数据吻合较好。自由分子流动的触发用一个击穿参数（Bird，1976）来描述，对于一维稳定流动，击穿参数为

$$P = \frac{u}{\rho\nu}\left|\frac{\mathrm{d}\rho}{\mathrm{d}r}\right| \tag{4-77}$$

式中，ν 为羽流中分子的碰撞频率。量度气体在通过一个密度梯度长度的尺度所需时间内发生碰撞的次数的量是 $1/P$，显然，当 $P \ll 1$ 时，流动是连续的。如果 $\rho \sim 1/r^2$，

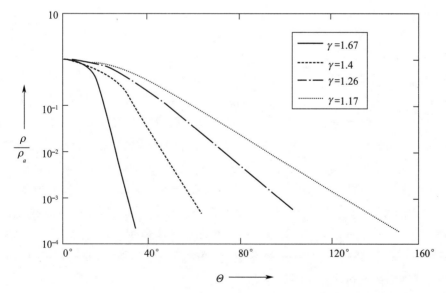

图 4-14　面积比为 25 和喷嘴出口角为 10°的圆锥形喷嘴的远场角向密度分布

[取自 Progress in Aerospace Science，vol. 28，Dettleff，Plume flow and plume impingement in space technology，pp. 1-77，Copyright 1991。经 Elsevier Science Ltd，the Boulevard，Langford Lane，Kidlington，0X5 1GB，UK 许可]

$d\rho/dr \sim 1/r^3$，$nu \sim \rho$ 和 $u \sim$ 常数，则 $P \sim r$，所以一定有一个半径，在这个半径处连续流是断开的。Bird（1976）通过使用直接模拟的蒙特卡罗模型发现边界在 $P \simeq 0.05$。对于径向距离处于该区域以外的区域，稀疏膨胀流的特征是自由程逐渐增加，流动方向仍然是径向的，但由于（稀疏的）分子间碰撞而出现偏转。重的分子通常继续沿径向运动，而轻的分子则会发生较大的偏转。结果，重分子将留在近轴区域，而轻分子将出现在外部区域。在一些污染情况下，这种气体成分分布是需要关注的。

4.3.3　航天飞机中性环境

由于航天飞机是 LEO 中的主要航天器之一，因此对其环境进行了许多测量［参见 Green et al.（1985）的综述］。除了放气，航天飞机还有几种向环境中沉积气体的途径。它有一个水 FES 和倾倒大量水的机构。此外，还有一个由 6 个火箭组成的游标系统，提供 1.1×10^7 Nt 的推力，以及一个由 38 个推进器组成的反应控制系统，每个推进器都能产生 3.8×10^8 Nt 的推力。所有这些发动机都是双组元发动机，在四氧化二氮中燃烧单甲基肼（MMH）。废气产物主要为 H_2O 和 N_2、H_2、CO_2、CO、O_2 和少量未燃尽的燃料。

在有效载荷舱内测量到的物质种类包括 He、H_2O、N_2、CO_2 和 NO 等。隔离舱内大部分污染物为 H_2O，测得压力高达 10^{-4} torr。比较而言，环境压力约为 10^{-7} torr。较高的压力与冲压面的行为和推进器点火密切相关（Wulf 和 von Zahn，1986）。正常情况下，隔离舱内的压力大约比周围环境压力高约一个数量级。

4.4　原子氧侵蚀

由于侵蚀或退化导致的航天器表面性能衰退是新发现的与 LEO 有关的现象。这种环境效应最初是在早期航天飞机飞行中观察到的（Peters，Linton and Miller，1983；Gull et al.，1985；Peters，Gregory and Swann，1986）。表面侵蚀现象是从几种类型材料的冲压面或前向面上观察到的。由于 $200 \sim 800$ km 空间环境的主要成分是原子氧，是一种强氧化剂，又因为在这一区域占主导地位的原子氧通量约为 10^{19} 个原子/（$m^2 \cdot s$），因此假设这是侵蚀的主要来源。支持这一假设的是，由于该高度的航天器具有较高的轨道速度（≈ 7.8 km/s），原子氧以超过 5 eV 的能量撞击航天器表面——远远高于与许多材料发生化学反应所需的能量。原子氧作为侵蚀源意味着有机物质对这种效应最为敏感，并且表面变化量应该与原子氧流量成正比。原子氧流量取决于姿态、轨道高度、暴露时间和太阳活动，这些因素都在随后的原位实验中得到证实。

原子氧侵蚀是由于形成了挥发性氧化物（如 CO）或易剥落的氧化物（如银氧化物）引起的（Tennyson，1993）。紫外线辐射会破坏分子键并留下容易被氧化的分子，使原子氧侵蚀加剧。值得注意的是，原子氧并非总是导致侵蚀，它还可以产生能够稳定停留于表面的氧化物。例如，暴露在原子氧中的硅可以形成稳定的二氧化硅保护层。

为了更好地理解石墨表面原子氧侵蚀的机理，假设石墨表面直接暴露于原子氧通量中 （Tennyson，1993）。碳—碳键的能量是 7.4 eV，如果表面被原子氧撞击（其能量可达 7 eV），那么就有一定的概率形成 CO（键能量为 13.1 eV），如图 4-15 所示。一旦形成了这样的键，如果再有一个能量大于 1.7 eV 的氧原子撞击到表面，它可以将足够的能量（11.4 eV 键强度）转移到表面，使 CO 以气态逸出，这就在原来的石墨表面留下了一个空缺。

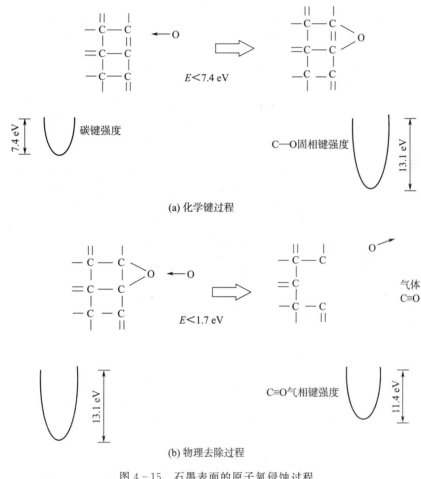

(a) 化学键过程

(b) 物理去除过程

图 4-15　石墨表面的原子氧侵蚀过程

［DeWitt et al.（1993），经 Kluwer 学术出版社许可重印］

到目前为止，已经从航天飞机 STS-5、STS-8、地面实验和 LDEF 飞行试验中获得了大多数材料的原子氧侵蚀率。已经发现广泛应用于航天器表面的聚酰亚胺薄膜 （Kapton）很容易受 LEO 原子氧侵蚀。对于这种 Kapton，每个撞击的氧原子所氧化的体积约为 3×10^{-30} m³/atom（Leger and Visentine，1986）。实验发现，对于能量为几电子伏特的原子氧，该氧化体积是一个撞击能量的弱函数。Kapton 的能量依赖关系已确定为 $E_i^{0.68}$，E_i 为撞击能量。因此，对于表面上的 Kapon，取单位法向矢量 $\boldsymbol{n}$，表面退化可表示为

$$\delta_r = RF_t \tag{4-78}$$

其中，流量 F_t 由下式给出

$$F_t = \int_0^t \mathrm{d}t \int \mathrm{d}^3 v \, \boldsymbol{v} \cdot \boldsymbol{n} f_O \tag{4-79}$$

反应效率 $R = R_c (E_i / E_{i0})^{0.68}$，$E_{i0} = 5 \text{ eV}$。这种类型的能量依赖关系对许多材料是未知的，所以使用式（4-78）时通常取 $R = R_c$ 为一个靠经验确定的常数。

STS-5 和 STS-8 飞行试验中每个都提供了在冲压面 41 小时的暴露时间。然而，由于高度、姿态和太阳活动的差异，它们的总流量不同：STS-5 为 $10^{24} \text{ atoms/m}^2$，STS-8 为 $3.5 \times 10^{24} \text{ atoms/m}^2$。对于 STS-5，每个轨道周期速度矢量绕表面法向旋转一次；而在 STS-8 上，速度矢量与表面法线垂直。暴露导致材料厚度损失高达 $12 \text{ } \mu\text{m}$，因此可通过测量样品的质量变化来评估侵蚀速率。

航天飞机的飞行试验结果列于表 4-4，数据为材料的反应性（即，从大气模型、航天器速度和暴露历史估算的按总原子氧流量归一化的材料厚度损失）。一些样品中含有对原子氧稳定的添加剂，能遮盖或保护底层材料不受质量损失。如图 4-16 所示，对于 Kapton（Leger and Visentine, 1986），这些反应速率可以用来评估原子氧侵蚀对航天器表面的影响。以下是来自 Leger and Visentine（1986），Maag（1988）及 Koontz, Albyn and Leger（1991）的总的观测结果。

表 4-4　暴露在 LEO 原子氧中材料的反应性

材料	$R_c / (\text{m}^3/\text{atom} \times 10^{30})$
聚酰亚胺（Kapton）	3
聚酯树脂	3.4
聚氟乙烯薄膜	3.2
聚乙烯	3.7
特氟隆 FEP 和 FE	<0.1
碳	1.2
聚苯乙烯	1.7
聚亚酰胺	3.3
铂	0
铜	0.05

1）无填充的含有 C、H、O、N 和 S 的有机材料均以大致相同的效率 [（2～4）× $10^{-30} \text{ m}^3/\text{atom}$] 发生反应。

2）氟化碳基聚合物和硅酮的反应效率比有机聚合物低 10 倍以上。

3）填料或复合材料的反应效率与填料的特性密切相关。

4）除银和锇外，金属没有宏观变化。已发现金属表面微观形态会发生变化，对于那些对表面特性非常敏感的系统，对此应该进行研究。银和锇的反应较快，通常不能在无保

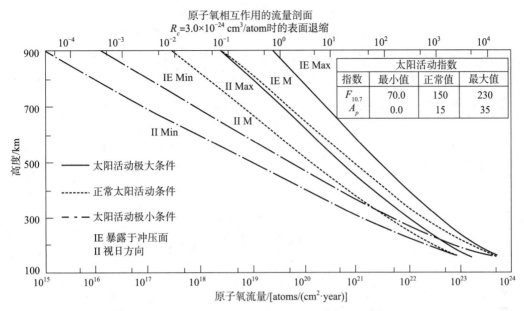

图 4 - 16　原子氧与 Kapton 相互作用的流量分布剖面

[来自 Leger and Visentine（1986），AIAA 版权所有，经允许重印]

护层的状态下应用。

5）氟化镁和各种形式的氧化物表现出很好的稳定性。

对于空间站（Leger and Visentine，1986）这种会被原子氧侵蚀表面而损害的航天器，有两种可能的减缓措施：选择反应速率较低的材料，以及在材料上增加保护涂层。不幸的是，由于太空中使用的许多材料都是由于其特定性能而被选定的，例如电阻率和热特性，而且可能无法改变轨道或任务周期，因此大多数减缓原子氧效应的努力都聚焦到增加保护涂层上，这样做的必要性通过以下的计算进行了说明。对于在轨超过 15 年的空间站，表 4 -5 给出了太阳活动条件比标称空间站任务（Banks et al.，1990）高出两个标准差下的原子氧通量和流量水平。对于无保护的暴露 Kapton 基板的太阳能电池阵，表 4 - 4 中的反应性数据表明，15 年内向阳面及背阳面将损失 1.2 mm 的 Kapton，这远大于期望的最理想厚度 0.05 mm。因此，未受保护的 Kapton 将完全被剥蚀，并危及太阳能电池阵的有效性。一种已考虑用于 Kapton 的保护涂层是溅射沉积 SiO_2，其他类型的涂层还包括 Al_2O_3 以及铟锡氧化物（ITO）。

表 4 - 5　空间站暴露 15 年对原子氧通量和流量的要求

表面朝向	通量/[atoms/(m² · s)]	流量/(atoms/m²)
冲压方向	1.54×10^{18}	7.27×10^{26}
对日方向	6.76×10^{17}	1.60×10^{26}
背日方向	1.07×10^{18}	2.52×10^{26}

　　保护涂层带来的一个重要问题是涂层中的缺陷效应。例如，高频磁控溅射沉积 SiO_2 的缺陷密度高达 6×10^8 个缺陷 $/m^2$。在缺陷处，底层的 Kapton 暴露在原子氧中，使其可以通过缺陷孔进入到一定的角度范围。出现这种现象是由于原子氧的热分布使得原子氧入射速度矢量存在小的分散，还由于受保护的表面并不总是朝向冲压方向，因此迎面入射通量将以不同的角度扫过表面。这两种效应都会导致在缺陷位置发生掏蚀，如图 4-17 所示。一旦几个缺陷点被掏蚀到一定程度，它们就会相互作用，覆盖层就会撕裂剥落并将更多的 Kapton 暴露到原子氧的侵袭之下。这种趋势如图 4-18 所示，其中被保护 Kapton 的侵蚀率是等离子体灰化器的流量的函数（Banks et al.，1990）。如果没有掏蚀和随后的撕裂，孔洞下方的 Kapton 被去除以后，质量损失率作为原子氧流量的函数将发生饱和。质量损失率之所以不断增加，正是由于掏蚀和撕裂的原因。然而，受 SiO_2 保护的 Kapton 显然比不受保护的 Kapton 更能抵抗原子氧的侵蚀。

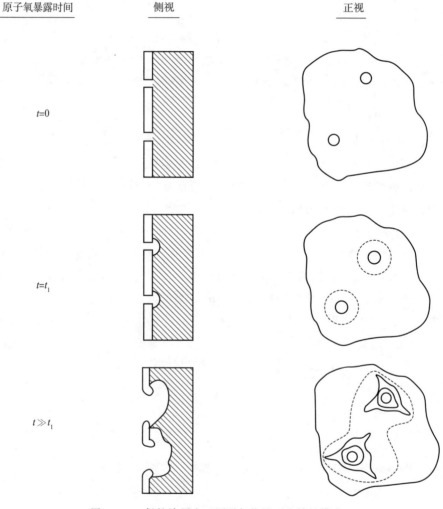

图 4-17　保护涂层由于原子氧掏蚀而失效的模式

[取自 Banks et al.（1990），经作者许可使用]

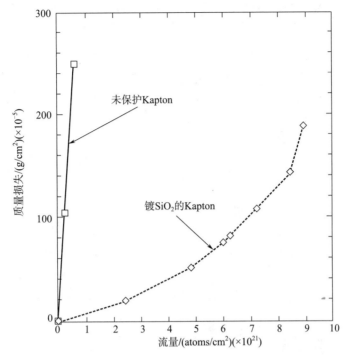

图 4 - 18　SiO$_2$ 保护的 Kapton 的质量损失率作为等离子体灰化器的流量的函数

[来自 Banks et al. (1990)，经作者许可使用]

4.5　辉光

　　飞行器辉光是过去十年在低轨道飞行器上（800 km 以下）发现的另一种现象。它呈现为航天器表面或附近的一种幽暗的背景光。虽然在几次早期的火箭飞行中它就曾被怀疑过，但直到 20 世纪 70 年代后期它才被初步探测到。此后，大量论文都对此进行了报道 [参见 Green et al. (1985) 和 Garrett，Chutjian and Gabriel (1988) 的综述]。辉光可能影响对许多光学传感器系统十分重要的红外、紫外和可见光波段的测量，其可能是一个特别严重的污染问题。在图 4 - 19 中对几次航天飞机任务表面的辉光亮度与大气探索者卫星（AE）在 4 278～7 320 Å 之间的辉光测量值进行了比较。考虑到不同的观测之间可能存在的几何构型、热 [参见 Swenson et al.，(1986)] 及时间（即，环境中性密度随太阳活动的变化）差异，尽管比较有一定的主观性，但结果具有很好的一致性，其中 STS 41G 的偏离归因于热效应（表面是热的）。图中清晰显示了辉光最显著的特征：它随轨道高度的变化而变化（相信主要是由于原子氧密度随轨道高度呈指数衰减）。下面对辉光的其他特征做了总结。

　　尽管辉光来自于同一种现象，但显然具有几种不同的类型，可粗分为卫星辉光和航天飞机辉光。航天飞机辉光可进一步分为冲压辉光、推进器辉光和云辉光。这些辉光类型的一般特征如下：

　　1）大多数辉光在朝向轨道速度矢量或冲压方向的表面上达到最大值（注意，云辉光可能在尾流侧被观测到）。

　　2）辉光强度随轨道高度而衰减。对于 AE - C 卫星的情况，它随高度呈指数下降；标高约为 35 km，与原子氧温度为 600 K 相一致。如图 4 - 19 所示，辉光强度随高度的变化规律在航天飞机和卫星中具有很强的相似性。

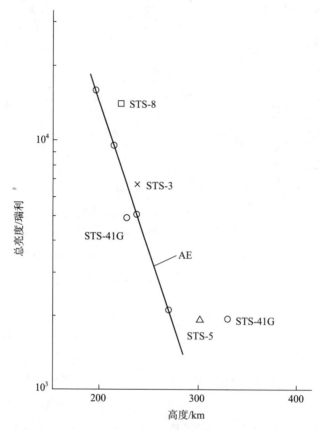

图 4 - 19　卫星（AE）和航天飞机表面辉光随高度的变化

[取自 Bareiss et al.（1986）]

　　太空中的小物体具有一种与之相关的特征辉光。这种辉光，已称作卫星辉光，目前尚不清楚其是否与航天飞机冲压辉光是一样的。对于 AE 卫星，其辉光随高度的变化如图 4 - 19 所示。卫星辉光的特征可归纳如下：

　　1）辉光向红色方向亮度增加。

　　2）辉光显示出的尺度范围为 1～10 m。

　　3）相对于冲压方向的角向变化与 $\cos^3\theta$ 成正比。

　　4）OH（可能的 Meinel 带）被认为是卫星辉光的源。

　　最有名的辉光事例是在航天飞机的冲压表面上观察到的辉光，这种形式的辉光被命名为 Shuttle glow - ram。图 4 - 20 为一次典型的辉光图像，显示出辉光随相对冲压方向角度的变化。这种辉光的主要特点如下：

1）辉光发生在一个连续谱而不是分立的可见线谱，并扩展到整个可见光范围，峰值出现在 6 800 Å。

2）冲压方向上辉光层的尺度估计在航天飞机大平板表面上方可达 20 cm（RMS 可能仅有 6 cm），这与平均速度 0.3 km/s 的发射体的发光分子有效辐射寿命约为 0.6～0.7 ms 是一致的。

3）辉光强度因材料的不同而不同，黑色 chemglaze（碳填充，氨基甲酸酯基涂料）和 Zn_3O_2（表面覆盖硅）是最亮的，聚乙烯是最暗的。然而，每个样本的辉光尺度是相似的。

4）辉光随冲压角的角向变化更接近 $\cos\theta$ 而不是 $\cos^3\theta$。

5）表面辉光强度与表面温度之间呈明显的指数关系，且强度随温度的降低而增加。支持这一规律的是，AE 卫星的弱辉光相对于航天飞机的辉光与各自的表面温度是吻合的。

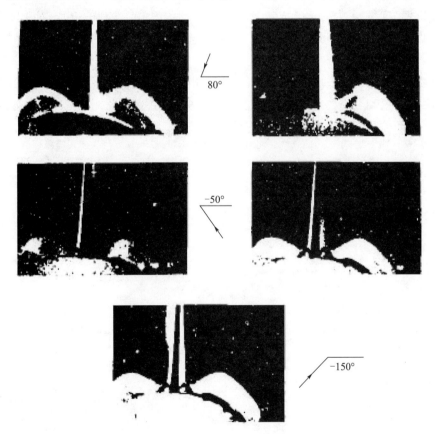

图 4-20　在 STS-5 的滚转实验中，航天飞机不同部位的辉光现象，箭头表示速度矢量

［取自 Garrett et al.（1988），经允许重印］

这种航天飞机的辉光可分为三个区域：可见光、远紫外（FUV）和红外（IR）。关于航天飞机可见辉光的一种理论是，它是在航天飞机表面由一种被称为 Langmuir-Hinsheiwood（L-H）过程的表面反应产生的激发态二氧化氮发射的。反应发生在表面的 O 和 NO 之间（Viereck et al.，1991），写作

$$O_{fast} + NO_{ads} \rightarrow NO_2^*$$

$$NO_2^* \rightarrow NO_2 + h\nu \tag{4-80}$$

形成 NO_2 的氧来自周围环境的大气，而 NO 是吸附在表面的。NO 的一个可能来源是推进器点火，尽管推进器排出物的平衡计算中并未预测有 NO 形成。另一种可能的来源是气相反应

$$O + N_2 \rightarrow NO + N \tag{4-81}$$

NO 会迁移到表面并被吸附。FUV 辉光的产生是由于被激发的分子氮辐射，而 IR 辉光的产生是由于 H_2O 的激发。H_2O 被冲压方向的大气中的氧碰撞激发，然后发生级联反应产生 $2.5 \sim 14 \ \mu m$ 波长范围的辐射。

在航天飞机上观察到的另一种辉光与推进器点火有关。目前，对这种辉光的测量很少。由于它明显产生了大的背景增强（已经观测到高达 10^6 瑞利的值），对于需要不断点火进行姿态控制的大型空间结构来说，这可能是个主要问题。这种航天飞机推进器辉光的特征如下：

1）在航天飞机的姿态推进器点火后，辉光增强（推进器的排放物主要由 H_2O 组成）。

2）在 4 Å 处测量的推进器辉光，在 6 275 ～ 6 307 Å 的波长测量范围内是连续谱。

第 5 章　等离子体环境效应

5.1　航天器与等离子体相互作用

航天器在轨经历的等离子体环境已在 3.3 节介绍，虽然在特定情况下等离子体环境未必起主导作用，但对航天器或载荷具有复杂的和破坏性的影响。特别是，主要的等离子体效应来自于航天器表面电荷的缓慢积累，这种源自周围等离子体环境的表面电荷积累，即所谓的表面充电，会产生由航天器表面延伸至空间的静电场并导致一些不利的影响：

1）产生表面电弧放电引起表面损伤，还会产生电磁干扰，在电子学系统中引起感应电流，产生光辐射以及提高放电局部的等离子体密度。

2）增强航天器表面污染，进而导致表面材料热学及光学性能的改变。

3）引起航天器地电位的移动，进而引发空间带电粒子探测器的相关问题。

4）在航天器部件和材料上形成库仑力，以及改变航天器的阻力系数和电磁力矩。

除上述问题外，还有一些不太明显的效应。对于载人航天器来说，特别关注的是两个交会的航天器（航天飞机与空间站，或舱外活动的航天员与航天飞机）之间不等量充电会导致彼此之间产生破坏性的电流，这些会引起电弧放电、电路烧毁以及其他安全事故。从航天器表面持续流出或流入的电流会造成航天器电功率泄漏（注意在某些情况下这并非坏事，因为该电流理论上是可以被利用的，将其变成功率源或航天器推力源）。当航天器周围存在一个大的人工等离子体时，它可以严重改变航天器的结构地，使航天器表面放电，干扰航天器的收发通信链路。

甚至电荷向航天器表面的加速运动也是值得关注的。具有较高能量的离子与航天器表面的碰撞可引起与退化有关的表面化学反应，或者表面溅射以及污染，而电子与表面的碰撞则可以增强电子发射以及中性气体从表面脱附。

低轨航天器尾迹区的等离子体可以使其很容易被探测到。此外，在航天器周围发射或产生等离子体可以改变或增强飞行器在远场探测器的识别特性。航天器周围的等离子体云也可以成为电磁波或静电波的源。虽然这些波可以对星上电子系统产生干扰，但这些波与周围环境的相互作用也会揭示大量关于周围介质的物理信息。

可见，在空间等离子体（无论天然的或人工的）和航天器之间存在着大量丰富的相互作用。为便于理解，有必要首先讨论一个孤立物体在等离子体中进行电荷和电流收集的一般理论，基于该理论再进一步讨论从 GEO 及更高轨道到 LEO 和极轨的相互作用。如此划分是因为对于 GEO 环境，德拜长度比航天器大得多，以至于可以将等离子体近似视为一些孤立带电粒子的集合体，而不是一些相互耦合的粒子。这在低轨道是不正确的，会使低轨道的相互作用更加复杂和不太容易理解。

5.2　航天器表面充电和电流收集

　　处于空间等离子体中的航天器，其行为等同于一个孤立的电探针。像等离子体中的电探针（Chen，1984）一样，它收集电荷并形成一个与麦克斯韦方程约束一致的静电势，这种从环境中收集电荷的现象被称为"航天器充电"。有三种不同形式的航天器充电被确认为潜在的风险源。首先，存在一种充电使得航天器整体电势相对于空间等离子体电势发生改变（离航天器足够远作为零电势），这种充电最早由 DeForest（1972）在地球同步轨道观测到，可以达到数万伏并且使等离子体观测结果严重畸变，但一般不会给航天器运行带来危险。第二种充电涉及高能电子（$E > 100 \text{ keV}$）在介质内或航天器内部孤立导体表面的沉积，可以建立超过 10^6 V/cm 的电场，能造成大多数常用的耐高压绝缘体的击穿。这种充电特别具有破坏性，因为它出现在内部电路及其附近，而典型情况下这里的防护是最差的。第三种充电，即不等量充电，来自于航天器表面几伏至数千伏的电位差，因为这种充电可以引起具有毁伤效果的表面电弧，通常更具有破坏性。

　　本章的目的是从上述三类充电的角度对航天器充电给出一个整体性的综述。不过，若航天器设计师关注电弧放电，则应重点估算不等量充电，而这种充电十分依赖于三维效应（特别是航天器几何结构细节），因而难以进行一般性分析。对充电效应予以简要描述之后，接下来会对充电源进行讨论，然后对理论模型进行回顾，以便对不等量充电发生的过程进行说明。

　　电弧放电是指存储电荷通过穿通（从介质到衬底击穿）、闪络（传播的表面放电）、喷弧（向表面产生电弧）等方式被迅速（大约在纳秒到微秒级）地在不同表面间或表面与空间之间进行重新分布的现象。目前对电弧放电还没完全了解，幸运的是，起弧的结果比起弧过程本身在一定程度上更容易理解。特别是由电弧引起的脉冲会在航天器电子系统中产生一个瞬态干扰，可以是直接的电流注入，也可以通过相关的电磁波产生的感应电流形成。除了产生电学破坏，Balmain（1980）还列举了因电弧放电而在介质表面发现的大量微米尺寸的孔隙和通道的例子。Nanevicz 和 Adamo（1980）另外发现了电弧放电在太阳能电池上产生的大尺度的物理损伤，例如玻璃盖片的裂缝。类似的对电路元件的损伤还可以导致单个元件的烧毁或破裂。后一种损伤通常很难被观测到，在接地测试中将这种放电效应分离出来会比较困难，从而可能使问题加剧。

　　对空间物理界来说，需要特别关注的是不等量充电对等离子体测量结果的影响，有很多机制使低能等离子体测量结果的诠释变得复杂化，这些有时候表现为能谱的移动，优先聚焦，或者对特定能量和方向的粒子的排斥，以及二次电子、背散射电子和光电子对测量结果的污染等。一个航天器充电影响测量结果的最简单的例子是，航天器与空间的电势差可以增加或降低入射粒子的能量。在微分通量测量情况下，例如静电分析器，能谱移动很容易在被吸引粒子——离子上观测到。然而，最复杂的变化是由不等量充电引起的，这种情况下会出现粒子聚焦或排斥。航天器表面不等量充电会产生电场，使得特定能量的入射粒子发生聚焦或发散。就像航天器的几何结构能够对探测器视场造成遮挡一样，靠近探测器视场的电势梯度也可以扭曲入射粒子的轨迹。

来自推进器的（离子的或化学的）或材料放气的污染离子可以被航天器鞘层捕获并往往沉积在负电位表面。据估计（Jemiola，1980），仅在 100 天内就有多达 50 Å 的材料可能沉积在充电的光学表面。Nanevicz and Adamo（1980）发现地球同步轨道卫星上的传感器加热速率会随着地磁活动上升，分析认为是由于在地磁活动期间的充电效应导致污染沉积增强。这样的沉积也会改变二次电子发射和光电子特性。

造成不等量充电的源头主要有两种：结构性的不等量充电和充电诱发的不等量充电。尽管两种是密切相关并经常相伴出现的，但结构性的不等量充电是指那些由不依赖充电的过程引起的，例如周围粒子通量的各向异性和太阳光遮挡。充电诱发的不等量充电是指那些由充电过程本身引起的，例如由于表面充电和空间电荷影响使得入射粒子轨迹偏转，以及表面不同部分的介质特性不同而引起的不等量充电。

5.2.1　航天器的充电电流源

5.2.1.1　来自周围等离子体的电流

引起航天器表面 10 kV 或更高电势的主要自然源头是周围空间等离子体。虽然很少用单一温度和密度表征空间等离子体（参见 3.3.4 节），但使用麦克斯韦分布函数是一个十分有用的起点，可以很方便地描述产生如此高电势的环境等离子体条件。假设分布函数描述的是各向同性的麦克斯韦等离子体，则入射到等离子体中一个静止的、且处于等离子体电势（即在该表面与远场等离子体之间无电场存在）的表面的电流由方程（2-29）可得

$$j_a = -e(n_i \bar{c}_i/4 - n_e \bar{c}_e/4) \tag{5-1}$$

此方程及后续方程中所采用的符号规则是，正电荷入射到表面的电流（或通量）定义为负，一个给定电流的符号在所出现的任何方程中总是显性地写出。净电流是入射电流和出射电流的差值，在 GEO 净电流的典型值列于表 3-11 和表 3-12。上述表中电流中间值在 $1 \sim 5\ \mu\text{A/m}^2$。比较表 3-11 和表 3-12 可以看出，在零电势时电流密度主要来自于电子的贡献，这是由于电子质量相对于离子小得多、因而活跃得多的缘故。

在轨测量已经表明，航天器周围的等离子体通量在投掷角变化较大时呈现严重的方向不均匀性，其结果是 j_a 可能在卫星表面以一种复杂的、空间三维的形式变化，对于电学孤立表面将直接导致不等量充电，这样的变化在 SCATHA 卫星上已清楚地观测到。当这种效应和那些与充电相关的鞘层的各向异性、周围等离子体对麦克斯韦分布的偏离等一并考虑时，方程（5-1）不再正确。即便如此，方程（5-1）及其修正形式对很多特定目标而言也是足够准确的，在后续的讨论中经常用到。

对于 LEO 和极地轨道环境，航天器的运动是中热的（mesothermal，或称中等声速

的，参见 2.4.3 节）。所以，对于一个处在空间等离子体电势的表面，电子收集将如方程 (5-1) 所示，但离子收集将由冲压面离子通量（即飞行体直接截获的通量）所主导。因此，冲压面处于零电势时的电流密度为

$$j_a = -e(n_i V_0 - n_e \bar{c}_e/4) \tag{5-2}$$

该电流密度可以利用表 3-8 中的数据对空间站轨道进行估算，结果再次表明，在零电势时电子电流起主导作用，典型值为 $1 \sim 10$ mA/m^2。

5.2.1.2　光电子电流

很多航天器表面材料当暴露于太阳光紫外辐照时会发射光电子，通常对航天器电流收集起到重要贡献。表面材料发射的光电流是卫星材料、太阳光辐照通量、光线入射角以及卫星电势的函数。图 5-1（取自 Grard，1973）是两个用以描述光电子电流函数的图，分别是太阳光辐照通量 $S(E)$ 和单个光子的电子产额 $W(E)$。两个函数的乘积示于图 5-1 中。对于一个处于零电势或负电势的发射光电子的表面，光电子将会逃逸出来，形成的光电子电流密度为

$$j_{ph_0} = -\int_0^\infty W(E)S(E)\mathrm{d}E \tag{5-3}$$

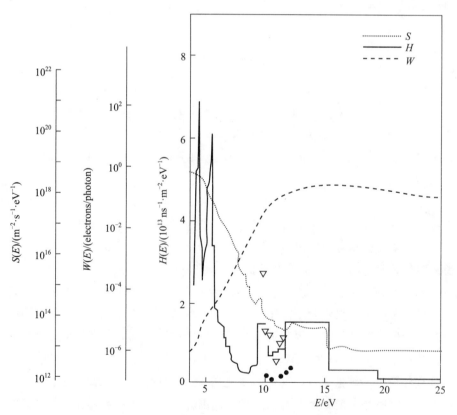

图 5-1　单个光子的电子产额 $W(E)$、太阳光辐照通量 $S(E)$ 以及
二者乘积——总光电子产额随能量的变化（氧化铝材料）

几种材料在 1 AU 处可能的总光电子电流密度见表 5 - 1。

表 5 - 1　光电子发射特性

材料	功函数/eV	j_{ph_0} /($\mu A/m^2$)
氧化铝	3.9	42
氧化铟	4.8	30
金	4.8	29
不锈钢	4.4	20
胶态石墨	4.6	18
氟化锂镀金	4.4	15
玻璃碳	4.8	13
石墨	4.7	4

对于高轨卫星（表 5 - 1 中典型值为几十 $\mu A/m^2$，环境电流密度值为 1～5 $\mu A/m^2$），光电子电流经常是主导性充电电流，这是充电三维效应的主要决定因素，因为光照本身就不是各向同性地一直出现在航天器的光照面。就这点而言，受光照的洞与凸起的边缘（在掠入射时可以遮挡较大面积）可以引起严重的三维充电效应。这种现象已经在 ATS - 5 卫星观测到，一个测量周围等离子体参数的探测器被缩进一个圆筒形凹阱内，阱的表面是不导电的，当太阳光照射到凹阱表面时，表面按照卫星自转周期被充电和放电。

如果航天器充以正电，周围的光电子就被其表面吸引。因为该返回电流依赖于表面电势和几何形状，其精确计算需要知道一个给定波长的入射光子发射的电子能谱。实验室观测及空间实验均表明光电子是各向同性发射的，服从麦克斯韦能量分布（Whipple，1981），平均能量为 1～2 eV，几乎不依赖于入射光子的能谱（除了它们必须超过光电子发射的能量阈值）。Grard（1973）计算了在探针几何位形下不同材料在正电压时的返回光电子电流，结果表明，整个航天器表面材料的改变可以导致相邻材料的净光电子电流变化因子高达 10，如此大的变化可以增强不等量充电效应。

5.2.1.3　背散射电子和二次电子

当电子撞击材料表面时，它会被反射或吸收（Whipple，1981）。如果被吸收，电子与材料中的原子发生碰撞并最终反向，发生背散射从材料中逃逸出来。那些没有发生背散射的电子将在材料中损失能量，部分能量用于激发别的电子使其从材料中逃逸出来，这一过程称作二次电子发射。这三个过程可分别处理，反射过程只有在能量很低时才显得重要，当一个能量接近于零的电子撞击材料表面时，反射系数在 0.05 数量级，并且随着电子能量增加而降低。从能量角度而言，背散射电子在发射能量上明显区别于二次电子。背散射电子以略低于主电子（入射电子）的能量离开材料；而二次电子以一个特征能谱发射，以最多几个 eV 的平均能量离开材料，典型情况下，假定二次电子能谱符合麦克斯韦能量分布，平均能量为 2 eV。

离子撞击材料表面也会反射并产生二次电子发射。在有些情况下电子或离子撞击材料产生的二次电子通量可以超过其入射通量，而且已经证明其对航天器电势调控具有重要贡献。显然，对于不同的材料，差异化的电子发射特性可以引起三维变化。然而奇怪的是，二次电子较低的发射能量允许相对较小的三维效应来抑制其通量。这里给出一个参考性估算，背散射电子典型情况下粗略认为只有主电子初始能量的一半、初始通量的20％～30％，它们可以被看作入射电子通量按固定比例减小。离子激发的二次电子通量，因离子与电子极性相反而当表面为负电位时最大，可能达到入射离子通量的30％～40％。对于表面正电势情况，因为二次电子能量典型地只有几个电子伏，二次电子通量可以认为是零。电子激发的二次电子，当通过200～1 000 eV附近的发射高峰（实际上对很多材料会超过入射电子数量）时其效应是复杂的。200～1 000 eV对应于大多数地球同步轨道航天器被充电的典型水平。较低的二次电子发射能量（几个eV）意味着甚至几伏的正电位就会抑制二次电子。对于能量低于2 keV的电子的入射通量，航天器充电可以被有效地阻止。因此，能够抑制二次电子发射的过程可以导致在影响所及的表面上电位大幅摇摆，高压太阳能电池阵的收集电流跳跃现象（snapover phenomenon）被认为是由此产生的（参见5.2.3）。

　　二次电子产额（或二次电子发射系数）作为入射电子能量的函数曲线可以由实验获得，如图5-2所示，曲线具有普遍相似的形状。简单解释为，对于较低的电子撞击能量，因为没有足够的能量使材料中的电子移位而产生的二次电子很少；而电子撞击能量较高时，主电子经过原子附近时间太短而不足以使电子移位，进而当主电子逐渐停止时二次电子位置过深而难以逃逸。当二次电子产额曲线超过单位1时，显然存在两个单位穿越点（unit crossing point）。第一个单位穿越点定义为二次电子产额等于1时的最低能量，第二个单位穿越点定义为二次电子产额为1时的最高能量。一般来说，二次电子产额也是主电子入射角的函数，随着入射方向离开表面法向的角度增大而增大。这是因为二次电子是在材料表层产生的，掠入射电子在表层经历更多的时间，产生更多的二次电子。二次电子曲线模型有多个，其中常用的一个是

$$\delta_e(E,\theta) = \delta_{e_{max}} \frac{E}{E_{max}} \exp\left(2 - 2\sqrt{\frac{E}{E_{max}}}\right) \exp\left[2(1-\cos\theta)\right] \qquad (5-4)$$

其中，主电子能量为E，相对表面法向以入射角θ撞击表面。二次电子产额函数完全以发生于主电子能量E_{max}的最大产额$\delta_{e_{max}}$表征。另一个表达式在NASCAP程序（Katz et al.，1977；Whipple，1981）的计算机建模中用到

$$\delta_e(E,\theta) = \frac{1.114\delta_{e_{max}}}{\cos\theta} \left(\frac{E_{max}}{E}\right)^{0.35} \left\{1 - \exp\left[-2.28\cos\theta\left(\frac{E_{max}}{E}\right)^{1.35}\right]\right\} \qquad (5-5)$$

这也是由特定能量处的最大二次电子产额表征的。对较高能量时二次电子产额正确建模具有特别的重要性，因为二次电子产额对于表面发射的电子电流有强烈的影响（Katz et al.，1986）。最大产额及其对应的能量已经在很多航天材料中进行过测量，测量结果被集成到材料数据库，成为航天器充电程序的关键部分（Katz et al.，1977）。一些典型值如表5-2所示。

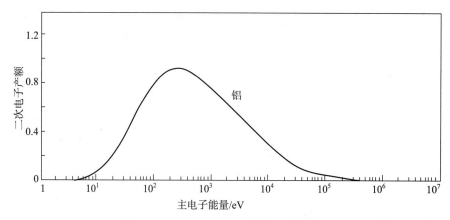

图 5-2　能量为 E 的电子垂直入射铝材料产生的二次电子产额 δ_e

［来自 Garrett and Pike（1980），经许可重印］

表 5-2　主电子产生的二次电子的最大产额及对应能量的典型值

材料	$\delta_{e_{\max}}$	$E_{\max}$ /eV
铝	0.97	300
氧化铝	1.5～1.9	350～1 300
氧化镁	4.0	400
二氧化硅	2.4	400
特氟隆	3	300
聚酰亚胺	2.1	150
镁	0.92	250

一旦二次电子产额函数知道了，则一个带负电表面的二次电子发射电流密度为

$$j_{se} = -e \frac{2\pi}{m_e^2} \int_0^\infty \mathrm{d}E^* \int_0^\infty \mathrm{d}E \int_0^\pi \sin\theta \,\mathrm{d}\theta g(E^*,E)\delta_e(E,\theta)f(E) \tag{5-6}$$

这里，$g(E^*,E)$ 是能量为 E 的入射电子产生的能量为 E^* 的二次电子的归一化发射能谱；$f(E)$ 是入射电子的能量分布函数；函数 g 通常几乎不依赖于 E，一般以麦克斯韦分布建模，平均能量 $E_{sec}=2$ eV。而入射电子电流计算如下

$$j_e = e \frac{2\pi}{m_e^2} \int_0^\infty \mathrm{d}E \int_0^\pi \sin\theta \,\mathrm{d}\theta f(E) \tag{5-7}$$

式（5-6）和式（5-7）结果比较表明，对于最大二次电子产额显著大于 1 的材料，如果入射电子的平均能量接近于最大产额对应的能量，出射的二次电子电流可以超过入射电子电流。

对于背散射电子，离开带负电表面的电流密度如下

$$j_{be} = e \frac{2\pi}{m_e^2} \int_0^\infty \mathrm{d}E^* \int_{E^*}^\infty \mathrm{d}E \int_0^\pi \sin\theta \,\mathrm{d}\theta B(E^*,E)\cos\theta f(E) \tag{5-8}$$

这里，$B(E^*,E)=G(E^*/E)/E$，$G(x)$ 是以入射电子能量 E 的分值 x 发生背散射的电子

的百分比。图 5-3 给出了电子垂直撞击铝材料时 $G(x)$ 函数的图像，G 值典型地低于单位 1。

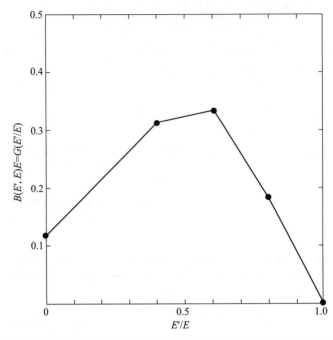

图 5-3　电子撞击铝材料产生的背散射电子百分比随着（对入射电子能量的）相对能量的变化
[取自 Garrett and Pike (1980)，经 AIAA 许可重印]

前面已经说明，在离子撞击下材料表面可以发射二次电子（离子背散射概率很低而常常忽略）。离子激发的二次电子产额可以近似由如下方程描述（Whipple，1981）

$$\delta_i(E,\theta) = \frac{2\delta_{i\,\text{max}}\sqrt{E/E_{\text{max}}}}{1 + E/E_{\text{max}}}\sec\theta \tag{5-9}$$

该方程已被发现符合许多金属在质子撞击下的数据。对于质子轰击铝材料，有 $E_{\text{max}} = 90\,\text{keV}$ 时 $\delta_{i\,\text{max}} = 4.2$。典型情况下，离子撞击产生的二次电子产额只有在离子能量超过 $10\,\text{keV}$ 时才显著大于 1。材料的二次电子产额函数一经确定，离开表面的二次电子电流可以由方程（5-6）给出，其中离开的二次电子分布函数表征为各向同性、平均能量为几个 eV 的麦克斯韦分布。

5.2.1.4　磁场对收集电流的影响

对于 LEO 航天器，地磁场足够强，有必要考虑由磁场引起的方向不均匀性对电荷收集的影响。磁场引起的方向不均匀性归因于两类：运动产生的电场和通量的各向异性。第一类是航天器横越磁场运动的结果，航天器将看到一个施加于其上的运动电场

$$\boldsymbol{E}_m = \boldsymbol{V}_0 \times \boldsymbol{B} \tag{5-10}$$

取 MKS 单位制。此运动电场来自于麦克斯韦方程在平移作用下的变换，本质上是光速不变的相对论要求的结果。此运动电场造成的结果是航天器电位在空间等离子体中没有唯一的参考点，而用于驱动电流收集的航天器与空间等离子体之间的电势差随着在结构体上的

位置而变化，即使结构体是导体也是如此。此运动电场对于 PEO 和 LEO 最大，达到 0.25 V/m 量级。对于空间站的巨大尺寸，感应的电场可以足够强（一端到另一端的电势差可达 26 V）。$V_0 \times B$ 场也是电动系绳的基本驱动力，对于 20 km 的系绳电势差可达 5 000 V。这对于采用长天线或伸杆（10 m 或更长）开展电场试验的 LEO 卫星也是个问题，卫星近处局部电场和电流会被该电场扭曲。

除了运动电场外，磁场也引起粒子通量的各向异性。环境粒子通量、二次电子、人工束流通量以及尾迹区带电粒子都会或多或少受磁场控制。确定磁场对收集电流影响程度的关键参量是磁化参量（参见 2.4.1 节），除了最大的 LEO 卫星外，离子磁化参量 $M_i \gg 1$，所以，就电荷收集而言离子运动是弹道曲线的。然而，电子磁化参量 $M_e \ll 1$，以至于从航天器看去，电子向航天器的运动是紧密缠绕磁力线的回旋运动、在运动电场中的 $E \times B$ 漂移运动和沿着磁场方向自由运动的叠加。注意在运动电场中计算的 $E \times B$ 漂移运动速度是

$$v_d = \frac{E_\perp \times B}{B^2} = \frac{(V_0 \times B) \times B}{B^2} = -V_0$$

所以，在航天器坐标系中看到电子以航天器速度向航天器飞来，而在地球固定坐标系中看到的是电子绕着固定的磁力线做回旋运动，这种现象称作磁场俘获。特别是如果一个电荷相对航天器以较低速度释放或以较低能量产生，在地球固定坐标系中它将围绕产生时所在磁力线做回旋运动，而在航天器坐标系中则以速度 V_0 扫过。

磁场引起的各向异性意味着航天器可以从 $-V_0$ 方向和 B 方向很容易地收集到电子，但不容易从 $V_0 \times B$ 方向收集。Parker 和 Murphy（1967）分析了这种磁场引起的各向异性对航天器充电的影响，发现在一些表面上电子通量可以降低 2 倍因子。围绕磁场的回旋运动也可以强烈影响二次电子从航天器表面的逃逸。如果磁场平行于航天器表面，发射的电子将绕着磁力线回到表面——它们将不会离开，对出射电流不产生贡献。

关于空间磁层等离子体中探针和电极上的电流收集，Laframboise and Sonmor（1993）进行了综述。他们注意到，对于一个静止的无碰撞体系，处于磁场中的研究对象的电流收集是易于理解的，然而实际的 LEO 航天器是连续运动的，并且所处的等离子体环境不仅是碰撞的而且是湍动的，所以，一个真实航天器的电流收集可能严重偏离基于简单模型的预测结果，详见 5.3.2 节。

5.2.1.5　人工电流和电荷源

改变航天器充电的人工机制有很多，包括发射电子束和离子束、裸露的高电压表面如太阳能电池片连接点（Stevens，1980）、高偏压电极（Katz et al.，1989）以及等离子体接触器（Hastings，1987b；Dobrownoly and Melchioni，1993）。等离子体束的应用也比较活跃，不仅作为卫星鞘层探针，也作为卫星电位控制技术（Goldstein and DeForest，1976；Purvis and Bartlett，1980；Dobrownoly and Melchioni，1993）被广泛应用。这些系统典型具有千伏级的电势和毫安至安培级的电流。在航天飞机的 TSS-1 试验中，电子枪能够在 5 kV 时发射 0.7 A 电流（Dobrownoly and Melchioni，1993）；而 Sasaki 等人报道的中性化试验（1987）中，电子枪在 4.9 kV 时的发射电流为 300 mA。

5.2.2　探针一般理论

充电理论的基本方程是电流平衡方程，该方程说的是，对于航天器上一个电荷密度为 σ、面积为 A 的面积单元，表面电荷随时间的变化率是由流入面元的总电流与流出的总电流之差决定的，即

$$\frac{\mathrm{d}\sigma}{\mathrm{d}t}A = I_{\text{from surface}} - I_{\text{to surface}} = I_{\text{net}} \qquad (5-11)$$

图 5-4 所示为流入航天器上一个孤立导体或介质层的所有电流源。方程（5-11）可以由电荷守恒及电流定义直接得出，这可以从以下针对球形导体的麦克斯韦方程组的推论看到。

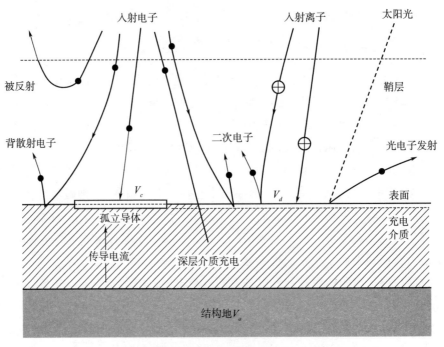

图 5-4　控制航天器表面孤立导体或介质层充电的电流

［取自 DeWitt et al.（1993），经 Kluwer 学术出版社许可重印］

由泊松方程的散度和安培定律可以看出

$$\frac{\partial\rho}{\partial t} + \nabla \cdot \boldsymbol{j} = 0 \qquad (5-12)$$

这里，ρ 是电荷密度。如果将该方程对球外部空间积分并利用散度定理，则有

$$\frac{\partial Q}{\partial t} = I_{\text{net}} \qquad (5-13)$$

其中，Q 为球上存储的总电荷。有

$$I_{\text{net}} = \int_S \boldsymbol{j} \cdot \boldsymbol{n}\,\mathrm{d}S \qquad (5-14)$$

单位法向矢量从表面 S 指向外部。方程（5-11）或（5-13）被称为充电方程。

对于稳态情况，充电方程表明进入表面的净电流必须为零，否则一种符号或另一种符号的电荷将不断积累。因此，描述一个给定的面积上充电达到平衡时的电流平衡方程为

$$I_e(V_s) - [I_i(V_s) + I_{se}(V_s) + I_{si}(V_s) + I_{be}(V_s) + I_{ph}(V_s) + I_b(V_s) + I_s(V_s)] = I_{net} = 0$$

$$(5-15)$$

式中　V_s ——卫星表面电势；

　　　$V(\boldsymbol{x})$ ——全部电势场，在卫星表面取 V_s；

　　　I_e ——卫星表面入射电子电流；

　　　I_i ——卫星表面入射离子电流；

　　　I_{se} ——电子引起的二次电子电流；

　　　I_{si} ——离子引起的二次电子电流；

　　　I_{be} ——由 I_e 引起的背散射电子电流；

　　　I_{ph} ——光电子电流；

　　　I_b ——主动电流源，如带电粒子束或离子推进器束流；

　　　I_s ——流向其他表面或从表面通过的电流。

式中电流的符号都明确地标出，注意 I_i 是负号，因为离子流向表面且与法向矢量反平行。

航天器充电建模的关键是求解方程（5-15），即找到使总电流为零的解 V_s。基本问题是在泊松方程

$$\boldsymbol{\epsilon}_0 \, \nabla \cdot \boldsymbol{E} = -\boldsymbol{\epsilon}_0 \, \nabla^2 V = e(n_i - n_e) \qquad (5-16)$$

和时间独立的无碰撞玻耳兹曼方程（或弗拉索夫方程）

$$\boldsymbol{v} \cdot \nabla f_{i,e} - \frac{q_{i,e}}{m_{i,e}} \nabla V \cdot \nabla_v f_{i,e} = 0 \qquad (5-17)$$

约束条件下求解方程（5-15）。式中，n_e 为局部电子密度，$n_e = \int f_e dv$；n_i 为局部离子密度，$n_i = \int f_i dv$；∇、∇_v 分别是对于位移和速度空间的梯度算子。

弗拉索夫方程与 4.1 节中无碰撞玻耳兹曼方程的来源是一样的，即使是 LEO 稠密等离子体，其碰撞如此之少，以至于方程（5-17）右边的碰撞算子的幅值与方程左边相比总是很小。

已经建立了求解此方程的复杂方法。在 5.2.2.1 节中，为了演示这些方法，介绍了方程（5-15）在式（5-16）和式（5-17）约束下的一级近似解。在 Langmuir 和 Mott-Smith 原始探针理论的基础上，已经发展了探针从环境等离子体中收集电流的简单解析近似解，对能够构建三维尾迹效应和卫星光鞘层模型的复杂探针理论也会予以介绍，最后对能够明确构建航天器周围几何细节的充电数值模拟方法进行讨论。

方程（5-13）的稳态解由 $I_{net}(V_s) = 0$ 给出。如果表面电位接近稳态解，那么电位达

到稳态的时间尺度可以用如下方法计算。令 V_{s0} 为 $I_{net}=0$ 的稳态解，并假设有一个小的扰动使得 $V_s=V_{s0}+\delta V_s$，其中 $\delta V_s/V_{s0}\ll1$。如果表面电容是 C，表面电荷为 $Q=CV_s$，那么 δV_s 满足方程（5-13）泰勒级数展开后得到的方程

$$C\frac{\partial\delta V_s}{\partial t}=\frac{dI_{net}}{dV_s}\bigg|_{V=V_{s0}}\delta V_s \qquad (5-18)$$

方程的解为

$$\delta V_s=(\delta V_s)_0\exp(-t/\tau_r) \qquad (5-19)$$

其中，$\tau_r=-C/(dI_{net}/dV_s)|_{V=V_{s0}}$。从方程（5-19）明显看到，稳态解 $\delta V_s\rightarrow0$ 的必要条件是 $\tau_r>0$，或 $dI_{net}/dV_s|_{V=V_{s0}}<0$。后面将会看到，该条件可用于在 $I_{net}(V_s)=0$ 存在多解时进行甄别。对于金属表面的 GEO 航天器，$C/A\approx\epsilon_0/R$，其中 R 是表面曲率半径，A 是表面积。一个合理的近似是 $dI_{net}/dV_s|_{V=V_{s0}}\approx(j_aA)/(kT_e/e)$，因而 $\tau_r\approx(\epsilon_0/R)(kT_e/e)/j_a$。对于一个处于磁层中的金属表面，充电时间是微秒量级（Whipple，1981）。对于一个介质表面，表面与衬底之间存在较大电容，$\tau_r\approx(\epsilon/d)(kT_e/e)/j_a$，其中 d 是介质厚度，ϵ 是介电常数。该时间尺度可能大到分钟级（Whipple，1981）。所以，一个以每分钟几转速度旋转的自旋卫星，如果表面有绝缘层，将永远不会达到充电平衡。

要理解航天器充电，一个很基本的概念是德拜长度。如果德拜长度相对航天器尺度很小，则所谓的薄鞘近似是合适的，而相反情况下厚鞘近似更加合适。从两种近似理论可以获得充电方程的解析解，便可以展示充电效应的基本特征。德拜长度在 2.4.2 节已做了介绍，"厚"与"薄"的概念是由航天器影响周围等离子体，或被等离子体屏蔽的区域大于或小于航天器的特征尺寸这一假设演化来的。这通常将问题简化为只要确定 λ_D 相对于航天器半径是大（厚鞘）或小（薄鞘）即可。对于一个半径为 1 m、表面电势为零的 LEO 航天器，薄鞘近似是合适的；对于 GEO 情况，除非卫星尺度在 10 m 量级或更大，厚鞘近似是合适的。如果存在主动控制的表面（表面电势由卫星系统控制的暴露表面）或有大量光电子存在，这些限制性准则就要改变了，不过即便如此，它们对于大多数航天器研究还是十分有用的。根据哪个限制条件成立，做特定的简化假设（薄鞘或厚鞘近似）就可以对方程（5-15）的电流进行计算了。

5.2.2.1　薄鞘极限

先考虑一个大的结构，满足等离子体鞘层的特征尺寸显著小于表面曲率半径 R_s（薄鞘假设）。假设在表面（$X=R_s$）的电势是 V_s，表面相对于鞘层尺度而言近似于平板。在离开表面距离 $y=X-R_s$ 处，被吸引粒子的泊松方程变为

$$\frac{d^2V}{dy^2}=-\frac{qn(y)}{\epsilon_0} \qquad (5-20)$$

电流连续性方程变为

$$j=qn(y)v(y)=\text{const} \qquad (5-21)$$

式中，j 是电流密度；$n(y)$ 是被吸引粒子密度；q 是被吸引粒子电荷；$v(y)$ 是被吸引粒子速度。如果从远离平板表面的零能量开始向平板表面无碰撞加速，则根据能量守恒有

$$\frac{1}{2}mv^2(y) + qV(y) = 0 \tag{5-22}$$

将以上两个方程与泊松方程合并得

$$\frac{\mathrm{d}^2 V}{\mathrm{d}y^2} = \frac{j}{\sqrt{-2qV/m}} \frac{1}{\epsilon_0} \tag{5-23}$$

为求解该方程，假设 V 和 $\mathrm{d}V(y)/\mathrm{d}y$ 在 $y = S$ 处为零。这确定了鞘层的厚度，是空间电荷限制的假设。用简单的物理语言描述就是，表面上方的空间电荷屏蔽了发自表面的电场，以至在某一点（$y = S$）使其变为零。有了这个假设并将方程（5-23）两边同乘以因子 $\mathrm{d}V/\mathrm{d}y$，方程的解变为

$$\frac{1}{2}\left(\frac{\mathrm{d}V}{\mathrm{d}y}\right)^2 = \frac{1}{\epsilon_0}\frac{m}{q}j\sqrt{-2qV/m} \tag{5-24}$$

积分并利用条件 $y = 0$ 时 $V = V_s$ 给出

$$j = \frac{4}{9}\sqrt{\frac{2q}{m}}\,\epsilon_0\,\frac{|V_s|^{3/2}}{S^2} \tag{5-25}$$

这就是著名的空间电荷限制下的 Child-Langmuir 定律，它将流向一个给定电势的表面的电流与鞘层特征尺度 S 关联起来。在这里考虑的一维系统里，距离表面足够远处电流密度等于随机热电流，如果电流密度如下定义，则鞘层距离 S 可以自洽求解

$$j = j_0 = K^* qn_0 \sqrt{kT/m} \tag{5-26}$$

这里，$1/\sqrt{2\pi} \leqslant K^* \leqslant 1$。在远场麦克斯韦分布情况下（$j_0 = qn\bar{c}/4$），$K^* = 1/\sqrt{2\pi}$；对于能量为 $E_0 = kT/2$ 的单能分布粒子束（$j_0 = qn\sqrt{2E_0/m}$），$K^* = 1$。利用上述替换及德拜长度定义［方程（2-54）］，有

$$S = \frac{2}{3}\left(\frac{\sqrt{2}}{K^*}\right)^{1/2}\lambda_D\left(\frac{|qV_s|}{kT}\right)^{3/4} \tag{5-27}$$

既然鞘层厚度必须总要至少在德拜长度的量级，此 S 的表达式要求 $|qV_s|/(kT) \gg 1$。这一简单的表达式是基于忽略了被排斥粒子这一假设的，这只有在 $|qV_s|/(kT) \gg 1$ 时才成立，因为被排斥粒子密度量级 $\exp[-|qV_s|/(kT)] \ll 1$。在方程（5-27）中，S 有时称为 Child-Langmuir 长度。该方程意味着在高电势情况下发自表面的电场向外延伸出的距离量级 $\lambda_D[|qV_s|/(kT)]^{3/4} \gg \lambda_D$。如果要使平板假设成立，也必须是 $S \ll R_s$ 的情形。

鞘层厚度决定了电荷被收集的区域，对于确定能够流向给定电势 V 的探针的最大电流十分重要。这可以通过检验鞘层边界电场随着入射电流及粒子密度的增长而演化的情况（见图5-5）来理解。开始时，电流很低，S 和表面间的电势剖面是线性的；随着电流增长，特别在 $y = S$ 处，剖面开始变平缓。一旦达到空间电荷限制条件，S 处电场变为零，电流密度由方程（5-25）给定。如果进入系统的电流增长，$y = S$ 处的电场就会反向并排斥电流，不再允许电荷注入。所以，空间电荷限制的电流也是能够流向一个给定鞘层尺度的表面的最大电流。在静电等离子体推进器（离子发动机）中会出现这种情况，成为推进器运行的重要限制因素。或者，如果电流密度被远场电流固定了，鞘层可由方程（5-27）确定。

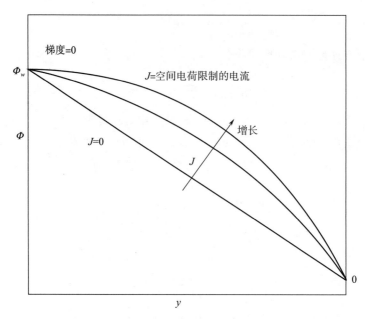

图 5 - 5 一维系统中电势随着电流增长的演化

在推导 Child - Langmuir 定律过程中，鞘层中的被排斥粒子被忽略了。虽然有时候对鞘层本身是对的，但在鞘层外是不成立的，这将在下面的讨论中看到。假设 1 类粒子被加速向壁运动，2 类粒子从壁向外排斥，并且边界 $y=S$ 处等离子体是准中性的（即，在边界处 $n_1 \approx n_2$）。为简单起见，考虑如下情形：1 类粒子是冷的（$kT_1=0$），但在边界 $y=S$ 处有定向速度 $v_0 \neq 0$；这是必要的，否则 $n_1(y=S)$ 只能趋于无穷大才能给出一定的电流值。所以，在 $y=S$ 处，1 类粒子的分布函数是

$$f_1 = n_0 \delta (v - v_0) \tag{5-28}$$

其中，$\delta(x)$ 是 delta 函数。因为等离子体被认为是无碰撞的，刘维定理（Bittencourt，1986）声明满足弗拉索夫方程（5 - 17）的分布函数必须只能是弗拉索夫方程的特征量的函数，而弗拉索夫方程的一个特征量是粒子能量 E，这意味着 1 类粒子的分布函数是

$$f_1(y,v) = n_0 \delta \left(\sqrt{\frac{2E}{m}} - v_0 \right) = n_0 \delta \left(\sqrt{v^2 + \frac{2q_1 V}{m_1}} - v_0 \right) \tag{5-29}$$

该分布函数在 $y=S$ 处简化为方程（5 - 28），并且因为它是弗拉索夫方程的一个特征量的函数，因此在任何位置也满足弗拉索夫方程。

因为 2 类粒子的分布函数应接近于热力学平衡，假定为

$$f_2(y,v) = n_0 \left(\frac{m_2}{2\pi kT_2} \right)^{1/2} \exp \left[- m_2 (v^2 + 2q_2 V/m_2) / (2kT_2) \right] \tag{5-30}$$

定义无量纲变量

$$\eta = -q_1 V / (kT_2) \tag{5-31}$$

$$u = v / \sqrt{2kT_2/m_1} \tag{5-32}$$

$$\xi = y / \sqrt{\epsilon_0 kT_2 / (n_0 q_1^2)} \tag{5-33}$$

1 类粒子是被加速的，所以 $q_1 V < 0$ 而 $\eta > 0$。注意速度 $(2kT_2/m_1)^{1/2}$ 类似于离子声速 (Bittencourt，1986)，长度 $[\epsilon_0 kT_2/(n_0 q_1^2)]^{1/2}$ 是该等离子体中被吸引的冷粒子的德拜长度。密度可由分布函数对速度空间积分得到

$$n_1 = \frac{n_0}{1 + \eta/u_0^2} \tag{5-34}$$

$$n_2 = n_0 \exp(-\eta) \tag{5-35}$$

其中，u_0 是 v_0 的无量纲化。泊松方程变为

$$\frac{\mathrm{d}^2 \eta}{\mathrm{d} y^2} = \frac{1}{1 + \eta/u_0^2} - \exp(-\eta) \tag{5-36}$$

在 $\eta \gg 1$ 极限下，该方程变为方程（5-23）的无量纲形式。该方程可以利用空间电荷限制假设进行一次积分

$$\frac{1}{2}\left(\frac{\mathrm{d}\eta}{\mathrm{d}y}\right)^2 = 2u_0^2 [(1 + \eta/u_0^2)^{1/2} - 1] + [\exp(-\eta) - 1] \tag{5-37}$$

要求 $(\mathrm{d}\eta/\mathrm{d}y)^2 \geqslant 0$，在 $\eta \approx 0$ 附近做泰勒展开给出

$$v_0 \geqslant \sqrt{kT_2/m_1} \tag{5-38}$$

这就是著名的玻姆鞘层准则。其物理意义是，在表面附近一个稳定的鞘层要想存在，进入鞘层的被吸引粒子必须高于某个最低速度，该最低速度与被排斥粒子的特征相关。如果被吸引粒子不是以一个最低速度进入鞘层，就不会形成稳定的鞘层而导致鞘层产生振荡。进入鞘层的被吸引粒子存在最低速度的概念，意味着这些粒子已经被一个电势差加速了约为被排斥粒子能量的数量级。所以，电场不可能在某点变为零，而是必须以一个低电场跨越鞘层延伸到准中性等离子体之中，电场的幅值必须满足到鞘层边界的电势降落相当于被排斥粒子能量的量级，这就是预鞘层的概念。如果被吸引粒子是离子，则此最小速度是 $\sqrt{kT_e/m_i}$，鞘层外的电势降落为 kT_e/e。此最小速度 $\sqrt{kT_e/m_i}$ 称作玻姆速度，与离子声速 $c_s = \sqrt{2kT_e/m_i}$ 相关。离子声速是指声波在等离子体中传播的速度，该波速是波传播中满足以离子惯性平衡电子热压力所需要的速度。

　　前面的所有推导都是针对平板系统的。这样一个系统的优点是容易解析处理，但不足之处是，这样一个系统的边界没有在无限远，这在物理上是不可能的。Al'pert et al. (1965) 对圆球在 $T_e = T_i = T$ 的等离子体中的空间电荷限制下的电荷收集情况进行了计算。对于鞘层距离 $S = \lambda_D (e|V_s|/kT)^{3/4}$ 满足 $S \ll R_c$（R_c 是球半径）的情形，利用定义

$$I_0 = 4\pi R_c^2 \frac{n_0 \bar{c}}{4} = n_0 R_c^2 \sqrt{8\pi kT/m} \tag{5-39}$$

被吸引粒子的电流如表 5-3 所示给出。此方程中，I_0 是静止的麦克斯韦等离子体中撞击到球面的随机电流。在大电势（仍然保证使系统满足薄鞘极限）情况下，球体收集的电流比随机电流提高了 47%，这是因为有预鞘层的结果，这在球形系统中导致鞘层的电场延伸到等离子体中比球半径更远的距离。

表 5-3　$\lambda_D[e\mid V_s\mid/(kT)]^{3/4}\ll R_c$ **条件下** I/I_0 **随** $e\mid V_s\mid/(kT)$ **的变化**

$e\mid V_s\mid/(kT)$:	0	$e\mid V_s\mid/(kT)\ll1$	0.25	0.50	0.75	1.0	$e\mid V_s\mid/(kT)\ll(R_c/\lambda_D)^{4/3}$
I/I_0:	1	$1+e\mid V_s\mid/(kT)$	1.18	1.26	1.33	1.38	1.47

5.2.2.2　厚鞘极限

前面关于薄鞘近似的理论假设鞘层效应主导着流向卫星的电流，这强调了泊松方程和卫星周围的空间电荷的影响。相反极限下，忽略等离子体鞘层和空间电荷以便在一级近似下满足拉普拉斯方程（泊松方程右边为零），实际上转化为假设 $\lambda_D\gg R_s$。对于球形对称，能量和角动量守恒意味着对于从无穷远到达卫星的被吸引粒子，有

$$\frac{1}{2}mv_0^2=\frac{1}{2}mv_{R_s}^2+qV_s \tag{5-40}$$

$$mR_iv_0=mR_sv(R_s)$$

式中，v_0 是周围等离子体中被吸引粒子的速度；R 是碰撞参数，相对于半径 R_s 的卫星的掠入射轨迹，$R=R_i$。

求解碰撞参数 R_i（只有满足 $R<R_i$ 的粒子能够到达表面 R_s）

$$R_i^2=R_s^2\left(1-\frac{2qV_s}{mv_0^2}\right) \tag{5-41}$$

而 $(R_i-R_s)\simeq R_i$ 等价于定义了一个厚度为 S 的薄鞘，因为它也是粒子被拉入的区域的尺度。

对于一个单能粒子束，撞击到卫星表面的总电流密度是

$$j(V_s)=\frac{I}{4\pi R_s^2}=\frac{I}{4\pi R_i^2}\frac{R_i^2}{R_s^2}=j_0\left(1-\frac{2qV_s}{mv_0^2}\right) \tag{5-42}$$

式中，j_0 是周围鞘层外的电流密度，由 $j_0=n\bar{c}/4$ 给出。

这就是所谓的"厚鞘，轨道限制的"电流关系式。在鞘层建模中，它代表着相对于薄鞘的另一极端。等离子体密度如此之低，以至决定粒子是否能够被表面吸引的是每个粒子在远场的轨道参数（能量、角动量）。而在薄鞘极限下，收集的电流是由表面上方的自洽空间电荷决定的，而不依赖于粒子在远场的能量和动量。

厚鞘极限结果很容易拓展到更复杂的分布。Prokopenko and Laframboise（1980）已经用类似方法推导了球形、无限长圆柱和平板（即三维、二维和一维情形）的收集电流密度在轨道限制下的解的普遍形式。对于被吸引粒子

球

$$j=j_0(1+Q) \tag{5-43}$$

圆柱

$$j=j_0[2(Q/\pi)^{1/2}+\exp(Q)\mathrm{erfc}(Q^{1/2})] \tag{5-44}$$

平板

$$j=j_0 \tag{5-45}$$

对于被排斥粒子

$$j = j_0 \exp(Q) \qquad (5-46)$$

其中

$$Q = -qV_s/(kT) \qquad (5-47)$$

且对被吸引粒子 $Q > 0$，而对被排斥粒子 $Q < 0$。

这些充电的一维、二维及三维几何效应示于图 5-6，从中可以得出几个结论。首先，Prokopenko 和 Laframboise 关于球形的结果与方程（5-42）（用 kT 代替 $mv_0^2/2$）的厚鞘情况下是完全一致的。很显然，平板模型的解从概念上等价于薄鞘模型，因此方程（5-43）到方程（5-45）又另外定性地给出了关于航天器收集电流随着德拜长度与卫星尺度之比从很小值（薄鞘或平板）变到较大值（厚鞘或球形）而改变的物理图像。

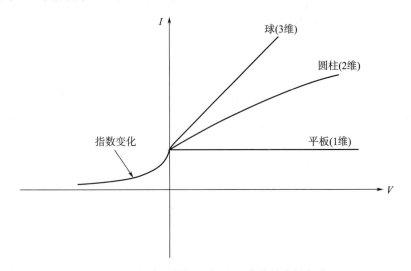

图 5-6 　轨道限制的电流-电压曲线的定性行为

然而，厚鞘模型只具有有限的适用性。Al'pert et al.（1965）注意到等离子体中电场随着距离衰减可以快于或慢于"$1/r^2$"，但在无穷远总会正好回到 $1/r^2$，这对保证电场在无穷远处规律一致性是必要的。可以证明，轨道限制的电流收集模型正确的必要条件是，在离开物体 $\lambda_D \gg R_s$ 的距离上电场衰减得比 $1/r^2$ 慢；如果电场衰减得比这迅速，则有可能形成俘获轨道并且轨道上有关的空间电荷会影响进来的被吸引粒子的轨道。Al'pert et al.（1965）研究表明，对一个厚鞘极限下的球形系统（$\lambda_D \gg R_s$），被吸引电流如下给出

$$j = j_0 \left(1 + \frac{e|V_s|}{kT} \right), \quad e|V_s|/(kT) \ll (\lambda_D/R_s)^8 \qquad (5-48)$$

和

$$j = 0.951 j_0 \left[\frac{e|V_s|}{kT} \left(\frac{\lambda_D}{R_s} \right)^{4/3} \right]^{6/7}, \quad e|V_s|/(kT) \gg (\lambda_D/R_s)^8 \qquad (5-49)$$

前者是以前给出的轨道限制结果，后者是空间电荷限制的结果，得到

$$j = 1.47 j_0 \frac{R_{sc}^2}{R_s^2} \qquad (5-50)$$

这里，空间电荷限制的球形鞘层半径 R_{sc} 可自洽确定（不像平板情况）为

$$\frac{R_{sc}}{\lambda_D} = 0.803 \left[\frac{e \mid V_s \mid}{kT} \frac{R_s}{\lambda_D} \right]^{3/7} \qquad (5-51)$$

方程（5-49）也是在 $\lambda_D \ll R_s$ 而 $S = \lambda_D [e \mid V_s \mid /(kT)]^{3/4} \gg R_s$ 情况下使用的方程。这是适用的，因为电势足够强可以拉入足够的电荷来影响粒子轨道，而不是粒子轨道仅仅由轨道参数决定。

从所给出的简单分析中可以得出三维充电的几个结论。首先，鞘层相对于充电对象的尺度对确定被吸引粒子的 $I-V$ 特性、进而求解电流平衡方程是十分重要的。没有空间电荷时，对于厚鞘情况（即卫星的几何特征决定了充电的细节）鞘层可以被有效地忽略。对于薄鞘，卫星电势的德拜屏蔽变得重要，因为在离开表面几个德拜长度的距离上卫星电势就衰减几个量级，这也严重限制了卫星可以从周围环境中拉回的返回电流。对于电子发射，这会严重影响束流行为。

前面的概念在航天器充电建模中得到广泛应用，采用轨道限制方程的简单模型通常被用来估算 GEO 航天器对空间的电势。即使这种解析的探针理论有实际的应用，但它不考虑复杂几何形状和卫星鞘层的空间电荷对粒子轨迹的效应。要包括这些鞘层的三维效应对粒子轨迹的影响，有必要寻求方程（5-15）～方程（5-17）的自洽数值解。典型情况下这不可能解析求解，必须采用迭代程序。

现考虑如下情况来对所要求的迭代程序做一简单的解释。假设航天器处于固定电势，其电势最初不受周围等离子体影响，接下来对周围环境中的粒子沿着其落入航天器势场的轨迹进行追踪。这些轨迹按照等效电势 $U(r, L)$ [见 Bernstein and Rabinowitz（1959）和 Garrett（1981）] 可分为四类：

第一类：粒子具有足够大的动能和足够低的角动量以到达航天器表面，或从航天器表面到达无穷远。这些粒子对航天器电流贡献一次。

第二类：粒子从无限远开始但永远不能到达航天器，因为被排斥在距离航天器某个最小距离之外。不过，若粒子轨道穿过关心的区域，这些粒子对所研究区域贡献了两次。

第三类：粒子来自航天器但被反射回到表面，这些粒子也对所研究区域贡献了两次。

第四类：粒子处在航天器周围的俘获轨道。

接下来，对每个轨迹，根据粒子类型计算航天器表面每一点和航天器周围空间的粒子通量，用来确定每点的粒子密度。空间的电荷密度和到达航天器的电流用来重新计算电势场——通过这种方法空间电荷效应被显性地包含进来。此过程不断重复直到获得一个自洽解。在这一点上我们就有了一个对三维充电问题的完整描述：航天器表面及空间每一点的粒子通量，航天器附近空间的电荷密度，以及航天器上和周围的电势及电场。

理论上，这种计算允许对航天器充电和收集电流进行自洽的三维求解，这已经以几种不同方式得以应用。概念上最直观的数值计算方法是所谓的粒子推进技术，一个例子就是 NASCAP 程序（Katz et al.，1977；Rubin et al.，1980）。该程序基于泊松方程和粒子运动及电荷沉积的交互求解，程序假设充电通过一系列平衡态进行。程序通过一系列相互嵌套的网格进行计算，系统允许就任何实际上希望的尺寸建模，程序通过简单的立方体或切

片构建复杂的航天器。采用了两种方法来计算航天器表面一个单元的沉积电荷：第一种方法中，粒子从航天器表面出发然后做时间逆向跟踪，这是基于相空间弗拉索夫方程的不变性，比从远场到航天器表面追踪粒子更富有效率；在另一种方法中，航天器表面的一部分按球形建模，基于前面总结的轨道限制理论计算到达其上的微分粒子通量。NASCAP 包括二次电子电流和光电子电流，有很多空间常用材料的材料特性数据库。既然 NASCAP 在粒子追踪中默认使用了轨道限制理论，它主要适用于空间电荷效应通常可忽略的 GEO 航天器。在 5.2.3 节，将针对 GEO 航天器给出使用 NASCAP 的样品充电计算和前面提及的简单建模示例。

5.2.3　GEO 航天器的充电电势

对处于空间环境中的航天器任意表面，充电平衡方程说的是在平衡状态下到达表面的净电流必须为零。航天器表面是由不同材料组成的单元拼接而成（Grard，1983），各单元在构型和组成上都可以很复杂。例如，太阳能电池不仅包含半导体材料，而且还有绝缘的玻璃盖片用于辐射防护；热毯可以有多层镀铝聚酰亚胺或聚酯薄膜；表面辐射体可以由石英或其他绝缘体组成。绝缘表面的特征厚度在 $10 \sim 50~\mu m$ 之间，材料电阻为 $10^{17} \sim 10^{18}~\Omega$，涂漆表面电阻在 $10^{12}~\Omega$ 量级。当今的 GEO 航天器电荷控制设计实践要求所有的导电表面都通过航天器的接地母线接地，接地母线因此成为所有电子模块和功率模块的参考地。虽然完整地计算航天器上的电势要求仔细考虑每个表面的电势和表面之间的电流，不过，通过对一个单独的点的电流平衡方程解析求解还是能够洞察到很多有价值的信息。然而，这假设了所有的电流实际上可以到达或离开航天器上指定的点，这在 GEO 并不总是成立的，因为周围等离子体的德拜长度比典型的航天器尺寸大得多，所以，航天器上一个高充电的部位可以通过电场影响到相邻其他部位的收集电流，当这种情形发生时航天器上每一处的电流都将受到影响，进行完整的数值计算就十分必要了。

通过一个简单的情形可以洞察，一个处于阴影中、无二次电子发射和背散射电流的表面充电的物理过程。对于一个由两个麦克斯韦分布成分组成的等离子体，一个电子成分和另一个质子成分，由方程（5-43）和方程（5-46）计算到达一个球体的轨道限制的净电流密度（通量）是

$$j_{net}(V_s) = j_{0e} \exp[-e|V_s|/(kT_e)] - j_{0i}[1 + e|V_s|/(kT_i)], \quad V_s < 0 \quad (5-52)$$
$$j_{net}(V_s) = j_{0e}[1 + e|V_s|/(kT_e)] - j_{0i} \exp[-eV_s/(kT_i)], \quad V_s > 0 \quad (5-53)$$

对于 $V_s = 0$，有

$$j_{net} = j_{0e} - j_{0i} \propto \left(\sqrt{T_e/m_e} - \sqrt{T_i/m_i} \right) \quad (5-54)$$

因为 $m_e \ll m_i$，并且如果不是 $T_i \gg T_e$，可以发现 $j_{net} \approx j_{0e} > 0$。此外，由方程（5-53）有 $dj_{net}/dV_s > 0$，当 $V_s > 0$ 时，方程 $j_{net} = 0$ 没有根。所以，由方程（5-52），$j_{net} = 0$ 的解是

$$V_s = -\frac{kT_e}{e} \ln\left[\sqrt{\frac{T_e m_i}{T_i m_e}} \left(1 - \frac{eV_s}{kT_i}\right) \right] \quad (5-55)$$

对于质子，$\sqrt{m_i/m_e} \approx 43$，当 $T_e \approx T_i$ 时，V_s 的解为 $V_s \approx -2.5 kT_e/e$，因此净电流为零

时表面电势为电子温度的量级。这可以从物理上做如下解释，表面电势相对于空间为零时，电子相对质子更灵活意味着到达表面的净电流主要由电子电流主导，要使电子电流降低到质子电流的水平（以满足电流平衡），表面电势一定是负的才能排斥电子及提高质子电流。既然表面零电位时电子电流远大于质子电流，表面将积累负电荷，因此，表面负电势不断增长，使越来越多的电子被排斥。与电子温度成正比的表面电势一直增长到入射电子和质子之间建立电流平衡。

上述简单模型可以推广到考虑二次电子发射和多麦克斯韦分布等离子体的更加复杂的情形。如果考虑多麦克斯韦分布等离子体（没有光电子、二次电子发射或背散射电子）中的一个表面，那么对于 $V_s < 0$，净电流密度为

$$j_{\text{net}}(V_s) = \sum_{k=1}^{2} \{j_{0e_k} \exp[-e|V_s|/(kT_{e_k})] - j_{0i_k}[1 + e|V_s|/(kT_{i_k})]\}, \quad V_s < 0$$

(5-56)

对于 $n_{e_1} \approx n_{e_2}$ 且 $T_{e_2} > T_{e_1}$，与 T_{e_2} 相关的电子电流密度比与 T_{e_1} 相关的电子电流密度大，要达到电流平衡，这种情况下的表面电势必须排斥高能电子成分，得到表面电势为 $V_s \approx -kT_{e_2}/e$［见方程（5-55）］。这意味着处于阴影中的 GEO 航天器的电势可以达到 $-10\,000 \sim -30\,000$ V（即正比于高能成分的电子温度）。

如果接下来把光电子包括进来，净电流为

$$j_{\text{net}}(V_s) = \sum_{k=1}^{2} \{j_{0e_k} \exp[-e|V_s|/(kT_{e_k})] - j_{0i_k}[1 + e|V_s|/(kT_{i_k})]\} - j_{ph0}, \quad V_s < 0$$

(5-57)

$$j_{\text{net}}(V_s) = \sum_{k=1}^{2} \{j_{0e_k}[1 + eV_s/(kT_{e_k})] - j_{0i_k} \exp[-eV_s/(kT_{i_k})]\} -$$

$$j_{ph_0} \exp[-eV_s/(kT_{ph})][1 + eV_s/(kT_{ph})], \quad V_s > 0$$

(5-58)

这里，由5.2.1.2节，零电势下的光电子电流是 j_{ph_0}，kT_{ph} 是光电子离开表面的平均能量。从5.2.1.2节可知，$j_{ph_0} \gg j_{0e_{1,2}}$，$V_s = 0$ 意味着净电流为负；对于 $V_s \to \infty$，方程（5-58）的净电流为正；所以，$V_s > 0$ 时 $j_{\text{net}} = 0$ 必然存在一个根。由方程（5-58）可得

$$V_s \approx \frac{kT_{ph}}{e} \ln\{j_{ph_0}[1 + eV_s/(kT_{ph})]/j_{0e2}\}$$

(5-59)

因为有可能 $kT_{ph} \ll kT_{e_2}$。由此可见，$V_s \sim kT_{ph}/e$。电流平衡是在出射的光电子和入射的热电子之间建立的，因为发出的光电子电流比周围环境的电子电流大很多，航天器表面电势相对于空间电势为正，以便增加入射的电子电流，表面电势必须增长到相当于光电子发射的平均能量量级，因而光照表面可以建立 $+2 \sim +5$ V 量级的电势。不过，这样的结果需要谨慎对待，因为假设了不存在外部势垒阻止光电子的发出。在5.2.3.1节中将会看到，这种假设并非总是成立。

接下来要考虑的情形是一个处于黑暗中且有二次电子发射的表面（注意：背散射电子将不予考虑，它将作为多麦克斯韦分布等离子体的一个特殊情况被包含进来，因为背散射电流的主要效果是按一定比例减小入射的电子电流）。如果将方程（5-4）对入射的麦克

斯韦分布函数进行积分，并假设电子沿表面法向入射，则净电流密度（Prokopenko and Laframboise，1980；Hastings，1986）为

$$j_{\text{net}}(V_s) = \sum_{k=1}^{2} \left\{ j_{0_{e_k}} \exp\left[-e\,|V_s|/(kT_{e_k})\right] \times \left[1 - \bar{\delta}\left(\frac{kT_{e_k}}{E_{\max}}\right)\right] - j_{0_{i_k}}\left[1 + e\,|V_s|/k(T_{i_k})\right] \right\}, \ V_s < 0 \tag{5-60}$$

$$j_{\text{net}}(V_s) = \sum_{k=1}^{2} \left\{ j_{0_{e_k}}\left[1 + e\,|V_s|/(kT_{e_k})\right] - j_{0_{i_k}} \exp\left[-eV_s/(kT_{i_k})\right] \right\} - \\ j_{0_{e_k}}\bar{\delta}\left(\frac{kT_{e_k}}{E_{\max}}\right) \exp\left[-eV_s/(kT_{sec})\right]\left[1 + eV_s/(kT_{sec})\right], \ V_s > 0 \tag{5-61}$$

方程中，kT_{sec} 是二次电子离开表面的能量。函数 $\bar{\delta}(x)$（其中 $x = kT_{e_k}/E_{\max}$）是垂直入射条件下二次电子产额对麦克斯韦分布函数的积分，近似取

$$\bar{\delta}(x) = 7.4\delta_{e_{\max}}\left\{x^3 + \frac{9}{2}x^2 + 2x - x^{3/2}\exp(x)\left(x^2 + 5x + \frac{15}{4}\right)\sqrt{\pi}\left[1 - \text{erf}(\sqrt{x})\right]\right\} \tag{5-62}$$

它具有如下特性：$x \ll 1$ 时，$\bar{\delta}(x) \sim x$；$x \gg 1$ 时，$\bar{\delta}(x) \sim 1/x$。假设 $x \simeq 0.55$ 时的最大值为 $0.88\delta_{e_{\max}}$，在表面电位为零时，方程（5-61）给出

$$j_{\text{net}}(0) = \sum_{k=1}^{2}\left[j_{0_{e_k}} - j_{0_{i_k}} - j_{0_{e_k}}\bar{\delta}\left(\frac{kT_{e_k}}{E_{\max}}\right)\right] \tag{5-63}$$

对于 $j_{\text{net}}(0) > 0$，前面的论述表明 V_s 必须为负；而对于 $j_{\text{net}}(0) < 0$，与光电子情况类似，可能存在表面正电位。从光电子情况类推，这种情况下的表面电势 $V_s \sim kT_{sec}/e$。电流平衡是在入射的热电子和离开的冷二次电子之间建立的。由上述讨论中可以清楚地看出，$j_{\text{net}}(0) = 0$ 代表着航天器表面带正电位或负电位的边界条件。对于单麦克斯韦分布等离子体，忽略离子电流的微弱贡献，方程（5-61）变为

$$0 = j_{0_e}\left[1 - \bar{\delta}\left(\frac{kT_e}{E_{\max}}\right)\right] \tag{5-64}$$

该方程意味着定义了一个依赖于材料的关键温度或临界温度 T^*，使得

$$\bar{\delta}\left(\frac{kT^*}{E_{\max}}\right) = 1 \tag{5-65}$$

在单麦克斯韦分布的等离子体中，如果环境等离子体的电子温度超过该临界温度，航天器表面可能充负电；如果环境电子温度低于该临界温度，则航天器表面可能充正电。注意，一旦方程（5-65）满足，就会存在两个 T^* 值满足该条件（见图 5-2），不过对所有的材料第一个单位穿越点出现在很低的能量，典型为 $40 \sim 80$ eV，比典型的 GEO 环境电子能量低，所以，临界温度定义为二次电子曲线上第二个单位穿越点，具有 $\bar{\delta}(kT^{*-}/E_{\max}) > 1$ 和 $\bar{\delta}(kT^{*+}/E_{\max}) < 1$ 的特性。当电子温度发生跨越 T^* 的微小改变，就会在表面电势上出现剧烈而突然的变化，这已经在 ATS-5 和 ATS-6 卫星数据上得到直接的显示，卫星相对空间的电势作为电子温度的函数曲线示于图 5-7。图中，卫星相对空间的表面电势一直很低，如上述讨论中预示的一样，直到电子温度达到一个约 1 500 eV

的临界值，表面电势变成负值并随着电子温度升高而增长。表 5-4 中给出了一些材料的临界温度评估值（Lai，1991）。

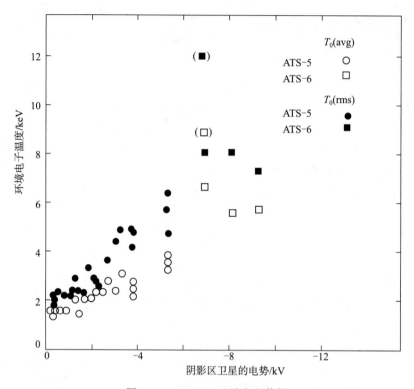

图 5-7　ATS-5 卫星充电数据

[来自 Garrett，Reviews of Geophysics，vol. 19，pp. 577-616，1981，美国地球物理学会版权所有]

表 5-4　一些材料的临界温度

材料	T^*/eV
聚酰亚胺	500
特氟隆	1 400
Cu-Be	1 300
Cu-Be(活泼的)	3 700
银	1 200
金	2 900
氧化镁	2 500
二氧化硅	1 700

在有些情况下，航天器表面存在充正电或负电的选择，这种情况出现在电流平衡方程允许不只一个根而是三个根存在的条件下（Prokopenko and Laframboise，1980；Hastings，1986；Lai，1991b）。Lai（1991b）证明，三个根存在的必要和充分条件是

$$j_{net}(0) < 0 \tag{5-66}$$

$$\max[j_{net}(V_s)] > 0, \quad V_s < 0 \tag{5-67}$$

这显示于图 5 - 8 中 [Lai (1991b)]。（注：曲线给出的是通量而非电流密度，结果应该乘以 -1 才得到上面讨论的结果。）图中显示了三个根，中间根总是不稳定的，因为 $\mathrm{d}j_{\mathrm{net}}/\mathrm{d}V_s |_{V=V_{s0}} < 0$。方程（5 - 19）相关的讨论表明由这个根会发生指数偏离。两个稳定的根会导致到底哪一个根被选择的不确定性，这种双平衡解的情况类似于经典的范德瓦尔斯相变理论（Nicolis and Prigogine，1977），每个平衡态都可以理解为一个稳定的相，从一个相跳到另一个相可理解为相变。如果每个相都不会受到扰动，那么初始状态就决定了选择哪一个根。例如，如果初始时表面充的是正电位，当条件变化到允许存在两个稳态解时，只要正根存在表面就会处在正电位状态。然而，如果环境参量存在足够强的扰动，就可以定义一个类似于吉布斯自由能的自由能函数，它唯一地确定了任意环境条件下的最可几解（Hastings，1986）。

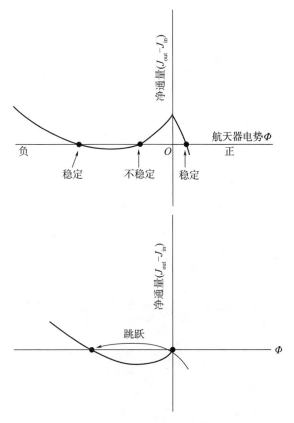

图 5 - 8　存在三根情况下的通量-电压行为

在图 5 - 9～图 5 - 11 中，Lai（1991b）显示了使用双麦克斯韦电子密度及温度估算值得到的多根现象，数据来自 SCATHA 卫星 1979 年第 114 天。热电子密度及温度相对恒定，而较冷成分等离子体的密度和温度随时间严重变化。SCATHA 卫星安装了一个端部由铜铍合金（Cu - Be）制成的伸杆，合金的二次电子发射特征参量假定为 $\delta_{e_{\max}}$ =5，$E_{\max}$ =400 eV。假设热等离子体成分的密度为 0.9 cm^{-3}，热等离子体成分的温度为 24.8 keV，三根区的解以冷成分的密度和温度形式给出，如图 5 - 10 所示。图中分别给出了负电势、正电势及三根区域，临界温度 T^* 对应于三根刚刚出现的区域。图 5 - 10 中点 1～6 状态下通量随电势的变化曲线做于图 5 - 11 中。根据理论预测，Cu - Be 表面电势可以从三种可能的状态开始，但最终落到一个很高的负电势解。

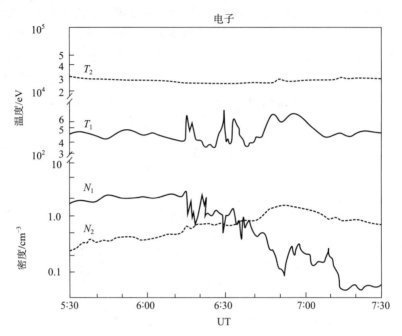

图 5 - 9　SCATHA 卫星 1979 年第 114 天的环境电子的双麦克斯韦分布参量

［来自 Lai，Journal of Geophysical，vol. 96，pp. 19269 - 81，1991a，美国地球物理学会版权所有］

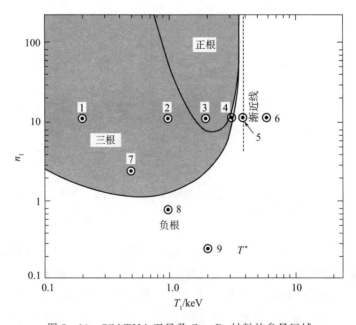

图 5 - 10　SCATHA 卫星及 Cu - Be 材料的参量区域

［来自 Lai，Journal of Geophysical，vol. 96，pp. 19269 - 81，1991a，美国地球物理学会版权所有］

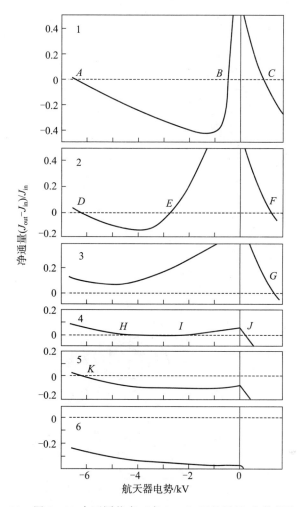

图 5 - 11　图 5 - 10 中不同状态（点 1～6）下的通量-电势行为曲线

［来自 Lai，Journal of Geophysical，vol. 96，pp. 19269 - 81，1991a，美国地球物理学会版权所有］

5.2.3.1　势垒

前面讨论的对一个点的表面电势的简单计算从物理上提供了对充电过程有价值的理解，但对复杂表面则不能可靠地给出充电电势。这可以从一个 NASCAP 程序对处于 GEO 的聚酰亚胺球体在光照下的充电模拟算例显示出来。在图 5 - 12 中给出了聚酰亚胺球体在几个不同时刻的电势廓线。开始时（零秒）光照侧从 2 V 正电位开始，在入射电子和离开表面的光电子间形成电流平衡，阴影面充负电。半秒以后阴影侧被充电到 - 8 V，而光照侧到 3 V。然而，由于附近存在正偏压面和电场的双极结构［见 Besse and Rubin (1980)］，在光照面上方形成一个 + 1 V 的势垒。随着时间的推移，势垒继续增长，但到达某一点时低能的光电子不能再从表面逃逸，一旦出现这种情况，整个球面就会整体充负电；大约 1 000 s 后达到充电平衡，卫星的悬浮电位达到 - 18 kV。这种复杂的充电行为表明了三维结构效应在航天器充电建模中的重要性，这一问题将在 5.2.4 节中探讨。

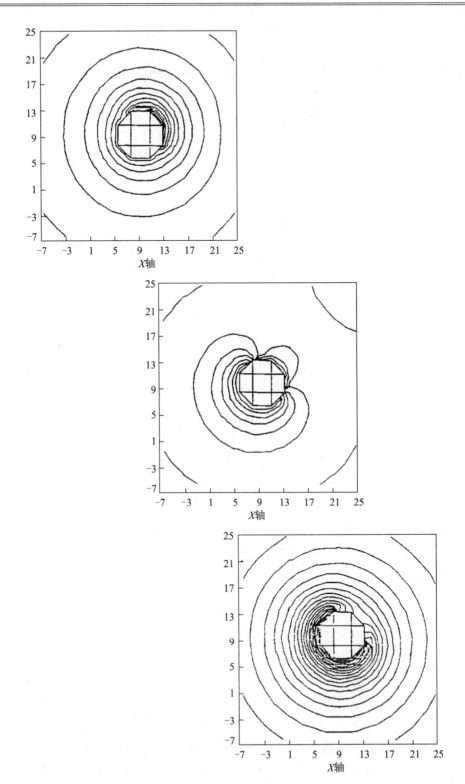

图 5-12　势垒的形成过程，光照下聚酰亚胺球在 0.024 s、0.5 s
及充电平衡时的表面电势，太阳在右上角方向

5.2.4　GEO 航天器的电势、异常及电弧放电

在前面的章节中对 GEO 航天器上孤立表面进行了充电建模，然而由于三维效应的存在，实际的航天器充电要求具有类似 NASCAP 的三维充电程序。本节中提供了对 SCATHA 卫星的模型预测。SCATHA 卫星发射于 1979 年 1 月，是一个运行于近地球同步轨道的三轴稳定卫星。它携带了多种仪器来测试表面电势、放电脉冲及空间环境。SCATHA 卫星的结果已经广泛发表于档案文献（Adamo and Matarrese，1983；Koons，1983；Gussenhoven and Mullen，1986；Mullen et al.，1986；Craven，1987；Koons et al.，1988；Koons and Gorney，1991）中。图 5 - 13 是 SCATHA 卫星简图，它的 NASCAP 模型显示于图 5 - 14 中。

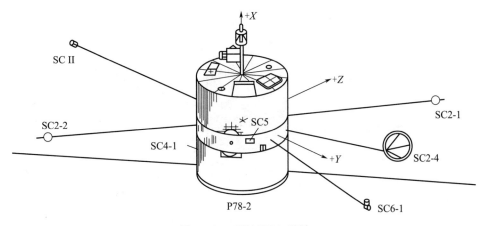

图 5 - 13　SCATHA 卫星

SCATHA 卫星的表面以下有六块完全分开的导体，即卫星的地，卫星腰部周围的参考带，以及四个实验安装配件（分别称作 SC2 - 1、SC2 - 2、SC6 - 1 及 SC6 - 2）。另外，星表的绝大部分覆盖有太阳能电池，电池表面是熔融石英且暴露于空间环境。针对表 3 - 13 中环境效应的 NASCAP 分析展现了每个面的复杂的充电行为。计算表明，在严重的磁层亚暴环境中充电 20 min 后太阳能电池玻璃盖片可以达到 −15 600 V 电压，而卫星的地在 −15 200 V。NASCAP 结果也显示了出现的两种不等量充电：一种是一个绝缘体表面和底层导体之间的不等量充电，另一种是沿着同一个表面或不同表面间的电位梯度产生的不等量充电。NASCAP 结果预示，由第一种不等量充电导致的绝缘材料内部最强电场在腰带的聚酰亚胺表面内部，聚酰亚胺表面充到 −16 400V，而下面的导体只充到 −15 200 V，内部电场预测可达到 ～10^7 V/m，可引起聚酰亚胺介质击穿。第二种不等量充电出现在长杆上，杆的表面材料（有铂带的聚酰亚胺）保持其表面电位接近空间电势，然而根据预测，恰好在杆的端部表面电势跳到 −22 900 V，沿着杆长度方向产生了很大的电势梯度。

俄罗斯也开发了 ECO - M 和 KULON 充电程序，功能与 NASCAP 类似。因为很多俄罗斯卫星运行在 12 h 莫尔尼亚轨道上，这些程序也包含了对辐照引发放电的建模功能。

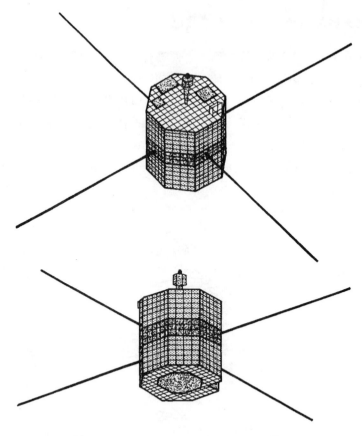

图 5 - 14　SCATHA 卫星的 NASCAP 模型

已经发现，针对不等量充电、电弧放电和辐照引起的充电的整体防护成为很多俄罗斯卫星的设计限制。

　　航天器表面上或表面内的电荷积累可以引起异常，主要是通过电弧放电。航天器异常包括时钟重置、加电重置、仪器的非指令性模式切换等。历史上关于这些异常的最早研究结果之一显示于图 5 - 15，图中画出了异常相对于地方时的分布（注：图中径向距离没有特别意义）。图中的这些异常可以分为两组：第一组集中于地方子夜和黎明之间，该区域与从地球磁尾方向注入并且绕地球向东对流的高能高密度等离子体重叠，预计正是在这一区域航天器具有最高的电势，主要是不等量电势差（尽管后者十分依赖于几何特性）。在该区域放电率也预期会增强。第二组扰动围绕地球均匀分布，目前认为是来自于 GEO 高能电子对暴露电缆的深层介质充电（Vampola，1987），这些高能电子辐照电缆并导致产生较强的内部电场，最终通过电弧放电得以释放，这将在 6.4 节讨论。

　　认识到 GEO 卫星表面及内部电荷积累可以导致很多问题后，使得此类卫星的设计指南得以形成（Purvis et al.，1984）。包括：

　　1）所有导电单元，无论表面还是内部的，要连接到一个共同的地，或者直接连接或者通过一个泄放电阻连接。

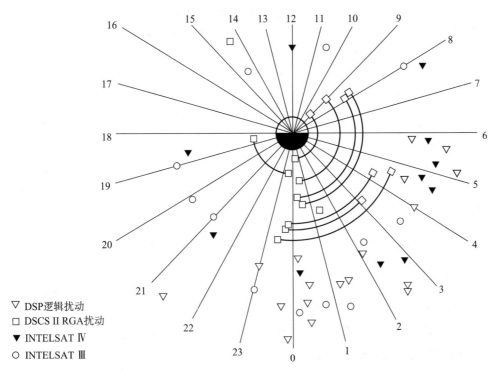

图 5-15　多个在轨运行航天器异常出现的地方时分布图［Rosen（1976），AIAA 版权所有，经许可重印］

　　2）为控制不等量充电，所有的航天器外露表面需要至少是部分导电的。

　　3）航天器主结构、电子部件封装以及电缆屏蔽套应提供一个物理上和电气上连续的、围绕所有电子学系统和走线的屏蔽表面。

　　4）应当使用电滤波来保护电路不受放电引起的扰动。

　　已经证明，采用这些指南设计的航天器对电弧放电引起的扰动具有更强的免疫力。SCATHA 卫星就是上述设计的突出例证——尽管也有很多具有潜在危害的电弧放电，但几乎没遭受什么特别有害的影响。

5.3　LEO 航天器周围的等离子体流

　　表 5-5 给出了基于表 3-8 环境的空间站轨道的等离子体参数，与 GEO 形成对比的是，LEO 环境等离子体相互作用是与航天器周围的等离子体流动密切联系在一起的。采用 2.4 节建立的等离子体无量纲参量，等离子体与空间站的相互作用可以视为中等声速的，对电子和离子均为磁化的，对电子是碰撞的而离子是无碰撞的，以及在航天器尺度上是准中性的。

　　以上每一个因素的重要性接下来都会进行研究，更强调等离子体流给建模过程引入的各向异性，由此带来的结果是 LEO 等离子体环境的建模比 GEO 更加复杂。

表5-5　空间站轨道的等离子体参数

参数	最大值		最小值		平均值	
	e	i	e	i	e	i
$T_{e,i}$ /eV	0.23	0.13	0.07	0.05	0.12	0.09
$v_{th_{ei}}$ /(m/s)	2.8×10^5	1.8×10^3	1.5×10^5	1.1×10^3	2.1×10^5	1.5×10^3
$\omega_{p_{ei}}$ /Hz	1.5×10^7	1.2×10^5	1.4×10^6	1.1×10^4	5.2×10^6	4.3×10^4
Ω_{ei} /Hz	1.2×10^6	8.5×10^1	5.4×10^5	3.6×10^1	7.9×10^5	5.4×10^1
ρ_{ei} /m	8.4×10^{-2}	7.7	2×10^{-2}	2.1	4.2×10^{-2}	4.3
λ_d /m	2.3×10^{-2}		0.1×10^{-2}		0.4×10^{-2}	
v_{ee} /Hz	7.8×10^3		1.1×10^1		4.0×10^2	
v_{ii} /Hz	8.9×10^1		0.2		5.2	

5.3.1　LEO航天器等离子体尾迹结构

4.1节介绍了LEO航天器周围的中性气体流动，LEO航天器周围的等离子体流动与中性气体有着同样的一般特性。在冲压面有一个压缩区而后部有一个尾迹区，但尾迹区有着非常不同的结构，因为电场力和磁场力可以影响粒子的运动（电场力和磁场力可以来自于周围介质或由航天器产生）。一个特别感兴趣的情形是一个带高电压的航天器的尾迹结构和电流收集，例如高功率空间站可能会出现那样。等离子体尾迹具有以下明显特征（Al'pert，1983）：

1）紧随航天器身后，电子及离子密度将比按照中性粒子处理时大得多，电子密度又比离子密度大得多。

2）在航天器身后会出现带电粒子聚焦现象，最大稀疏区落在一个张角为 $\sin^{-1}(c_s/V_0)$ 的锥形面上，这类似于一个超声速飞行器后面的马赫锥。

3）有些条件下，航天器后面的带电粒子聚焦会超过周围等离子体密度。

4）聚焦效应严重依赖于航天器背面表面电势以及温度比 T_e/T_i。

5）在远离航天器但略偏离对称轴的地方，会出现两个增强区。

6）在周围磁场的影响下，远场的尾迹区结构在 V_0/Ω_{pi} 量级的距离上变平滑。

一个复杂航天器的等离子体尾迹区的解析求解是不可能的，然而从一个围绕平板的等离子体流的解析求解可以窥见大量信息（Wang，1991）。对于LEO情况，考虑一个处于冷的无碰撞等离子体流中的二维平板，如果平板上的电势 $\Phi_w(r,t)$ 小于或等于0，那么等离子体中的电子将被排斥并符合玻耳兹曼分布［见方程（2-32）和相关讨论］，平板近场的电势将是

$$\nabla^2\Phi = -(e/\epsilon_0)\{n_i - n_0\exp[e\Phi/(kT_e)]\} \tag{5-68}$$

而冷等离子体的离子密度将由连续性方程和动量平衡决定

$$(Dn_i/Dt) = 0 \tag{5-69}$$

$$(Dv_i/Dt) = -(e/m_i)\nabla\Phi \tag{5-70}$$

其中，D/Dt 是全微分。

在零攻角或接近零攻角，等离子体流场可以划分为三个区（见图 5 - 16）。准中性区标为 Ⅲ 区，鞘层区标为 Ⅰ 区（前缘）或 Ⅱ 区（充分发展的鞘层），最后一个区是尾迹区。在准中性区，综合泊松方程、准中性条件、离子连续性以及动量平衡给出

$$\nabla \cdot (n_i m_i \mathbf{v}_i) = 0 \tag{5-71}$$

$$n_i m_i (\mathbf{v}_i \cdot \nabla) \mathbf{v}_i + \nabla(n_i k T_e) = 0 \tag{5-72}$$

这两个方程和压强为 $p = n_i k T_e$ 的可压缩气流的连续性方程和动量方程是一样的（Vincenti and Kruger，1965）。所以，Ⅲ 区的等离子体流可以作为超声气流问题分析。

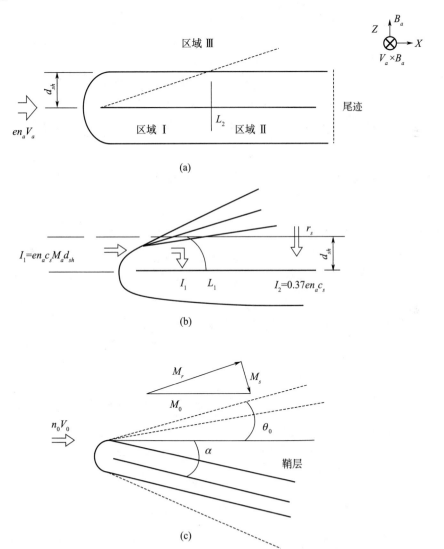

图 5 - 16　零攻角或接近零攻角（$\alpha < \theta_0$）的平板周围的等离子体流场［Wang（1991）］

在 Ⅱ 区，离子必须进入鞘层且满足条件

$$M_s = (v_z^s / c_s) \geqslant 1 \tag{5-73}$$

该方程中，v_z^s 是鞘层边缘的法向速度，这又是玻姆鞘层条件。由Ⅲ区进入鞘层的离子通量是 $\Gamma^s = n_i^s v_z^s = n_i^s c_s$。这是Ⅲ区离子的汇集处。有了这个边界条件，Ⅲ区的解与绕过一个凸角上部的超声气流的 Prandtl – Meyer 膨胀是一样的（Vincenti and Kruger，1965）。膨胀扇形的外部包络是 $\theta_0 = \sin^{-1}(1/M_0)$，其中马赫数 $M_0 = V_0/c_s$。粒子的稀疏由如下关系描述

$$dn_i = \frac{M^2}{\sqrt{M^2-1}} n_i \, d\theta \qquad (5-74)$$

积分得到

$$\ln \frac{n_0}{n_i(\theta)} = -\frac{e\Phi}{kT_e} = \theta \sqrt{M_0^2-1} + \frac{1}{2}\theta^2 \qquad (5-75)$$

离子轨迹的偏转由如下给出

$$d\theta = \sqrt{M^2-1}\,(dM/M) \qquad (5-76)$$

从平板的边缘开始膨胀的扇形区是预鞘层。预鞘层中的扰动是离子声波，当离子经过预鞘层时，它的轨迹向平板偏转，偏转中保证其正常速度总是声速的。根据玻姆鞘层准则并运用方程（5 - 76），鞘层边缘电势为 $\Phi_s = -kT_e/e$，且鞘层边缘的离子密度是 $n_0 \exp[e\Phi_s/(kT_e)] = 0.37 n_0$。因此，到达平板Ⅱ区的离子电流不依赖于平板电势，其值为 $j_i = e\Gamma^s = 0.37 n_0 c_s$。鞘层厚度为

$$\frac{d_{sh}}{\lambda_D} = 1.3 \, |\Phi_w|^{3/4} \qquad (5-77)$$

对于非零攻角（攻角 α 是从流动方向沿顺时针度量的），将对半无限大平板在以其中一个角为中心的极坐标系中进行分析（Lam and Greenblatt，1966）。既然等离子体流是非旋转对称的，可以用一个速度势求解。Lam and Greenblatt（1966）表明对于准中性近似的平板（即忽略鞘层区域），到达平板前表面的离子通量为

$$\Gamma_f(\alpha) = n_0 c_s F_f(\alpha), \; \alpha < \theta_0 \qquad (5-78)$$

$$\Gamma_f(\alpha) = n_0 c_s M_0 \sin\alpha, \; \alpha > \theta_0 \qquad (5-79)$$

而到达尾迹区侧面的离子通量是

$$\Gamma_w(\alpha) = n_0 c_s F_w(\alpha) \qquad (5-80)$$

函数 F_f 和 F_w 如下给出

$$F_f(\alpha) = \exp\left[-\sqrt{M_0^2-1}\,(\theta_0-\alpha) - \frac{1}{2}\,(\theta_0-\alpha)^2\right] \qquad (5-81)$$

$$F_w(\alpha) = \exp\left[-\sqrt{M_0^2-1}\,(\theta_0+\alpha) - \frac{1}{2}\,(\theta_0+\alpha)^2\right] \qquad (5-82)$$

在零攻角以及对于 $M_0 = 8$，$F_w = F_f = 0.37 n_0 c_s$，和以前一样。随着攻角增加，$F_f/(n_0 c_s)$ 在 $\alpha_0 = \theta_0 = 7.1°$ 时增长到1。定义稀疏角 $\delta\theta = |\theta_0 - \theta|$，它满足方程（5 - 75）。对于 $M_0 = 8$，可以发现 $\delta\theta\,(n_i/n_0 = 0.1) = 16.3°$ 和 $\delta\theta\,(n_i/n_0 = 10^{-4}) = 62°$。因此，对于准中性近似下的中等声速等离子体流，平板后方近尾迹区是接近真空的。

对于平板加电压和鞘层不可忽略的情况，尾迹区结构必须数值计算（Wang，1991）。

图 5-17 是一个平板在零攻角下等离子体流二维粒子模拟结果，平板长度为 400 德拜长度，流马赫数为 8，表面电势是 $\Phi_w = -20kT_e/e$。电势结构显示出以平板前缘为中心、由离子声波形成的一个膨胀的扇形区。宏观离子流显示出尾迹区并在几个平板长度的距离上平滑过渡到均匀的流，离子轨迹显示离子被拉入尾迹区。图 5-18 中给出了表面电势 $\Phi_w = -80kT_e/e$ 的平板在两个攻角下的尾迹区结构。对于较大的攻角，有两股离子流被拉入尾迹区，这是由于刚流经平板边缘的离子又被踢进尾迹区的结果（Wang，1991）。这些粒子流碰撞平板背面会导致来自平板的溅射。与这些离子流相关的局部电流密度可以超过周围离子电流密度。

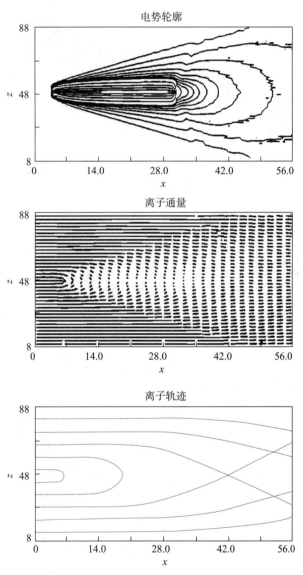

图 5-17　一个处于等离子体流中的带电压平板的近尾迹区

［Wang（1991）］

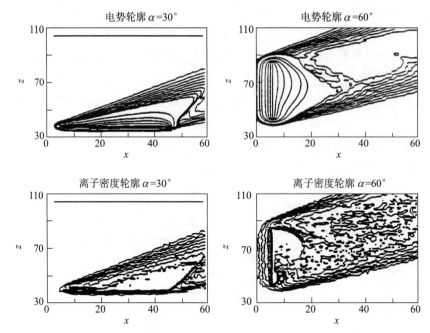

图 5 - 18　一个处于等离子体流中的偏压平板 30°和 60°攻角时的近尾迹区

[Wang（1991）]

处在中等声速的偏压平板周围的尾迹区结构可以用两个参量定量地表征，分别是无量纲电势 $e\Phi_w/(kT_e)$ 和无量纲鞘层比率 d_{sh}/L_t，其中 L_t 是平板长度，鞘层比率 $d_{sh}/L_t =$ $1.3\mid e\Phi_w/(kT_e)\mid^{3/4}/\left(\sqrt{M_0\sin\alpha}\,L_t/\lambda_D\right)$。第一个衡量的是当一个粒子经过时平板可以传递给粒子的有效能量，第二个衡量的是在改变离子轨迹中平板横向可以到达边缘的距离。在图 5 - 19 中显示了尾迹区结构从准中性极限 $e\Phi_w/(kT_e)\ll 1$ 到高电势极限 $e\Phi_w/(kT_e)\gg 1$ 的过渡，这可以分成一个 $d_{sh}/L_t\ll 1$ 的空间电荷限制区和一个 $d_{sh}/L_t\gg 1$ 的轨道限制区。

5.3.2　磁化等离子体流中的电流收集

前面章节介绍了无碰撞、静态、非磁化等离子体中的电流收集理论，这是 GEO 轨道电流收集的相关理论。但对于 LEO 或极轨，航天器的电流收集发生在一个电子磁化而离子超声速的区域，与此相关的理论涉及流动的磁化等离子体中的电流收集（Laframboise and Sonmor，1993）。

对于一个低到中等电势的表面，吸引性的冲压面的离子收集计算较简单。收集电流为

$$I_i \simeq (en_iV_0\sin\alpha + 0.37en_ic_s)A \qquad\qquad (5-83)$$

其中，A 是冲压面的面积。第一项来自直接撞击表面的离子，第二项来自被鞘层偏转进表面的离子，第二项仅在攻角接近于零时重要。对于高电势情况，鞘层距离相对于偏压面的物理跨度较大，到达表面的离子可以来自于比速度矢量方向上的投影面积更大的面积。一般情况下，这种离子电流的增长必须通过数值计算确定，习惯上使用离子聚焦因子描述

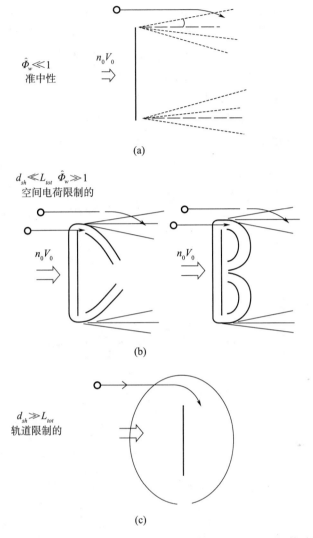

图 5-19　尾迹结构由 $e\Phi_w/(kT_e) \ll 1$ 到 $e\Phi_w/(kT_e) \gg 1$ 的过渡

［取自 Wang（1991）］

$$I_i \simeq f(\Phi_w, L_t)\,(en_i V_0 \sin\alpha)\,A \tag{5-84}$$

这里 $f(\Phi_w, L_t)$ 由粒子模拟或粒子追踪计算给出（Hastings and Cho，1990）。离子聚焦因子典型地在 3～8 范围内变化。

　　磁场中一个吸引表面（对电子而言，吸引表面为正电势）的电子收集是个十分复杂的问题，在无碰撞稳态理论方面已经就此开展过大量工作（Laframboise and Sonmor，1993）（注：实验结果表明等离子体湍流和中性气体碰撞电离也会起重要作用）。在高的吸引电势极限下 $\psi_w = -e\Phi_w/(kT_e) \gg 1$，半径为 r_p 的球面探头收集的电流是（Laframboise and Sonmor，1993）

$$i = \frac{I_e}{I_r} = \frac{1}{2} + \frac{2}{\sqrt{\pi}}\frac{\sqrt{\psi_w}}{\beta} + \frac{2}{\pi\beta^2} \tag{5-85}$$

其中，$I_r = 4\pi r_p^2 e n_e \bar{c}_e / 4$ 是到半径为 r_p 的球面的随机电流，$\beta = r_p \mid \Omega_{pe} \mid \sqrt{2m_e / (\pi k T_e)}$ 是探头半径与被吸引粒子平均回旋半径之比。方程（5 - 85）中各项很容易从物理上解释，在无穷大磁场极限（$\beta \to \infty$）下，电子以零回旋半径被束缚在磁力线上，所以唯一能够到达球面的电子是那些沿着磁场流动的电子。球面在磁场方向的投影面积是 πr_p^2，而电子可以沿平行或反平行于磁场方向流动，有效收集面积为 $2\pi r_p^2$。所以，在无限大磁场极限下，$I_e / I_r = (2\pi r_p^2 e n_e \bar{c}_e / 4) / (4\pi r_p^2 e n_e \bar{c}_e / 4) = 1/2$。对于有限回旋半径，由于电子在接近吸引表面时获得能量，回旋半径增加，所以，在不经过探针的磁力线上，有些电子因为在探针位置具有足够大的回旋半径也会撞击探针。这显示于图 5 - 20，其中展示了典型电子轨迹的极值位置，这些被称作磁瓶，这可以解释方程（5 - 85）的第二项。第三项来自于完全环绕探针对称轴的有限回旋轨道。方程（5 - 85）前两项称为 Parker - Murphy 极限（Parker and Murphy，1967）。

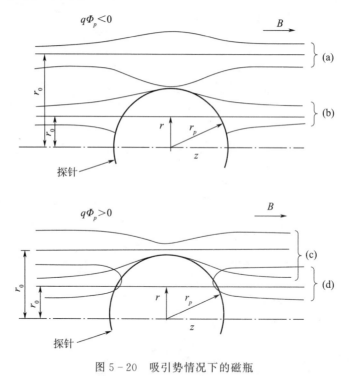

图 5 - 20　吸引势情况下的磁瓶

火箭实验结果显示，LEO 的电流收集有时严重超出方程（5 - 85）给出的结果。因为从航天器发射电子束可以产生很高的正电位，电子束与周围环境相互作用可引起很大的返回电流，这成为一个重要的关注点。这种情况会通过两种途径出现：首先，电子束能够引发等离子体湍流，对电子构成有效的碰撞源（Linson，1969；Hastings，1986；Papadopoulos，1986），这些碰撞可以充分散射电子进而使有关磁场的信息对电子丢失，导致探针的电流收集如同没有磁场存在一样；电子产生增强的返回电流的第二种途径是通过束流诱发的周围中性气体电离（Neubert et al.，1990）引起的，这会有效地提高周围电子密度而形成一个更大的供收集的电子储源。

对于被排斥电子，电子分布函数是麦克斯韦分布的，即使存在磁场，到达探针表面的电流密度将是

$$j_e = en_e(\bar{c}_e/4)\exp[e\Phi_w/(kT_e)], \Phi_w < 0 \qquad (5-86)$$

5.3.3　LEO 和极轨的航天器电势

在充电平衡状态下，LEO 和极轨航天器的净收集电流为零。对于一个 LEO 航天器，周围电子电流密度为 mA/m² 量级，因为这比光电子电流密度大得多，光电子电流可以忽略。由于环境电子平均能量很低（0.1~0.2 eV），不足以产生可观的二次电子和散射电子电流，所以到达 LEO 航天器的主要电流密度是周围离子和电子电流密度。即使存在冲压面的增强效应，零电势时的离子电流仍比周围电子电流小。因此，航天器必须悬浮于负电位才能保持电流平衡。由方程（5-83）和方程（5-86），表面电势是如下方程的解

$$I_i - I_e \simeq Aen_e\{V_0\sin\alpha - \bar{c}_e/4\exp[e\Phi_w/(kT_e)]\} = 0 \qquad (5-87)$$

由此给出

$$\frac{e\Phi_w}{kT_e} = \ln(4V_0\sin\alpha/\bar{c}_e) \qquad (5-88)$$

对于 $\alpha = \pi/2$，$T_e = 0.2$ eV 及 $V_0 = 8$ km/s，从上式得出 $\Phi_w = -0.45$ V。所以，在 LEO 航天器表面电势典型情况下很低。从方程（5-88）看，需要说明的一点是，表面电势按照表面撞击方向的角度而自然地发生变化。

对于极轨，除了 LEO 的冷稠等离子体外，航天器还要经历强的高能电子通量（见3.3.3节）。已有报道，在 800 km 高度的最大能量超过 9 000 eV 的电子峰值通量高达50 μA/m²（Shuman et al.，1981）。如果航天器处于阴影中，冷电子电流密度可以降到100 μA/m²，这种情况下热电子对到达航天器的总电子通量产生重要贡献。热电子也具有足够高的能量使得二次电子发射变得重要起来，然而，实际的二次电子电流由于强的地磁场影响而变得十分复杂。如果磁场平行于航天器表面，从表面发射的电子不能逃逸而是在一个回旋半径外又撞击到表面。当热电子电流显著时，航天器必须充电到足够的负电位才能排斥冷电子和热电子。在 Defense Meteorological Satellites Program（DMSP）卫星数据研究中，Gussenhoven et al.（1985）发现在两种情况下容易出现超过 100 V 的充电：

1）周围环境等离子体密度降到 10^{10} m^{-3} 以下；

2）能量高于 14 keV 电子的积分通量大于 10^{12} electrons/（m² • s • sr）。

对于极轨，航天器充电以及一些有关的现象与 GEO 情况有些相似。例如，DMSP 卫星观测到的一个严重充电事件出现在局域等离子体下降期间，卫星电位达到 -462 V（Yeh and Gussenhoven，1987）。这种情况下测量的等离子体参数如下：

1）热离子密度为 1.2×10^7 m^{-3}；

2）电子积分通量为 2.39×10^{13} electrons/（m² • s • sr）；

3）能量高于 14 keV 电子的积分通量为 2.33×10^{13} electrons/（m² • s • sr）；

4）离子积分通量为 1.48×10^{12} ions/（$m^2 \cdot s \cdot sr$）。

对于 LEO 充电计算，GEO 充电程序是不够的。既然 LEO 的等离子体密度比 GEO 大得多，像 NASCAP 程序那样在一个大的区域内对所有粒子积分运算以确定等离子体密度，计算资源开销是非常大的，所以，在求解泊松方程时经常采用半解析拟合方法来求电荷密度。对于小的充电电势，电荷密度 $\rho \sim 1 + e\Phi/(kT)$（轨道限制）；而对大的电势，电荷密度 $\rho \sim 1/\sqrt{e\Phi/(kT)}$（空间电荷限制）。为 LEO 和 PEO 开发的充电程序的典型例子是 NASCAP/LEO 和 POLAR，POLAR 区别于 NASCAP/LEO 之处在于它包括了在极轨经常能够发现的高能极光流注的效应。两个软件开始先在航天器假设一个鞘层边界和电势分布，然后从鞘层边界到航天器追踪粒子，利用电势分布结构对粒子轨迹不断迭代，直到收敛为止。尽管也存在一些困难，NASCAP/LEO、POLAR 及类似程序已经使得在认识低轨等离子体与航天器如何相互作用上有了重大改进。

5.3.4　粒子束对航天器电势的影响

电子束已经在几个航天器包括航天飞机上用作发射源，它们被典型地用作空间环境的探针（Winckler，1980；Neubert and Banks，1992）。当一个电流为 I_b 的电子束被发射时，航天器必须升到一个很高的正电势，以便从环境电子中吸引起中和作用的返回电流，或者电势高到足以拉回所有的发射电子。在早期的火箭试验中，人们相信卫星电势必须上升到使方程（5-85）中收集电流等于 I_b 时给定的一个大的正电势。试验表明实际的正电势最多到几百伏（Winckler，1980），这种不一致被归因于火箭试验高度太低（大多低于200 km）以及初始条件（试验是在火箭暴露于真空几分钟后进行的，此时火箭还在出气，周围被稠密中性气体环境所包围）。火箭电势只需要升高到足以电离周围的中性气体的水平（几倍于典型的电离能 15 eV），即可提供充足的返回电子。相比之下，在一个航天飞机上开展的试验中（Sasaki et al.，1986），观测到在 200 km 以上高度，当发动机导电外壳处于尾迹区时，航天飞机被充正电到与束流的能量相当的水平（5 kV）。这种情况下，发动机外壳不能从严重耗尽的尾迹区收集返回电流，以至航天飞机必须充到束流能量水平的电势将发射的电子吸引回来。在另一个试验中也进一步证实（Sasaki et al.，1987），发射低能等离子体将航天飞机电势降到接近于零，只要飞行器附近存在低能等离子体，低电势就一直保持。因此，上述这些试验着重说明了周围环境对束流试验的重要性。

5.3.5　LEO 太阳能电池阵上的电势分布

5.3.3 节中显示预期的 LEO 航天器表面电势很低，然而，如果航天器使用太阳能电池阵发电，则太阳能电池阵上的电势分布必须由以下条件决定，即没有净电流从环境到达电池阵以及与之电连接的任何表面，或者流向空间。既然电池阵上的电势降落是由电池单元数量给出的，系统会调整让电池阵或航天器的一部分收集电子（即相对于空间呈正电势），而电池阵或航天器的其余部分收集离子（即相对于空间呈负电势），以使净电流为零。

在太阳能电池阵上，电流收集出现在暴露于空间等离子体的任何导体或半导体上，包括太阳能电池片之间的金属互连片以及太阳能电池边缘。互连片通常是对空间裸露的，太阳能电池片边缘是暴露的半导体电池材料。正如上面讨论的一样，因为电池阵的一部分相对于空间带正电，而其余部分必须带负电，所以将航天器的其余部分连接到太阳能电池阵的什么位置有多种选择。

美国的航天器正常情况下在工程上是将航天器结构地与太阳能电池阵的负端连接的，称为负端接地。而俄罗斯航天器一般是将航天器连接到电池阵上电势为零的点，称为悬浮接地。还有一种选择是将航天器连接到电池阵的正端，称为正端接地。

对于负端接地和正端接地，航天器导电结构体的电势将是正的或负的。对于设计成负端接地的空间站，Hastings，Cho and Wang（1992）计算了结构体电势。对于空间站，电池阵和结构体收集的总电流是

$$I = I_s + I_{s_r} + N_w N_p (I_{an} + I_{ap}) = 0 \tag{5-89}$$

式中，N_p 是每个太阳翼的电池串数量；N_w 是空间站上太阳翼数量；I_{an}，I_{ap} 是每个电池阵上负电位（n）和正电位（p）部分从空间环境中收集的电流；I_{s_r} 是导电的辐射体收集的电流；I_s 是结构体其他部分收集的电流。如果每个太阳帆板上有 N 个收集电流的位置，每个位置的收集面积可以排列成 $[A_0, A_1, A_2, \cdots, A_N]$，使得对于从位置 A_0 到 A_m 相应的电势满足 $\phi_0 < \phi_1 < \phi_2 < \cdots < \phi_m \leqslant 0$，而对于位置 A_{m+1} 到 A_N 有 $0 < \phi_{m+1} < \phi_{m+2} < \cdots < \phi_N$。所以，有 m 个位置处在负电势或零电势，而 $N-m$ 个位置是正电势。如果假设每个太阳翼上每个电池串的电池片产生的光伏电压为 $\Delta\phi_c$，那么

$$\phi_j - \phi_{j-1} = \Delta\phi_c, 1 < j < N \tag{5-90}$$

在方程（5-89）中，设总电流为零（处于充电平衡）可以给出电势分布，受到方程（5-90）约束。如果太阳能电池阵上所有的电流收集面积设定为 $A_j = A$，则电池阵的总收集面积是 $A_a = N_w N_p N A$。使用由 $I_n = e n_e (\bar{c}_e/4) A_a$ 进行归一化后的电流并利用方程（5-90），对所有区域有

$$\frac{I}{I_n}(m\Delta\phi_c, \alpha; T_i, T_e, M_0, A_{ex}/A_a, A_r/A_a) = 0 \tag{5-91}$$

方程（5-91）可以解出 m 和 ϕ_0，作为飞行攻角 α 的函数和参量 T_i、T_e、M_0，暴露面积比 A_{ex}/A_a（由于原子氧剥蚀和穿孔造成绝缘材料上的暴露导体面积）和辐射体面积比 A_r/A_a 的函数。

为评价空间站结构体电势，太阳能电池阵参量取作 $A = 6.5 \times 10^{-5}$ m²（这对应于每个太阳能电池片 8 mil×8 cm 的电流收集面积），$N = 400$，$N_p = 82$，$N_w = 6$，$\Delta\phi_c = 0.4$ V。这给出了电池阵收集面积为 $A_a = 12.8$ m²。环境中氧离子的马赫数是 $M_0 = 8$，环境离子有定向动能 $\varepsilon_0 = 5$ eV，太阳能电池帆板沿离子流动方向上的长度取作 20 m，这在平均电离层条件下给出比率 $\lambda_D/L = 5 \times 10^{-4}$。辐射体的电流收集面积是 $A_r = 1\,100$ m²，空间站总的结构体面积取 2 500 m²，对于 13% 的绝缘体被穿孔或剥蚀给出 $A_{ex}/A_a = 25$。

图 5-21 是这些参数从地方午夜测量时（$\theta = 0°$）的结构体电势。对于结构体上没有

或有极少暴露导体面积（辐射体除外）的情况，结构体电势会变得很负，在接近黄昏的明暗交界处最负，因为电池阵处于尾迹区而结构体必须悬浮于最负的电势以吸引离子（$\theta \simeq 270°$）。在地方正午（$\theta \simeq 180°$）时分负电势最小，此时辐射体垂直于等离子体流可收集大量的离子，以至太阳能电池阵只需要额外收集少量离子电流即可平衡电池阵的电子电流。虽然结构体有 13% 的暴露导体与无暴露导体时结构体电势在定性上是相似的，但电势幅度处处都被降低了。这是因为结构体上增加的离子电流收集要求电池阵的离子电流较低，因而产生的最大电势更小。

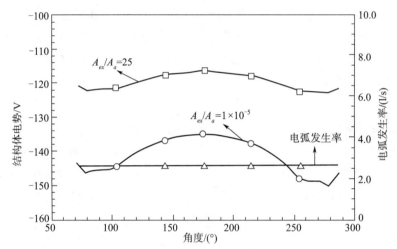

图 5-21　结构体电势和电弧发生率随着飞行攻角的变化；$A_{ex}/A_a = 10^{-5}$，25
［取自 Hastings，Cho and Wang（1992）］

　　对于 LEO 太阳能电池阵上带正电部分，已经发现当电势超过一个关键值时电池互连片会收集异常大的电子电流，在 $I - V$ 曲线上表现为突然跃变［例如，参见 Thiemann and Bogus（1986）］，该电压被称为"跳跃电压"（snapover voltage）。在模拟 LEO 环境等离子体中，太阳能电池片的实验结果表明，当电池阵处于低的正电压时，电池金属互连片收集的电流遵循经典的朗缪尔探针特性；当超过 200 V 后互连片的收集电流超过基于正常电流收集的预期值约一个量级。对太阳能电池上的电势分布剖面的测量结果显示形成了势垒，互连片收集的电流显示其依赖于互连片上施加的偏压的时间，也观测到相关的磁滞效应。一般认为反常电流收集是由于围绕太阳能电池阵上导体的介质表面二次电子发射产生的（Hastings and Chang，1989）。正如本章前面讨论的一样，基本概念是介质表面——必须处于电流平衡——对于其表面电势可以有不止一个解，如果介质有足够高的二次电子发射系数，那么可能以两种途径获得电流平衡：首先，通过排斥大多数入射电子而在入射的电子和离子间建立电流平衡；或第二种途径，通过发射二次电子以在入射电子和发射的二次电子间建立电流平衡。因为临近的导体相对于介质总是处于正电势，介质发射的二次电子会被导体收集。电压跃变是表面电势的跃变，以及相应的收集电流从一种电流平衡途径到另一种途径的跃变。电压跃变现象对系统的主要影响是在太阳能电池阵的高正电压区域可能引起较高的焦耳耗散，对于高压太阳能电池阵的运行来说这种热负荷必须要进行确定。

5.4　航天器电弧放电

5.4.1　LEO 和极轨航天器上高压太阳能电池阵电弧放电

传统上多数美国空间飞行器太阳能电池阵系统的母线电压都是 28 V，然而未来的太阳能电池阵要设计成更高的电压以满足低电流大功率的需求，例如，国际空间站的太阳能电池阵是 160 V 电压。要获得大功率，高电压比大电流更有利，因为这样设计可将功率分配系统中的电阻损耗和电缆重量降到最低。

对于 LEO 的高压太阳能电池阵，高电压会导致两种不同途径的电弧放电。最简单的途径是，如果结构体采用负端接地，结构体上任何薄的表面绝缘介质都可能被击穿。介质击穿最大起弧率可以计算，它是厚度为 d 的绝缘体充电达到电场 E_d（即击穿场强）所需时间的倒数。起弧率由下式给出

$$R_{DB}\begin{cases} = \dfrac{j_{ram}}{\epsilon_d E_d}, \dfrac{\phi_s}{d} > E_d \\[2mm] = 0, \dfrac{\phi_s}{d} < E_d \end{cases} \tag{5-92}$$

这实际上假设了一旦出现介质击穿，表面即恢复如初且没有任何物理损伤，不影响再次起弧。事实上，强烈的电弧将可能损伤表面甚至将介质材料移除，所以，方程（5-92）中的起弧率可认为是真实起弧率的上限。对国际空间站，铝结构体上有一层 Al_2O_3 薄膜，此起弧率可以计算出来。计算中使用了来自 Weast（1984）的一套 Al_2O_3 材料的极端参数以及图 5-21 给出的结构体电势。估算最大起弧率时选择的参量是 $n_i = 10^{12}$ m^{-3}，$\epsilon_d / \epsilon_0 =$ 8.4，$E_d = 6.3 \times 10^6$ V/m，以及介质厚度 $d = 5$ μm。图 5-21 是考虑的两种情况下的最大起弧率。可能的最大起弧率不依赖于飞行攻角，因为冲压电流的最大值总是假设的。两种情况下，一个局部的结构体将遭受每秒几次的放电率，如果电弧很强，将会潜在地损伤结构体热控涂层，导致热控系统失效。

另一种与高压太阳能电池阵相关的电弧是在太阳能电池阵上，对于一个低于约 -200 V 阈值的负偏压（Thiemann and Bogus, 1986），可能出现电弧放电。实验上已将太阳能电池上的电弧放电定义为一个 1A 量级和持续几个 μs 或更短的瞬发电流脉冲。电弧能引起仪器的电磁干扰和太阳能电池损伤（Thiemann，Schunk and Bogus，1990），所以在设计上存在一个高压和电弧损伤之间的权衡，除非可以将太阳能电池设计成减缓甚至消除这种电弧现象。

Jongeward et al.（1985）提出在暴露的互连片表面有一个绝缘的污染物薄层，离子被互连片的负电压吸引并累积在其表面上，导致在污染物薄层内部建立电场；电场引起向空间发射电子，导致薄层内相应的加热和电离；这种正反馈机制最终发展到电弧放电。Hastings，Weyl and Kaufman（1990）提出中性气体分子被放电电流从玻璃盖片侧面解吸出来，这已从实验上观测到。中性分子在互连片表面积累，在此表面气体分子层

内部，电弧以闪络放电形式出现。Cho，Hastings 和 Kuninaka（Cho and Hastings，1991；Hastings，Cho and Kuninaka，1992）将上述两种理论的思想进行综合来分析等离子体、介质和导体三结合点附近的放电。Cho 和 Hastings 通过理论和实验工作确定了以下规律：

1）玻璃盖片周围环境的离子将其前表面充电但留下盖片的侧面没有充电。

2）环境离子引起互连片的电子发射，这些电子引起玻璃盖片侧面产生二次电子发射并对侧面充电到一个稳态，直到增强的场致电子发射（enhanced electric - field electron emission，EFEE）不再重要。

3）如果在三结合部附近存在一个电场增强因子 β 较高的电子发射点，EFEE 将会对玻璃盖片侧面充电。电场增强因子表征的是在电子发射点上局部电场相对于平均电场增强的程度。$\beta = 1$ 意味着没有电场增强，而 $\beta = 100$ 意思是局部电场相对于平均电场增强了两个量级。$\beta > 1$ 通常与表面缺陷有关（Latham，1993），典型情况下，$\beta < 100$ 与表面存在金属微须有关，而 $\beta > 100$ 与介质夹杂物有关。

4）EFEE 可以引起从玻璃盖片解吸的中性气体的碰撞电离，这就是电弧放电。

5）起弧率是离子充电时间 τ_{ion} 与增强的场致充电时间 τ_{EFEE} 之和的倒数。

6）对于高电压和高 β 值，起弧率主要由离子充电时间决定，而对低电压和低 β 值，起弧率由增强的场致充电时间主导。

在实际中，起弧率是通过一定时间内的电弧数量除以实验时间来计算的，电弧之间的时间间隔 τ_{arc} 是所有互连片表面的电子发射点中最短的充电时间 $\tau_{EFEE} + \tau_{ion}$。

有两个飞行试验（Grier，1983）中曾特别涉及这一问题，两个试验都在 Delta 卫星上进行了搭载实验，发射到 800 km 高度的极轨。两个试验中，一套太阳能电池相对于空间环境被偏压在高的正电压和负电压。第一个试验 PIX - I 发射于 1978 年 3 月，确认了对标准设计的太阳能电池起弧是空间等离子体固有的现象。第二个试验 PIX - II 发射于 1983 年 1 月，受限于简单的诊断系统以及未加控制的 Delta 第二级的滚翻的限制，结果如图 5 - 22 所示，图中同时给出了 PIX - II 地面实验和另外两个地基实验的数据。

Hastings et al.（1992）对 PIX - II 飞行试验和地面实验以及空间飞行单元（SFU）地面实验的起弧率做了数值计算，结果与数据吻合得很好。有了这种一致性和对支配电弧的过程的理解，就可以对常规太阳能电池的减缓措施和设计调整进行评估。特别是，模型计算表明以下措施将会使起弧率降低：1）提高互连片的功函数；2）增加介质厚度；3）将二次电子产额减小到接近或低于 1；4）降低比率 $\epsilon_{d_1} / \epsilon_{d_2}$，尤其要低于 1；5）将玻璃盖片边缘伸出，特别是要超出能使电子被玻璃盖片背面俘获的关键长度。增加功函数会严重影响 τ_{EFEE}，但只影响电弧率的极值。介质厚度对起弧率的影响大一点，特别是对厚度较小和电压较低的情况。能够消除电场逃逸的二次电子参数可消除电弧。通过改变介电常数和将玻璃盖片延伸到覆盖互连片，可获得对降低起弧率最好的结果。

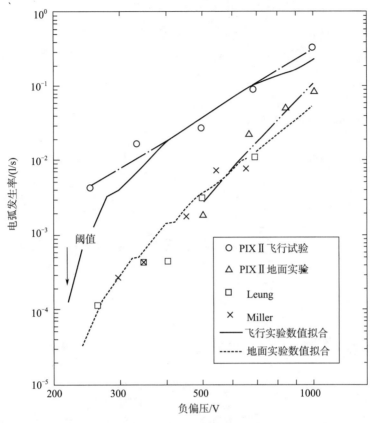

图 5 - 22　地面实验及飞行试验数据

［来自 Hastings，Cho and Kuninaka（1992）］

5.5　电动系绳

空间电动系绳概念是 20 世纪 80 年代提出的。空间系绳可以有多种空间应用，如发电、推进、大气遥感、用于轨道操控的动量转移、微重力实验平台以及人工微重力产生。一般来说，系绳是一根连接两个或更多航天器或科学平台的长的电缆（可达 100 m 或更长），这里重点讨论电动系绳。电动系绳是一根外层（部分或全部）绝缘或裸露的导线，利用周围的地磁场沿着其长度方向感应出电压降。

考虑图 5 - 23 所示的 LEO 环境中的一根系绳，对于顺行的低倾角轨道，垂直伸展的系绳的速度矢量（v）指向东，差不多与由南向北的地磁场磁力线（$\boldsymbol{B}$）垂直。系绳中的电荷将感受到洛伦兹力［见方程（2 - 42）］，所以，运动电场诱发了一个电动力（EMF）

$$\Phi_{\text{induced}} = \int v \times \boldsymbol{B} \cdot \mathrm{d}l \tag{5-93}$$

式中，$\mathrm{d}l$ 是沿系绳长度方向的线元；速度 v 是系绳相对于周围随地球共转的等离子体的速

度。大多数情况下假设系绳是直的，因此感应的电压降变为

$$\Phi_{\text{induced}} = v \times \boldsymbol{B} \cdot \boldsymbol{L} \qquad (5-94)$$

式中，L 是系绳的长度。如果允许电流从系绳流过，一根硬质系绳上的感应电动力将是

$$\boldsymbol{F}_{EM} = L\boldsymbol{I} \times \boldsymbol{B} \qquad (5-95)$$

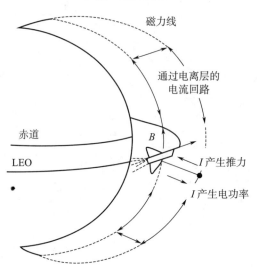

图 5-23　LEO 轨道系绳示意图

[来自 SamantaRoy and Hastings (1993)]

电流方向将决定力的方向是推进还是拖曳。对于一个向上（或向下）展开的系绳，如果电流向上流动（离开地球方向），就会消耗轨道能量以产生电功率，因为电动力反平行于运动方向。相反，如果输入一个足以将感应 EMF 反向的电功率驱动电流向下，电动力矢量将平行于运动速度方向而产生一个推进力。当然，对于逆行轨道这些方向都要反过来。在电动系绳中，流动的电流实际上是从周围电离层等离子体中收集的电子，电子从系绳的一端收集进来又从另一端发射出去。哪一端拉入或发射电子取决于系绳是用于推进还是产生电功率。系绳收集电子和/或发射离子的一端称为阳极，发射电子和/或收集离子的一端称为阴极。比电流过程更重要的有两个问题：一个是电离层对流经系绳的电流产生的电阻，另一个是系绳阳极一端以较低压降收集电子的实际能力。电子发射端似乎并未构成严重问题，因为空间试验已证实以很小的电压降就可以发出较大的电流。电离层阻抗来自于复杂的电磁现象。正如一艘船在水中行进时会产生水波一样，等离子体中运动的导体会产生电磁波。这些波以一个称为辐射阻抗的有效电阻耗散能量（Belcastro，Veltri and Dobrownoly，1982；Barnett and Olbert，1986；Hastings and Wang，1987；Donahue et al.，1992）。研究发现辐射以三个不同的波段发出：阿尔芬波、低杂波和高杂波。对于一根长系绳，阿尔芬波最重要并且阻抗高度依赖于周围的等离子体条件，更确切地说是电子密度，它在整个轨道上是显著变化的。阻抗也是系绳系统的电子收集端尺寸的强函数：阻抗与收集端直径成反比。虽然对于长系绳系统遇到的阻抗尚存在争议，但一般坚信其电阻在几个欧姆量级。

　　关于电子收集有几种不同的选择，例如一个被动的大的收集面（类似气球）、被动的栅网、等离子体接触器、轻量离子发射器，其中最有前景的是等离子体接触器（见 5.6.1 节）。LEO 环境电子密度很低，需要一个很大的面积才能收集到所要求的电流（1 A 电流需要 100～1 000 m^2）。等离子体接触器则产生一团等离子体云代替一个巨大的物理面积，等离子体云团膨胀并在发射离子时收集周围电子。注意这些接触器通过发射完全或部分电离气体来工作。对于一个使用氙气工质的接触器，气体流量大约为 13 kg·yr^{-1}·A^{-1}。近来提出的一个电子收集办法是使部分系绳裸露（即，让部分或整个导线未被绝缘），对于一根 20 km 系绳，其中 10 km 去绝缘意味着相当大的收集面积，相对空间等离子体保持正电势就可以收集电子。这种方法固有的优点是省去了接触器的质量及其复杂性。

　　从严格意义上讲，电子发射及被收集到电离层作为一种直流现象是不完全正确的，发射和收集的电子被限制在沿着磁力线（或磁通管）运动，后者可视为平行的传输线。这些传输线是在系绳两端与其接触时被激发的，所以这种现象基本上是交变的。然而，由于传输线实际上构成了连续介质，因此电流是直流的。考虑系绳系统各种电压降后可以写出它的电路方程，对于一个产生电功率的系绳，有

$$\Phi_{induced} = \Delta V_A + \Delta V_C + IZ_T + IR_T + IR_L \qquad (5-96)$$

式中，ΔV_A 和 ΔV_C 分别是在系绳的阳极和阴极上的电压降；Z_T 是电离层的等效阻抗；R_T 是系绳的欧姆电阻；R_L 是载荷电阻。如果定义效率 η

$$\eta = \frac{Power_{load}}{Power_{total}} = \frac{IV_L}{I\Phi_{induced}} = \frac{V_L}{\Phi_{induced}} \qquad (5-97)$$

那么电路方程可以写成

$$\Delta V_A + \Delta V_C + IZ_T + IR_T = \Phi_{induced}(1-\eta) \qquad (5-98)$$

可以看到对于任意给定的运行条件（比如 $\Phi_{induced}$ 和电子密度），存在唯一一个 η 值使得产生的电功率 I^2R_L 最大。对于产生推进力的系绳也可以写成类似的方程，只不过系统需要携带一个电源使电流反向

$$\Phi_{induced} + \Delta V_A + \Delta V_C + IZ_T + IR_T = V_{PS} \qquad (5-99)$$

式中，V_{PS} 是电源的电压。图 5-24 包含了这些系绳电路的示意图。

　　在过去几年中，曾经有过一些聚焦于系绳电动力学方面的系统或工程性的研究工作，这些研究检验了系绳在推进和/或产生电功率上的应用（Martinez - Sanchez and Hastings，1987；SamantaRoy，Hastings and Ahedo，1992）。研究发现，由于磁场变化，导致电功率变化高达±20%，所以为了稳定电功率需要电池。轨道能量存储或混合模式运行的概念也因此被引入，其思想是系绳在白天从太阳能电池获取电功率以产生推力，到了夜间再产生电功率，调节电功率/推进水平使轨道半长轴（即能量）保持恒定。这些研究使用详细的计算机模型来模拟系绳在 LEO 环境的行为，包括高度精确的地磁场模型、最新的 IRI（国际参考电离层模式）模型、真实的轨道动力学以及温度效应。此外，对接触器和裸露系绳的电子收集行为，包括单独的和二者结合的，也进行了比较和对照。一根裸露导体系绳产生的推进力和电功率更强烈依赖地磁场和电离层扰动。然而，接触器和裸露系绳的结合能够大大提升产生电功率的能力，具体依赖于接触器的表现。作为一个纯粹的推进器，

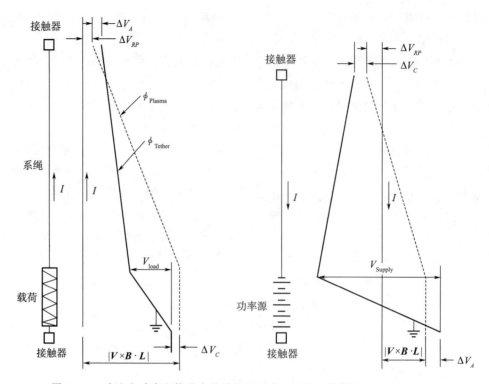

图 5-24　产生电功率和推进力的系绳的电路。总的电势降是 $|V \times B \cdot L|$ ，
还有跨阴极的 ΔV_C 、跨载荷的 V_{load} 、沿系绳的 ϕ_{tether} 、跨阳极的 ΔV_A
以及通过等离子体的 ΔV_{RP} 。系绳以外，局域等离子体电势是 ϕ_{plasma}
［经 SamantaRoy and Hastings（1993）同意使用，经 Kluwer 学术出版社许可重印］

检验了接触器系绳在恒定电流、电压、推进力及电功率下的表现，发现最佳工作模式是电功率恒定时，产生的电功率/推进力比率比离子和 MPD 推进器还好。对于产生电功率而言，地磁场变化仍然是个主要困难，正如之前研究中观测到的那样，不过已经发展了一种控制策略可以大大减少这种极其不利的条件。一言以蔽之，系绳可以提供比从前预想的更大的潜能。

5.6　航天器等离子体源

5.6.1　等离子体接触器

等离子体接触器是一种产生等离子体云团从而使得电极与环境等离子体之间产生电荷传递的器件。等离子体接触器已经被推荐使用于诸如电动系绳的发电设备上（Martinez-Sanchez and Hastings，1987），因为它可以大大降低从电离层收集电子的阻抗并且使电子发射比使用电子枪更节约能耗。在 GEO 卫星上等离子体接触器也被用于在航天器表面产生等离子体云来短路不同电位差，从而降低表面不等量电势。不过，大多数最新的研究都集中在把接触器作为一个阳极来从电离层或其他环境等离子体中收集电子，这样的接触器

将发射离子和收集电子，表征这样的接触器的两个品质因子是阻抗 ϕ_0/I 和增益 ξ，定义为

$$\xi = I/I_i(r_{\text{anode}})$$

对于一个和系绳一起使用的接触器，阻抗决定了它可以产生的最大功率，因为总的系绳电势 ϕ_{induced} 是固定的。增益十分重要，因为它决定了在给定总电流下气体消耗的速率（为了产生离子）。如果增益高则消耗较少的气体就可以收集到给定的电流。

阻抗和增益都依赖于电流。一般情况下存在一个权衡：大电流时，只有以很高的阻抗为代价才能获得高增益（这又导致低功率），低阻抗和高功率仅在低增益时才有可能。为说明这种趋势，可考虑极端情况。当收集电流等于周围等离子体在阳极物理表面上的电子饱和电流时，增益无限大（因为不需要发射离子就可以收集到如此大的电流），并且接触器阻抗为零。然而，对于低轨道和实际的电动系绳及阳极的参量而言，功率最多为几十瓦。任意大的收集电流（和大功率）可以通过发射一个大的离子电流获得，但是除非阳极电势足够高，否则一般不可能横越磁场收集很多电子，因而增益将趋近于 1。

等离子体接触器产生的等离子体云包括几个不同的区域（Hastings and Gatsonis，1988；Szuszczewicz，1986）。第一个是等离子体是各项同性的内层中心区，因为导致各项异性的两个主要方向，即地磁场方向和源的运动方向均被来自接触器的稠密等离子体所屏蔽。接着是两个外层区域，上述两个方向性将得到体现。大部分来自环境电子的电流都是从通过内层中心区的磁力线收集的，这一思想得到了观测数据和理论的支撑（Hastings and Gatsonis，1988；Hastings and Blandino，1989）。

关于内层中心区域——电子正是通过此区域得以收集——的尺寸有过很多争论。其中一个大致估算方法是通过将等离子体云密度与环境等离子体密度匹配可以得到（Parks，Mandell and Katz，1982；Parks and Katz，1987）

$$n_{\text{cloud}}(r_{\text{core}}) \approx n_{\text{ea}}$$

另一个估算方法是考虑磁场效应（Hastings，1987）

$$\nu_e(r_{\text{core}}) \approx \omega_{\text{ce}}$$

式中，ν_e 是依赖于径向的电子碰撞频率（包括由于湍流产生的"有效"碰撞）。

第三种估算方法是通过要求自洽电势具有规律性来得到（Iess and Dobrownoly，1989）

$$\left.\frac{\partial \phi}{\partial r}\right|_{r_{\text{core}}} \approx 0$$

第四种估算方法来自于要求在中心区内有一个始终如一的空间电荷限制的流（Wei and Wilbur，1986）

$$m_i n_i u_i^2\big|_{r_{\text{core}}} \approx m_e n_e u_e^2\big|_{r_{\text{core}}}$$

这些不同的理论给出了等离子体云电流一个很大范围的增强因子。

如果假设等离子体云的中心区半径为 r_{core}，则由电流连续性方程给出

$$I = I_i(r_{\text{anode}}) + I_e(r_{\text{anode}}) = I_i(r_{\text{core}}) + I_e(r_{\text{core}})$$

增益为

$$\xi = \frac{I_e(r_{core})}{I_i(r_{anode})} + \frac{I_i(r_{core}) - I_i(r_{anode})}{I_i(r_{anode})} + 1$$

等离子体接触器通过两种可能的途径增强或产生电子电流。第一种（方程右边第一项），它可作为虚拟阳极，来自远处的电子通过它被拉过来并收集到处于等离子体云中心的真实阳极。第二种（方程右边第二项），与等离子体云相关的中性气体被电离，产生电子-离子对，电子被收集到阳极而离子被排斥。然而，对于电动系绳，接触器中性气体的电离并不是对中性气体的高效利用；如果这是使电流增强的唯一途径，同样的中性气体可以在离子源内更有效地被电离。如果等离子体接触器能够使电离层供应电子将会十分有用。电离层中的两个电子源是电离层等离子体和电离层中性气体，然而，电离层中性气体电离的平均自由程如此之长（很多千米），以至于这种气体在接触器等离子体云尺度上的电离是几乎不太可能的。因此，只有当等离子体接触器从电离层中收集环境电子来提高电流时，对电动系绳才是有用的。收集的电子电流 $I_e(r_{core})$ 一般是饱和电流乘以等离子体云中心区的面积 $4\pi r_{core}^2$，或者，如果接触器只沿着进入中心区的磁力线收集电子，则 $I_e(r_{core})$ 将是饱和电流乘以 $2\pi r_{core}^2$（如果中心区不是球形而是沿着磁力线方向被拉长，则 r_{core} 是磁场穿过的最小半径）。由于这个原因，r_{core} 的尺寸对等离子体接触器作为空间电子收集器的有效性是十分关键的。

中心区外面，将形成一个调节中心区和环境等离子体相互作用的双层结构（Gerver, Hastings, and Oberhardt, 1990；Dobrownoly and Melchioni, 1992, 1993）。实验数据意味着该中心区等离子体云可以很大，其实与上述给出的理论预期结果相反，它似乎并不依赖于磁场（Dobrownoly and Melchioni, 1993）。

等离子体接触器也已被用于 GEO 航天器的接地处理（Purvis and Bartlett, 1980）。它作为低能冷等离子体源工作（Sasaki et al., 1987），用以中和航天器上不同表面的残余电荷。已经表明接触器产生的等离子体云可以使偏压的航天器在几毫秒内放电，并且只要等离子体云驻留在航天器周围即可保持航天器接地（译者注：以空间等离子体为地）。

5.6.2　电推进器

当等离子体推进器被用于航天器姿态保持或主推进时，就会形成另一个等离子体源。4.3.2 节显示喷射中性气体的推进器会产生向航天器的回流以及相关的污染，同样的问题也存在于等离子体推进器。例如，在离子羽流中，通过电荷交换（CEX）过程产生了一个低能等离子体并扩张到航天器周围，导致在高压表面产生电流流出。增强的等离子体密度还会引起电磁波传输和接收中发生衰减或折射。此外，很多推进器会由于剥蚀而发射出带电或不带电的重金属元素，它们极易附着在航天器表面。

与中性气体情形形成对比的是，等离子体推进器的回流对局部电场和集体效应十分敏感。回流污染可以导致溅射以及污染沉积，对诸如太阳能电池阵、热控表面、光学传感器、通信设备、科学仪器等航天器系统，以及对材料的一般结构特性和航天器充电产生影响。对离子推进器研究得最多，因为它们较成熟并且有相对多的数据可以用来与结果进行比较。与离子推进器相关的一个问题是，无法在合理的功率水平下使气体完全电离，这就导致中性气体以热速度喷出。这些慢的中性气体受到关注，是因为它们与快的束流离子发生电荷交换而产生快的中性分子和慢的离子，这些又受到羽流中局部电场的影响。从实验测量（Carruth and Brady，1981）和数值模型中看到的羽流中的电场结构是沿径向的，因此慢的离子被推到束流之外，然后又往回运动到航天器。因为大多数电荷交换后的离子是在推进器下游方向几个束流半径范围内产生的，推进器附近的局部电场起着很重要的作用，如图 5 - 25 所示。图中显示了一个离子推进器的电势等高线和一些电荷交换形成的典型离子。主要束流离子在接近束流边缘产生了一个局部径向电场，任何到达那里的慢速运动的电荷交换离子都会被向外加速，且具有一定的向航天器返回的速度分量。栅极材料溅射产生的任何离子也会出现这种情况。这种回流必须进行建模并且在航天器上安装推进器情况下予以考虑。

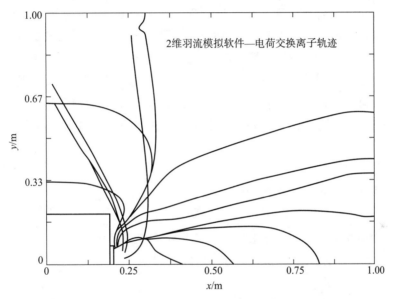

图 5 - 25　典型的电荷交换离子轨迹。电势等高线显示了当栅极前面生成的
电荷交换离子被沿径向喷出时的束流结构

第 6 章 空间辐射环境

6.1 引言

随着电子元件尺寸和功率越来越小，复杂度越来越高，电子元件对空间辐射环境及其影响的敏感性增强已成为航天器工程师们关注的主要对象。航天器设计中考虑的三个主要问题包括：描述空间辐射源、确定辐射在材料中如何传输以及辐射对特定电路元件的影响。由于第3章已经介绍了自然和人为空间辐射环境，本章的目标是解决辐射问题的后两个方面。特别是，由于"周围"环境通常只与航天器的外表面有关，因此有必要分析外部环境如何通过复杂的周围结构传播到航天器内部某点，该点的辐射环境需要确切知道。虽然不可能详细处理航天器内部辐射环境问题的各个方面，但通过将问题分为外部环境、传播和内部环境三个部分，将为理解航天器辐射防护过程奠定基础，可应用于各种辐射问题。

6.2 辐射与物质的相互作用

从辐射与物质相互作用的角度来看，有三类粒子需要考虑：

1）光子（主要是 EUV、X 射线和伽马射线）；

2）带电粒子（质子、电子和重离子）；

3）中子。

尽管存在大量更奇特的粒子（如正电子、μ 子、介子），但这三种粒子可以导致工程师所关注的绝大多数相互作用。此外，对于撞击粒子，质量、电荷和动能是我们感兴趣的主要的物理特性，而质量和密度是靶材料的关键特性。本章根据这三类粒子讨论了相互作用的类型。屏蔽层对这些粒子的影响是以穿过特定厚度的屏蔽层后一个体积中沉积的能量（剂量）或在靶材料中单位长度上沉积的能量（LET）来体现的（参见 2.5.2 节）。因此，对于确定航天器内部辐射环境需要的辐射屏蔽计算，可对每种粒子分解为三个步骤：

1）外部辐射环境的定义；

2）该辐射环境通过屏蔽层的传输分析和随后到达靶的能谱变化计算；

3）估算在靶上的总能量和/或能量沉积速率。

外部辐射环境详见 3.4 节，在本节中将讨论后两个问题。在考虑这两个问题时，应牢记的一个重要因素是级联过程对最终结果的重要性。在这个过程中，入射粒子相互作用可以产生许多与入射粒子不同的次级粒子（例如，电子可能产生光子，反之亦然）。这些次级粒子反过来又产生自己的次级粒子，从而导致许多不同的光子和粒子复杂混合在一起。这一过程会一直重复，直到达到我们感兴趣的程度，或者直到所有初始粒子能量耗尽。作用过程应被分解为单个的不同单粒子间的相互作用，而不是将其作为一个整体处理。本节的最后一部分描述了在这些单独相互作用特点给定情况下如何应用蒙特卡罗方法来估算级联过程的总体影响。在最简单的模型中，将解析表达式与这些结果或实际测量结果进行拟合，以给出由级联过程作为屏蔽材料厚度的函数所产生的最终估算结果。实际上级联过程基本上是概率性的，而且过于随机而无法精确地进行分析建模。然而，既然用解析拟合通常会在大多数情况下为工程师提供满足要求的结果，那么本节实际辐射屏蔽计算主要基于解析拟合的模型。

6.2.1　单粒子相互作用

研究单个高能粒子（如光子，中子或带电粒子）与物质的相互作用是物理学的一个主要分支。我们不对每一种相互作用给出详细定量的综述，而是对每一个主要相互作用进行定性描述。在适当的情况下，还将补充对这些相互作用的简短定量讨论。读者可以参考每个过程的详细定量评论，例如可以在 Particle Data Group（1990）中找到。然而，在大多数实际情况中，此处提供的结果足以进行实际计算。

6.2.1.1　光子相互作用

光子以光速传播而且没有电荷或静止质量，主要通过光电效应、康普顿散射和正负电子对产生相互作用，所有这些相互作用都产生自由电子。首先考虑光电效应，其概率随光子能量的增加而减小，随原子序数 Z 的增加而增大。在光电效应过程中，光子完全被靶原子发射出的（典型情况下）外层电子吸收。然而，有一种情况是如果光子的能量足以发射 K 层电子（内层电子），那么这个过程将在大约 80% 的外层电子发射时间内起支配作用。当 L 层（或外层）电子随后下降以填补 K 层空位时，它可以发射额外的 X 射线或从 L 层发射低能俄歇电子（取决于靶材料的 Z）。在康普顿散射中，入射光子未被完全吸收，因为光子具有比靶的原子电子键能大得多的能量。部分光子能量用来散射原子的电子（称为康普顿电子），其余部分能量进入到散射的低能光子。正负电子对的产生是在光子能量为 1.02 MeV 或更高时出现的，这种能量的光子被高 Z 材料完全吸收，然后形成正负电子对。图 6-1 比较了三种相互作用的每一种起主导作用的范围，以不同原子序数 Z、光子能量为自变量。作为参考，在硅中，当能量<50 keV 时，光电效应起主导作用；能量>20 MeV 时将产生正负电子对；介于两个能量之间时发生康普顿散射。当然，这些相互作用的产物（电子、光子和正电子）可以进一步与靶材料相互作用，产生复杂的电子和光子级联。

紫外光子与复杂有机聚合物相互作用会导致材料降解并改变材料的性能［见 Stiegman and Liang（1993）的评论］。来自 SCATHA 卫星的大量飞行试验数据表明，在紫外线照射下，热控涂层的太阳吸收率增加。图 6-2 中来自 SCATHA 卫星的数据说明了这一点，在十年里太阳吸收率变化超过了 2 倍因子。为了证明太阳吸收率的变化是由紫外线而不是污染物引起的（见 4.3 节），将数据与来自 SCATHA 金表面的类似数据进行了比较。抛光

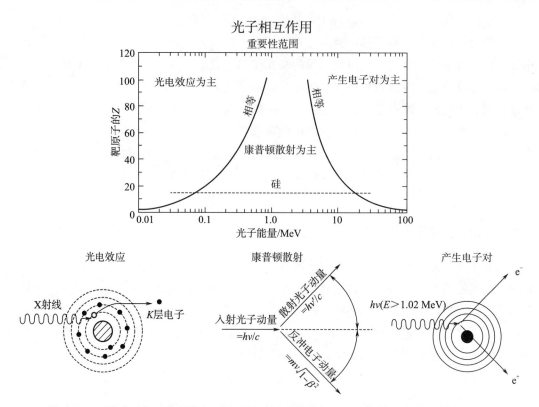

图 6-1　三种光子相互作用的相对重要性随原子序数 Z、光子能量的变化。实线对应于
相邻效应的相等作用截面；虚线描述了光子与硅相互作用的情况

的金表面在同一时期内吸收率没有变化，证明这是由于紫外线照射造成的。吸收率的这种变化对航天器的设计非常重要，因为航天器的温度与太阳吸收率成正比，温度升高过大会导致航天器失效。这个问题的原因是紫外光子被有机分子吸收，这种吸收会产生非常活跃的激发态，可以在分子水平上发生反应并导致表面性质的宏观变化。因此，仔细选择抗辐射的外表面材料是航天器设计中一个重要的考虑因素。

6.2.1.2　带电粒子相互作用

带电粒子主要以两种方式与物质相互作用：卢瑟福散射和核相互作用。卢瑟福散射（或库仑散射）中带电粒子与靶原子的电场相互作用通常占主导地位。它既能激发原子电子，又能电离原子电子，并且在足够高能量的撞击中传递足够的能量使原子在晶格结构内产生位移。例如，对于电子来说，至少需要 150 keV 的能量才能在硅中产生位移，而质子只需要 160 eV 的能量，这可以通过以下方式予以解释。

质量为 m、能量为 E 的入射粒子能够传递给质量 M 的原子的最大能量是

$$\Delta E = 4E \frac{mM}{(M+m)^2} \tag{6-1}$$

如果使质量为 M 的原子发生位移的能量为 E_{th}，则由式（6-1）可得入射粒子的阈值能量为

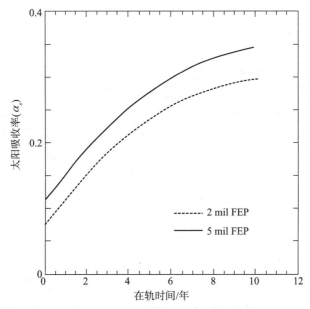

图 6 - 2　含银特氟隆的太阳吸收率随在轨时间的变化趋势

[经 Dewitt et al. 许可使用，经 Kluwer 学术出版社许可重印]

$$E_s = E_{th} \frac{(M+m)^2}{4mM} \tag{6-2}$$

对于硅，E_{th} ＝12.9 eV，就可推导出上面给出的质子和电子的最小能量。

核相互作用，即撞击粒子实际上与原子核相互作用，可导致弹性或非弹性散射和蜕变（通过聚变或裂变）。例如，原子核可以吸收质子并发射 α 粒子。这个过程（也被称为散裂）以及由位移产生的反冲原子可以将相对温和的质子环境转变为能够产生 SEUs 的重离子环境，因为重离子的 LETs 比质子大得多。此外，长期暴露于空间辐射环境可以使航天器材料本身通过蜕变产生放射性。

高能粒子与物质相互作用可用阻止本领，或在材料中单位长度的能量损失来定量描述。考虑低能电子（能量约 10 keV），它们主要引起电离。低能电子和质子在单位长度上沉积的能量决定了产生电离的数量，并且可以很容易地从阻止本领表中确定。阻止本领在计算 Heinrich 通量中也是必不可少的（对于大多数 SEU 计算都是必要的，见下文）。图 6 - 3 给出了硅中电子、质子和重离子的阻止本领（或 LET），单位为 MeV · cm²/mg。

另一个与阻止本领密切相关的定量测量高能粒子相互作用的量是穿透深度/射程或给定能量的粒子可以穿透的最大距离。这个深度是对给定的航天器屏蔽层厚度的最小截止能量及其有效性的粗略估计。图 6 - 4 比较了不同能量下电子和质子在铝中的穿透深度。需要特别注意的是，1 MeV 电子穿透的屏蔽层厚度（≈0.2 cm）比 1 MeV 质子（≈0.001 5 cm）大 100 倍。同样的，一个 20 MeV 质子才与一个 1 MeV 电子的穿透深度相同。典型屏蔽水平为 0.1～0.2 cm（40～80 mil），因此，一般比较 E ＞1 MeV 电子和 E ＞20 MeV 质子的积分剂量，因为它们是航天器屏蔽层内部辐射环境的主要贡献者。

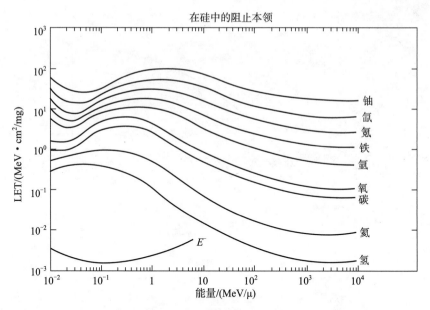

图 6-3　硅中不同离子和电子的阻止本领（或 LET）随单位原子质量沉积能量

（对离子为 MeV/μ，对电子为 MeV）的变化

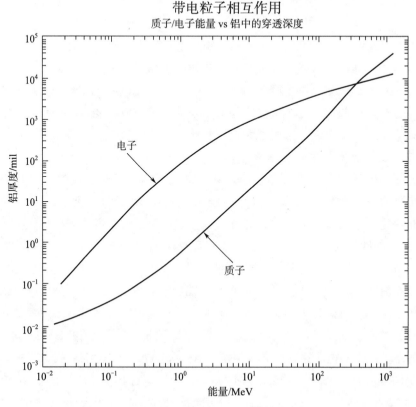

图 6-4　不同能量下电子和质子在铝中的穿透深度

6.2.1.3　中子相互作用

中子与物质的相互作用会导致弹性散射、非弹性散射和核蜕变。在弹性散射中，中子不会被俘获，而是把它的一部分能量转移到靶原子上，靶原子可以从它的晶格位置移走，这只有当入射中子的能量大于位移所需的能量（通常大于 25 eV）时才会发生。靶原子，也称为初级反冲核或撞击核，反过来会引起电离或进一步的位移损伤。在非弹性散射中，中子被原子核俘获，然后发射一个低能中子。在这个过程中损失的动能会导致位移或激发原子核，原子核通过发射伽马射线返回基态。在蜕变过程中，俘获中子可以改变原子同位素，引起裂变，或引起另一个粒子的发射，如质子或 α 粒子。对于硅，主要的过程是能量为 1 MeV 以上中子引起的位移和电离。在辐射计算中，除了瞬发核环境、核动力源或评估地面试验结果外，通常不考虑中子剂量的影响。

6.3　屏蔽效应建模

6.2 节简要描述了单个粒子和物质之间的基本相互作用。如果跟踪一个粒子通过物质时详细的演化过程，那么粒子与屏蔽层的相互作用就变得越来越复杂，因为每一个相互作用都会产生一系列副产物。幸运的是，当每次相互作用都将能量分散给更多的副产物时，副产物和原始入射粒子（如果它仍然存在）就不再有足够的能量来进一步激发新的相互作用。因此，这个过程存在一个有限的结论。虽然模拟粒子通过屏蔽层的详细过程的常见方法是使用蒙特卡罗技术，但完成这一过程的计算机程序可能需要超级计算机或花费很长时间来执行计算。因此，通常只对一部分变量进行详细的代码计算，然后利用这些计算结果对由单个粒子碰撞后产生的多粒子相互作用的最终产物进行解析拟合。这些副产物的影响就以位移损伤、能量沉积或电离（或产生电子空穴）来近似。辐射效应的实际模拟中正是采用这些算法，而不是详细的计算。

选择电子作为蒙特卡罗计算的一个典型例子。电子在物质中特别容易散射，它们和产生的次级电子不会穿透材料，而是散射到材料中。图 6-5 说明了这种行为，该图是 5 MeV 电子撞击"无限厚"铝和铅靶时轨迹的计算机模拟结果（Holmes-Siedle and Adams，1993）。需要注意的是，许多电子实际上是从材料的表面散射出来的，特别是铅。随着屏蔽层厚度的增加，这种行为变得越来越复杂。在这些蒙特卡罗模拟中可以很明显看到剂量非常依赖于屏蔽层的形状（或厚度）。电子及其副产物通过屏蔽层的散射意味着在任何辐射计算中都必须考虑屏蔽层的几何细节。

为了减轻计算负担，用解析表达式来对电子、质子、重离子、中子和光子的蒙特卡罗计算结果和实际测量结果进行拟合。能量沉积、电离、通量（前向和后向散射）和剂量等具体特性可以作为屏蔽层厚度或材料的函数进行预测。图 6-6 针对一个特性说明了这一过程，即，随着电子能量的增加，电子剂量相对于在屏蔽层中传输距离的变化。与图 6-7 相比，质子的能量主要是在轨迹末端沉积。这种随屏蔽层厚度产生的能量沉积差异通常用于设计能够区分高能电子和质子的固态粒子探测器。在设计屏蔽层时也必须记住，过多的屏蔽可能导致具有特定能量的宇宙射线将大部分能量沉积在器件的特定点上，而不是穿透器件。有关粒子及其特性的类似参数曲线系列已经开发出来，用于快速计算屏蔽效果（然而，在详细的屏蔽研究中，还经常保留较长的蒙特卡罗计算）。

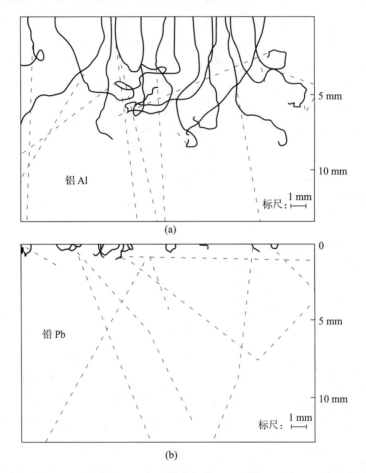

图 6-5　GEANT 蒙特卡罗程序计算获得的 5 MeV 电子在铝和铅中的轨迹，
电子通常从上方入射。虚线表示电子诱导产生的光子

［经 Holmes-Siedle 和 Adams 许可使用，摘自《辐射效应手册》，1993 年，牛津大学出版社］

这些考虑使得我们可以简单地描述如何在航天器内确定辐射剂量环境。如果环境相互作用仅限于剂量，那么以下非常简单的一维模型描述了所涉及的基本数学步骤：

对于剂量，假设靶板密度为 ρ ，面积为 δA ，那么厚度为 $\delta \tau = M/(\rho \delta A)$ ，其中 M 是靶板质量：

1）首先确定屏蔽层对所关心粒子的环境通量谱的衰减效应。

2）计算经屏蔽衰减后，在靶表面的能量相对于能量的变化（垂直于表面的单位面积 δA 上的粒子数 N ），称之为在能量 E 处的 $f(E)$

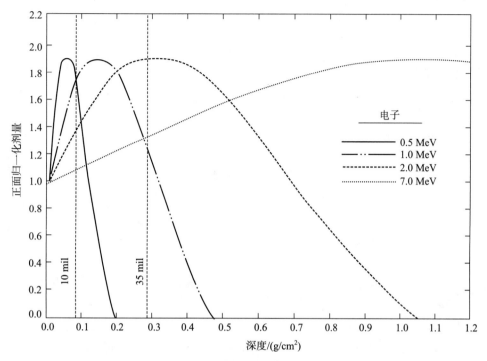

图 6-6　CaF₂ 中的电子剂量-深度剖面

［经 E. G. Stassinopoulos 许可使用］

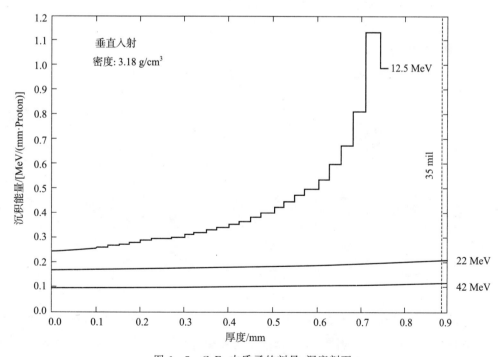

图 6-7　CaF₂ 中质子的剂量-深度剖面

［经 E. G. Stassinopoulos 许可使用］

$$f(E) = \frac{N(E)}{\delta A} \qquad (6-3)$$

3）估算（例如图 6-3）初始能量为 E 的粒子在穿越位于屏蔽层后一定距离处的厚度为 $\delta \tau$ 的靶时的能量变化

$$\delta E \simeq \delta \tau \frac{\mathrm{d}E}{\mathrm{d}x}\Big|_E \qquad (6-4)$$

4）每个能量为 E 的粒子的剂量由下式给出

$$D(E) \simeq \frac{\delta E}{M} = \frac{1}{\rho} \frac{\mathrm{d}E}{\mathrm{d}x}\Big|_E \frac{1}{\delta A} \qquad (6-5)$$

5）总剂量表示为

$$D_T(E) \simeq N(E)D(E) = \frac{1}{\rho} \frac{\mathrm{d}E}{\mathrm{d}x}\Big|_E f(E) \qquad (6-6)$$

6）$E > E_0$ 的总剂量通过在 E_0 到 ∞ 范围内积分获得。

利用以上计算方法对不同角度、不同粒子重复计算，可给出三维体积内的总剂量。最终结果基本上与测试点的形状或大小无关，只是材料密度的函数。

在剂量实际计算中，由于屏蔽层对能量沉积的各种影响，通常考虑 5 种屏蔽层几何结构［这些结构定义改编自 NOVIC 程序（Jordan，1987）］。5 种几何结构如图 6-8 所示：

1）球壳：顾名思义，这种结构代表了一个从球中心的剂量测试点开始，各方向厚度均相等的空心球。（注：在大距离情况下，球体的半径并不重要。）其剂量往往低于相同屏蔽层厚度的实心球体。这种情况类似于一个典型的空心航天器内的一个点。

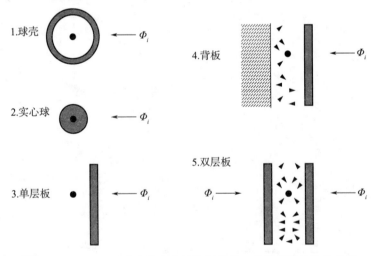

图 6-8　NOVIC 程序中给出的计算剂量的 5 种屏蔽层结构示意图

2）实心球：假设屏蔽层均匀分布在剂量测试点周围，屏蔽材料和剂量点（即固体金属球体中心的点）之间没有间隙。由于散射发生在距离剂量点较近的地方，因此散射通量损失很小。这种情况类似于"点屏蔽"结构。

3）单层板（或 2 * Slab）：假设单个平板为无限二维表面（见图 6-8）。理想情况下，粒子从一侧进入并照射剂量点。这是一种基本的单板结构，它假定没有后向散射电子，也没有来自后面的通量（即，无限大的后屏蔽）。这近似于高能质子和重离子的实际情况。要估算两个屏蔽面之间的全向通量，由于没有来自另一个面的后向散射，典型情况下将该值加倍。（在 NOVIC 程序中，这称为 2 * Slab 情形；另请参见双 Slab 情形。）

4）背板：此位形类似于单层板，即假定剂量测试点从背部被无限大平板补充防护。和以前一样，通量只从一侧进入，但现在粒子可以被反射或散射回来。对于电子而言，这通常接近入射通量的两倍。

5）双层板：这里有两个相同的屏蔽板，每侧一个。在这种位形中，假设通量来自两侧，并包含来自每一侧的后向散射。这种几何结构类似于在太阳翼位形中一个扁平的太阳能电池板从航天器伸展出去的情形。

使用哪种结构在很大程度上取决于需要建模的航天器部件的几何结构。球壳常被用作基本描述，因为它更像航天器内部典型电路板周围的屏蔽层。

接下来，考虑其他感兴趣的辐射量的详细步骤，即重离子的 Heinrich 曲线。如 Adams，Letaw and Smart（1983）在 CREME 代码中所概括的，步骤如下：

1）首先定义关键体积表面感兴趣的粒子谱。例如，考虑航天器表面 GCR 铁离子的周围环境，称之为微分谱 $f(E)$。

2）屏蔽层对高能离子的衰减可近似为［散裂被忽略（Adams et al.，1983）］

$$f'(E') = f(E) \frac{S(E)}{S(E')} \exp(-\sigma\tau) \qquad (6-7)$$

其中

$$\sigma = \frac{5 \times 10^{-26} N_A (A^{1/3} + 27^{1/3} - 0.4)^2}{27} \qquad (6-8)$$

式中，f' 为屏蔽层内部的微分能谱；τ 为屏蔽层厚度；E' 为航天器内部离子的能量 $\{= R^{-1}[R(E) - \tau]\}$，$R(E)$ 为能量为 E 的离子穿过屏蔽层的射程（Fe 在 Al 中的射程见图 6-9），R^{-1} 为 $R(E)$ 的逆函数；$S(E)$ 为靶板材料中离子的阻止本领或 LET（对于 Si 中的 Fe 见图 6-3）；A 是离子的原子质量，N_A 是阿伏加德罗常数。图 6-10 显示了 635 μm 铝屏蔽层后铁离子的计算结果（Adams et al.，1983）。

3）接下来，确定感兴趣的材料中的入射粒子的 dE/dx 曲线。Si 中 Fe 的 $-(1/\rho)dE/dx$ 曲线如图 6-3 所示。

4）入射的（内部的）粒子微分能谱 $f'(E')$ 通过以下方式转换为 Heinrich 微分能谱 h（LET）

$$h(\text{LET}) = f'(E') \frac{dE'}{d\text{LET}} \qquad (6-9)$$

（注：给定的一个 LET 可能对应于几个 E' 值。）

5）对方程（6-9）积分，得出积分 Heinrich LET 曲线

$$F_H(\text{LET}) = \int_{\text{LET}}^{\infty} h(\text{LET}) d\text{LET} \qquad (6-10)$$

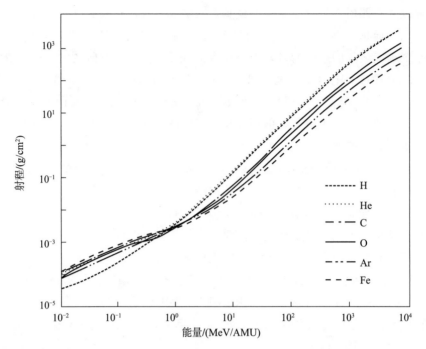

图 6 - 9　Al 中 H、He、C、O、Ar 和 Fe 的离子射程与能量的关系。射程以 g/cm² 为单位，
能量以兆电子伏每单位原子质量（MeV/AMU）表示

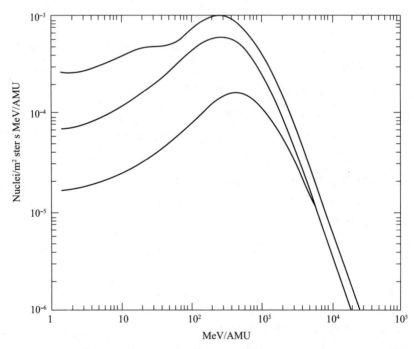

图 6 - 10　三种情况下的屏蔽衰减后的宇宙射线铁离子微分能谱：90％最坏情况（上部）、太阳活动极小
（中部）和太阳活动极大（下部）。这些能谱是在 1 AU（无磁层屏蔽）和 0.025 in 铝屏蔽层下得到的
［Adams et al.，1983］

该方程等价于方程（2-89）。最终结果如图 6-11 所示。这些曲线称为 Heinrich 曲线，通常是 SEU 计算所必需的。在 GCR 的情况下，对每个 GCR 离子种类计算该曲线，并对所有种类进行求和，以得到一个复合能谱。

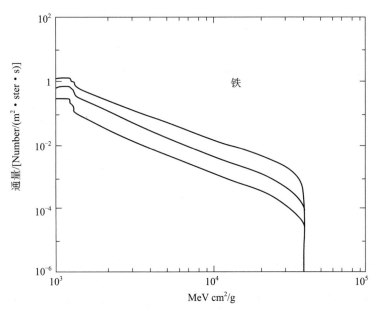

图 6-11　使用与图 6-10 相同的三种情况，但能谱已经积分给出铁离子的积分 LET 能谱
［Adams et al.，1983］

总的来说，有许多不同的技术来估算航天器屏蔽层后面的辐射环境。为了限制所需的计算机时间，在进行粒子传输和屏蔽计算时，"精确的"蒙特卡罗形式通常被解析近似（称为核）所取代。特别是，使用蒙特卡罗技术为各种屏蔽几何结构（如图 6-8 所示的单层板、球壳和实心球几何结构）准备了表格化的衰减数据。给出屏蔽层的三维模型和几何结构（或一维结构，取决于所追求的精度水平），可计算出一点的等效屏蔽（作为角度和路径长度的函数）。来自环境的输入能谱（例如中子、伽马射线、光子、电子、正电子、质子、重离子、α粒子、GCR）与此等效屏蔽耦合起来考虑，计算出剂量作为能量的函数（或 Heinrich 通量作为 LET 的函数）和角度的函数。通常还需要考虑次级和轫致辐射粒子效应，特别是对于厚屏蔽层。有关这些相互作用的更详细的处理方法，请参阅 Holmes - Siedle and Adams（1993）及其他文献。

6.3.1　太阳能电池阵退化

除了核动力外，航天器的主要长期动力来源是太阳能电池阵。太阳能电池阵由太阳能电池组成，每一个太阳能电池都是夹在基板和玻璃盖片之间的半导体。太阳耀斑质子、俘获电子和俘获质子会对电池造成辐射损伤。如前所述，损伤主要由电离和原子位移组成。这会影响电池的电压和电流输出，并导致电池输出功率下降（Agrawal，1986）。这种功率损失是卫星故障的主要原因，因此也是航天器设计考虑的主要问题。

为了比较不同的电池类型和辐射粒子，通常用"1 MeV 等效流量"（通常是硅中的 1 MeV 电子或 1 MeV 中子）来表示辐射流量。该流量定义为

$$\phi_e = \int_{E_{c_e}} K_e(E) \frac{\mathrm{d}\phi_e(E)}{\mathrm{d}E} \mathrm{d}E + 3\,000 \int_{E_{c_p}} K_p(E) \frac{\mathrm{d}\phi_p(E)}{\mathrm{d}E} \mathrm{d}E \qquad (6-11)$$

式中，E_c 是玻璃盖片的截止能量（即穿透玻璃盖片所需的电子或质子的最小能量）；K_e 是 1 MeV 电子的损伤系数；K_p 是 10 MeV 质子的损伤系数；$\mathrm{d}\phi_{e,p}(E)/\mathrm{d}E$ 是电子、质子微分流量。损伤系数定义为 1 MeV 电子（或 10 MeV 质子）与产生同样损伤水平的能量为 E 的电子（质子）的相关系数。对于 GEO 上指向太阳的平板太阳能电池阵，七年后的平均等效 1 MeV 流量为 10^{15} electrons/cm^2，而对于具有体装式电池阵并因此具有更多保护的自旋稳定卫星，七年后的平均等效 1 MeV 流量为 3×10^{14} electrons/cm^2。图 6-12 中显示了三种类型的硅电池的功率衰减，在七年的寿命期内电池阵输出功率通常会下降 15%～20%。卫星系统工程师在设计 GEO 卫星时，必须在一定程度的功率衰减和增加屏蔽层（玻璃盖片）厚度之间做出复杂的权衡。增加屏蔽层厚度会增加电池阵的质量，对于固定质量卫星会减少用于有效载荷的质量预算。

6.3.2　重离子引起的单粒子翻转

当单个高能粒子通过电路单元或传感器时，会形成不希望的电离从而产生单粒子效应（SEEs）。从光学传感器中引起简单的闪光，到集成电路中产生潜行电路，这种效应可导致电路元件的短路和烧毁。为了简单起见，这里只考虑最常见的 SEEs 形式，即所谓的单粒子翻转或 SEU。SEU 是当高能带电粒子通过集成电路的一个（或多个）单元并引起存储器单元或逻辑状态发生变化时产生的。与 SEU 相关的基本过程和计算通常适用于（有微小变化）其他单粒子效应，可作为对单粒子效应的有价值的介绍。

在最基本的层面上，当高能粒子（典型为重离子，因为电子和质子一般不会沉积足够的能量）通过 IC 存储元件的"临界体积"（也称为耗尽区）时，就会发生 SEU。这种电离沿着粒子径迹产生电子-空穴对，这些电荷被跨越临界体积或耗尽区的电场所分离，并被吸引到单元的节点上。当它们到达一个节点时，就会产生一个短的电流脉冲。如果产生的脉冲中的总电荷大于特征临界电荷（与存储单元中储存的电荷成比例），且脉冲持续时间合适时，就会导致单元状态发生变化。图 6-13（Robinson，1988）说明了重离子通过典型存储单元临界体积的过程。电荷漏斗（初始电离通道外的额外电荷被拉入电离通道的过程）和电荷扩散（随后沿粒子径迹的任何剩余电荷的缓慢迁移）将增加在初始脉冲中收集的电荷量。

SEUs 主要出现在具有某种形式的记忆保持功能的元件中。存储器件通常分为电荷存储器件、电压存储器件或电流导引器件。使用存储电荷工作的器件（例如，动态 RAM 和电荷耦合器件）通过有没有存储电荷来确定其存储状态。电压存储器件（如静态 RAM 或 CMOS RAM）通过触发器电路中每个节点的电压来确定其状态。双极型器件通过控制电流使某些晶体管处于"开"状态来建立它们的存储状态。存储器和处理器应用的双极性技术，包括晶体管-晶体管逻辑（TTL）和集成注入逻辑（I^{2}L），都容易受到 SEUs 的影响（Robinson，1988）。

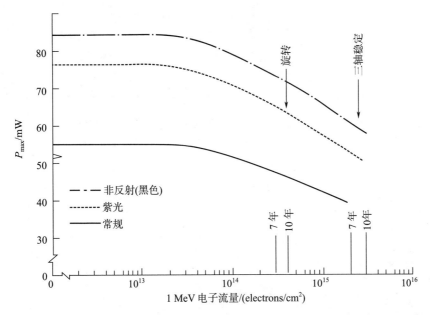

图 6-12　常规电池、紫光电池和非反射电池的 2 cm×2 cm 电池片的最大输出功率，
作为 1 MeV 电子流量的函数

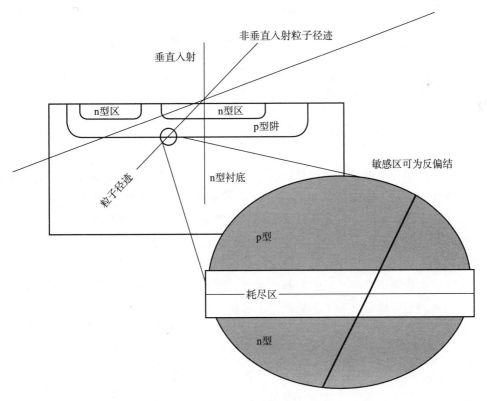

图 6-13　单粒子翻转示意图（Robinson，1988）

首先考虑临界电荷的问题。在 20 世纪 70 年代之前，SEUs 并不是一个问题。然而，由于对低功率和高速集成电路（ICs）的追求导致临界电荷水平越来越小，从而使 SEUs 成为一个问题。ICs 使用 $0.01 \sim 1.0$ pC 的总电荷来存储信息。耗尽深度（电场延伸的长度）的特征尺寸目前约为 1 μm 量级。一个能量介于 $0.1 \sim 10^3$ MeV/nucleon（典型的 GCR 能量）之间的高能离子将在 1 μm 的硅中沉积到该数量级的电荷（参见图 6 - 14，来自 Robinson，1988）。未来器件的临界电荷将降低到 10^{-3} pC，SEU 问题可能会随着时间的推移而增加。一个典型的电路元件的临界电荷已经到达了这样一个程度，即当一个 GCR 或其他高能重离子通过时可以沉积足够的电荷以产生一个位翻转。事实上，由 SEU 引起的位翻转以及由此产生的工作状态的改变，现已被怀疑是导致各航天器中诸如电源重启等伪指令的原因。

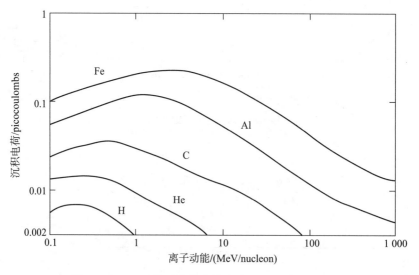

图 6 - 14　1 μm 的硅中沉积的电荷（Robinson，1988）

虽然电路的响应很难计算，而且取决于实际的电路布局，但可以很容易地总结出这一过程。如前所述，注入的电流是瞬时电荷（直接沉积在临界体积或耗尽区的初始电荷）、所谓的漏斗区中扫过的电荷以及从离子路径缓慢扩散到耗尽区的电荷的总和。瞬时电荷和漏斗电荷在纳秒或更短的时间内被分离和收集，而延迟的扩散电荷在 1 到数百纳秒的时间内被收集起来。因此，离子注入的电荷脉冲表现为具有纳秒或更短衰减时间的短脉冲，随后是一个沿着初始离子径迹扩散的电荷产生的长时间、低幅度电流拖尾。正常的用来改变器件状态的电路感应脉冲也有一个陡峭上升和快速下降时间，其中大部分电荷在 1 ns 以内收集。因此，只要离子诱发的脉冲比正常电路响应时间短，临界电荷基本上与脉冲形状无关。

定量而言，第二个问题，即确定 SEU 翻转率的问题，简化为确定临界体积的大小（和形状），确定每个粒子沉积的临界电荷，然后将其与高能粒子通量卷积。临界体积由敏感单元的特征尺寸决定，一般以截面和厚度或深度（通常为 $1 \sim 10$ μm）表示。图 6 - 15

（来自 Robinson，1988）是截面作为粒子 LET 的函数的示意图。在一级近似下，可以假定 SEU 截面是一个阶跃函数，其阈值由敏感单元中存储的电荷确定（不幸的是，如图 6-15 所示，实际截面可能随 LET、临界体积的复杂形状、漏斗效应、离子入射角、离子种类和单元的工作状态而变化）。

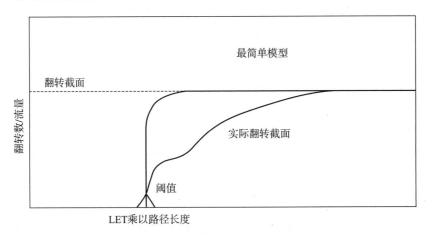

图 6-15　经典实验截面（Robinson，1988）

　　要产生 SEU，产生电离的粒子必须沉积相当于临界电荷的电荷量。除了敏感区的形状（决定粒子可以沉积电荷的长度）之外，还必须确定单位路径长度的电荷密度。这里关键的量是在敏感区材料（通常是硅或砷化镓）中产生一个电子-空穴对所需的能量。对于硅，是 3.6 eV/电子-空穴对（砷化镓是 4.8 eV/电子-空穴对）。也就是说，粒子穿过时每沉积 3.6eV 的能量就会产生一个电子和一个空穴（单位电荷是 1.6×10^{-19} C）。沉积的总电荷利用粒子通过临界体积的路径长度乘以粒子的 dE/dx 或 LET（也称为阻止本领）乘以材料的密度来确定。如果此电荷超过临界电荷，则会发生 SEU。

　　最后，总翻转率是通过对所有角度上通过临界体积的导致 SEU 的粒子的数量求和来计算的。这通常是通过使用考虑临界体积的三维形状和屏蔽结构的蒙特卡罗方法来实现的。在这里，我们将讨论一个更简单的公式来评估敏感单元处的截面（其中包含通过临界体积的路径长度分布信息）和离子通量乘积的积分，它是 LET（而不是能量）、空间参数和离子种类的函数。SEU 翻转率 dU/dt 的积分表达式可简化如下

$$\frac{dU}{dt} = \int_0^{2\pi} d\phi \int_0^{\pi} \sin\theta \, d\theta \, \sigma(LET, \theta, \phi) \sum_{Z=1}^{Z=92} F_H(LET) \qquad (6-12)$$

式中，$F_H(LET)$ 是式（6-10）定义的 Heinrich 通量（作为 LET 的函数）；σ 是作为 LET 和角度（θ，ϕ）的函数的截面（忽略了随离子种类的变化）。求和是对所有相关的离子种类进行的。计算中最困难的部分是确定函数 σ，以便它能够恰当反映所有随角度的变化，并把所有可能的路径长度都考虑进来。对于简单的几何结构（即薄的平行六面体），通常正入射是考虑的全部情况，这样 σ 是由实验确定的 LET 的一维函数，如图 6-15 所示。但是，有的路径长度（从正面的角沿对角线到背面相对的另一个角）可能非常长，从而导致电荷沉积增加。幸运的是，通常大入射角的截面非常小（对于截面比较复杂的情况可能不是这样的）。

正如已经讨论过的，产生 SEU 的主要环境是太阳质子事件、俘获辐射带及 GCR 中的高能重离子成分。重离子其实存在于大多数辐射环境中。虽然受到行星磁场的屏蔽，但 GCR 离子在几乎所有的任务中都是次要的；太阳质子事件，即使它们产生的重离子能量通常低于 GCR，但因其流量更高而通常更受关注。俘获辐射带重离子环境取决于特定的行星，地球和木星是最恶劣的例子。表 6-1 总结了引起 SEU 的自然环境（摘自Robinson，1988）。异常成分是指那些偶尔被视为太阳活动周期的函数、增加了 10～100 MeV/AMU 范围离子的背景通量的单电离态离子。

表 6-1　引起 SEU 的自然环境（Robinson，1988）

自然环境	时间依赖性	位置依赖性	说明
银河宇宙射线	是	否	~ 1 GeV/AMU，$Z \geqslant 1$
异常成分	是	否	~ 20 GeV/AMU，He，N，O，Ne
行星辐射带	是	是	质子：~ 50 MeV；某些重离子
太阳粒子事件	是	是	质子：~ 100 MeV；某些重离子

对于未来的空间元器件，最后一个可能也是最关键的问题是它们对质子的敏感性。目前，合格空间元器件的临界 LET 通常为 ~ 10 MeV $\cdot$ cm^2/mg 或更高。这对于地球环境中的质子来说太高了，不能直接导致 SEU，因为它们的通量在低于该临界值水平以下才达到峰值。因此，直到最近大多数器件被认为（对于质子直接电离来说）对 SEUs 是免疫的，除非质子以掠入射轰击（即，如前所述有一个较长的路径长度），但这是一个低概率事件。这种情况是偶然的，因为地球附近的质子积分通量比重离子积分通量高 $10^4 \sim 10^7$。然而，质子可能通过核反应或在临界体积内产生高能重离子的正面轰击而间接产生 SEU，这些二次离子会引起 SEU。这种相互作用的可能性取决于材料的布拉格峰。硅的布拉格峰为 17 MeV $\cdot$ cm^2/mg，这意味着质子二次离子 SEU 将不重要，除非器件的截面阈值低于 ~ 8 MeV $\cdot$ cm^2/mg（Robinson，1988）。由于未来几年器件允许的临界 LET 下降到 ~ 8 MeV $\cdot$ cm^2/mg 以下，预计空间 SEU 的问题会越来越严重。

6.4　介质材料的辐射充电

本书中讨论的航天器充电通常是指航天器外表面的电荷积聚。事实上，除了大块导电表面材料外，电荷还在有限的深度上沉积——其实任何能量超过几个电子伏的粒子都将穿透表面。穿透深度和沉积电荷是阻止本领、撞击粒子的能量和任何垂直于表面的电场的函数。一种常见的航天器表面结构位形可以显示这种行为，它由一个通过导电背衬连接到航天器结构地的暴露电介质材料（例如，光学涂层、太阳能电池玻璃盖片或暴露的电线绝缘层）组成。电荷随着时间在电介质中累积（或扩散），并与材料的电导率及外加电场有关。如果电介质中积累的电荷诱导的电场大于材料的击穿强度，通常为 $10^5 \sim 10^6$ V/cm，则放电就会出现在材料内部（与外表面之间的放电相反），或发生于介质内部至其中一个表面之间。由于这种放电对航天器表面和系统有潜在的破坏性，所以航天器设计者对此很关注。

对于暴露在地面高能辐射环境中的电介质，经常观察到体放电过程。例如，高能电子会产生一种典型的"Lichtenberg"放电模式（在透明塑料中，如果放电到达表面，这种模式看起来像是冻结的闪电）。除了这种材料"龟裂"现象外，放电还会对附近的电子系统产生影响，就像表面放电情况一样。由于放电可能发生在外部 EMI 屏蔽层之间以内，或直接发生于貌似被屏蔽的导线上，因此它通常比外部放电造成更大的破坏。放电可能释放物质——通常是气体和等离子体，在某些结构下会触发表面电弧（Fredrickson，1980）。因此，介质的辐射充电或体充电（通常称为内部充电）可能是电弧放电的主要来源。来自 SCATHA 和 CRRES 卫星试验的证据确实表明，与表面充电相比，所有电弧放电中有 50% 可能是由这种现象引起的（Vampola，1987）。鉴于这一现象的重要性，6.4.1 节对其特征进行了综述，重点强调其物理过程。

6.4.1 辐射诱导充电的物理过程

估算辐射诱导电荷所涉及的计算与包含空间电荷的表面充电计算类似。也就是说，基本问题是在感兴趣的三维空间上，以自洽的方式计算电场和电荷密度。主要区别在于材料的电导率在这一过程中所起的作用不一样。和以前一样，泊松方程必须在连续性方程下求解，但现在是在电介质中。作为一个简单的例子，考虑在介质中位置 x 处的一个一维近似平板，那么 x 处的方程是

$$\epsilon \frac{\mathrm{d}E}{\mathrm{d}t} + \sigma E = J \qquad (6-13)$$

式中，E 是 x 处的电场；t 是时间；σ 是以 $\Omega^{-1} \cdot \mathrm{m}^{-1}$ 为单位的电导率，$\sigma = \sigma_o + \sigma_r$，其中，$\sigma_o$ 是暗电导率（在没有辐射照射的情况下的电导率），σ_r 是辐射诱导电导率（Fredrickson et al.，1986）；ϵ 是由 $\epsilon = \epsilon_{\mathrm{rel}} \epsilon_0$ 给出的材料的介电常数，其中 $\epsilon_0 = 8.854\ 2 \times 10^{-12}$，是自由空间介电常数，$\epsilon_{\mathrm{rel}}$ 为相对介电常数。最后，J 是 x 处的入射粒子通量（电流密度），包括初级和次级粒子。

这是根据泊松方程和电流连续性得出的，总电流包括入射电流 J（一次和二次粒子）和传导电流 σE。当 σ 和 J 与时间无关时，该方程的解是

$$E = E_0 \exp(-\sigma t / \epsilon) + (J / \sigma)\ [1 - \exp(-\sigma t / \epsilon)] \qquad (6-14)$$

其中，E_0 是 $t = 0$ 时的外加电场。

这只是对实际问题的粗略近似，因为几何效应、电导率和入射电流的时间变化以及其他效应使得数值解成为必要。然而它对于理解电介质充电所涉及的时间常数（$\tau = \epsilon / \sigma$）是很有用的。对于 $10^{-16}\ \Omega^{-1} \cdot \mathrm{m}^{-1} < \sigma_0 < 10^{-14}\ \Omega^{-1} \cdot \mathrm{m}^{-1}$，$\tau$ 的典型值在 $10 \sim 10^3$ s 之间。在剂量率较高的区域（辐射诱发电导率增强），电场 E 迅速达到平衡。在弱辐照区域，时间常数较大（以暗电导率为主），电场需要很长时间才能达到平衡。

对于一个宽辐照能谱，估计了被辐照介质中的峰值电场 $E_{\max}$ [例如，Fredrickson (1980)]

$$E_{\max} = (A / k) / (1 + \sigma k / D) \approx A / k \qquad (6-15)$$

式中，$A = 10^{-8}$ s · V/（Ω · rad · m^2）；k 是辐射诱发电导率系数，以 s/（m · Ω · rad）为单位；D 是平均剂量率，以 rad/s 为单位。

第二个近似来自于高辐照通量条件，因为 σ_r 可由 $\sigma_r \approx kD^\delta$ 近似［这里对于高辐照通量和 $\delta \approx 1$，有 $\sigma_r > \sigma_0$，Fredrickson（1980）］。当存在解析解时，方程与解析解一致；对于某些构型，方程与更复杂的数值解一致。对于聚合物，k 的典型值为 $10^{-16} < k < 10^{-14}$［Fredrickson（1980）］。将该范围的 k 值代入，$E_{\max}$ 的值可以达到 $10^6 \sim 10^8$ V/m，这是预期会发生击穿的范围。

尽管能量低至 5 eV 的粒子也能沉积电荷，但通常认为能量为 100 keV 或更高的电子是体充电的主要来源。首先，质子和重离子需要能量超过 100 keV 才能穿透几个微米，在这些能量下，它们的流量通常太低，不能在短时间内沉积大量电荷。另一方面，100 keV 电子可以穿透约 70 μm 深度。再者，能量在 100 keV 和几个 MeV 之间的电子既能穿透到介质深处，也能在短时间内具有足够的积分通量，能够积累足够的电荷而引起击穿。假设所有电荷都被捕获在一个理想的平行板电容器上，该电容器的电场 E 为 $10^7 \sim 10^9$ V/m，可以近似地计算出这个临界电子流量。如果电容器的介电常数为 ϵ，那么

$$Q = CV = \epsilon AV/d = \epsilon AE \tag{6-16}$$

式中，Q 是总电荷；C 是电容；$V = E/d$ 是极板之间的电势差；A 是极板面积；d 是距离；$\epsilon = k\epsilon_0$，$k \approx 1 \sim 10$。

对于 1 C $= 6.25 \times 10^{18}$ 个电子，上面意味着临界流量必须是 $Q/A \approx 5 \times 10^{10} \sim 5 \times 10^{11}$ elecrtons/cm^2。对于通量 5×10^6 electrons/（cm^2 · s）［地球同步轨道 1 MeV 电子的最大通量，见 Vampola（1987）］，充电时间为 $10^4 \sim 10^5$ s（或 3 ~ 30 h）。1980 年 7 月至 1982 年 5 月间，地球同步轨道 GEOS-2 卫星对于 $E > 1.2$ MeV 电子的测量结果发现，其与美国空军防御支持计划卫星（USAF）上的星敏感器异常情况相关。这些异常与高能电子之间的强相关性被解释为这种放电现象的证据。

6.4.2　辐射诱发体放电的实验证据

为了检验这些概念并验证介质充电或辐射诱发充电的过程，在 CRRES 卫星上搭载了内部放电监测仪或 IDM（Fredrickson，Holeman and Mullen，1992），以监测辐射诱发的放电脉冲。实验搭载了多种结构和材料。在 CRRES 任务的 13 个月寿命期内监测到超过 4 000 个脉冲（Fredrickson et al.，1992）。Fredrickson et al. 总结了 IDM 实验的一些主要结果（1992），列举如下：

1）当电子通量超过一个固定值（5 nA/m^2）时，介质放电脉冲在电子带（即外辐射带——译者注）中很常见。脉冲出现频次与高于该水平的电子通量成弱正比。

2）质子似乎与脉冲没有关联（它们的作用可能被电子效应淹没）。

3）较厚的样品以及含有较多暴露绝缘体的样品更频繁地发生脉冲。

4）脉冲特性随暴露时间变化。七个月后，平均脉冲频次比前七个月高出近 6 倍。

5）随着时间的推移，脉冲模式随材料而发生改变。TFE 聚四氟乙烯样品在经过

10^6 rad 暴露后脉冲频次减少。其他样品，包括 FEP 聚四氟乙烯，在暴露后显示出脉冲频次增多。

因此，IDM 实验证明了体充电和长期辐射对材料性能（电荷建立和放电）的影响。

1994 年 1 月下旬，两颗地球静止轨道通信卫星 Anik E - 1 和 Anik E - 2 在一次 GEO 高能电子增强事件中，姿态控制电路出现异常。地面控制人员最终恢复了对 Anik E - 1 的控制，但在数月后 Anik E - 2 丢失。虽然没有结论性证据（过去曾多次遇到相同的环境条件，但没有出现问题），但有强有力的证据显示内部充电或辐射诱发充电是导致这一事件的原因。这一事件至少造成数百万元的通信失联损失，还有因此造成的个人损失。

为限制辐射诱发充电对航天器的影响所采取的措施与表面充电措施相似。此外，应提高介质材料的导电性，尽可能限制辐射诱发充电的源区的大小：

1）只要有可能就尽量使用导电材料。对于介质表面，这转化为提高材料的导电性（典型值为 $\sigma_o > 10^{-10} \ \Omega^{-1} \cdot m^{-1}$）。

2）将潜在的辐射诱发充电源区分解。对于诸如光学太阳反射器之类的介质，设计规范要求将体积/表面面积分成小于 $1 \ cm^2$ 的区域。

3）将所有悬浮导体接地。

将这些步骤与表面充电的防范措施相结合，在多数情况下辐射诱发充电威胁将大幅降低。

6.5　辐射环境评估

在本节中，通过将空间辐射环境及其影响的知识与传输/屏蔽过程相结合，对航天器辐射环境进行了分析，以检验几个实际案例的研究。这些分析是对月球转移轨道预期的辐射剂量环境的详细分析，以及对木星的强辐射环境与地球饱和核环境的比较。案例研究说明了对航天器内部辐射环境进行彻底分析所需的基本步骤。本部分包括几种环境的 Heinrich 通量估计以及有关 CRRES 项目最新结果的讨论。

6.5.1　示例：Clementine 计划

作为卫星内部辐射剂量环境估算过程的一个例子，考虑 Clementine 航天器月球转移轨道的情况。Clementine 是美国国防部（DoD）/美国国家航空航天局（NASA）一个雄心勃勃的任务，旨在绘制月球地图。它于 1994 年 1 月发射，是美国 20 多年来首次对月球的测绘任务。Clementine 测试了辐射环境对一些独特的、先进的微电子系统的影响。Clementine 还在一个不同寻常的大椭圆轨道上留下了它的月球转移级，该中间级和 Clementine 卫星都装有辐射剂量和 SEU 探测器。此外，它们每个都携带了先进微电子元件箱，并将其直接暴露在辐射环境中。要甄别辐射敏感部件，确定适当的替换部件或提供增强的保护措施，需要详细的辐射环境预测。同时还希望预测系统的性能并在辐射环境中对元器件进行测试。这些都是空间任务的典型要求，此外，还举例说明了各种潜在的辐射应用。

6.5.1.1 AE8 和 AP8 辐射剂量结果

确定 Clementine 任务剂量的第一步是计算由地球捕获的辐射环境产生的辐射剂量。如第 3 章所述，最常用的捕获辐射环境模型是 AE8（电子）和 AP8（质子）太阳活动极大（或活跃）和太阳活动极小（或安静）的捕获辐射模型。这些模型给出的剂量结果，当对太阳活动周期量级的任务寿命期平均时，通常在剂量实际测量值的 2 倍因子以内。不幸的是，对于短于 5 年左右的时间内，统计结果变化会很大（对于一年以内的任务，如 Clementine，接近 10～100 倍因子）。即便如此，自 20 世纪 60 年代后期以来，它们已经成为了几乎所有俘获辐射计算的基础。有了适当定义的辐射设计裕度（RDM），它们的预测对于评估航天器的抗辐射设计是有用的。

如前所述，计算航天器内部剂量的过程简单但耗时。首先，从航天器轨道估算航天器的 B 和 L 坐标，然后由 AE8 和 AP8 模式按照 B 和 L 值计算作为能量函数的粒子积分通量，所得到的能谱在任务时间内求和，按照能量和粒子种类给出总积分流量谱。然后，这些按照粒子种类（电子和质子）得到的能谱被用作屏蔽计算程序的输入（这里使用的是一个商用软件包 NOVICE 代码），该软件计算沉积于一点的总能量，是屏蔽层厚度、屏蔽成分和几何结构的函数。通常对于用于内部辐射环境一阶估算的剂量计算，假设屏蔽层用铝，剂量位置用硅来进行分析。对于电子来说，几何结构的考虑变得尤为重要，因为电子很容易在材料中散射或反射。如前几节所述，通常假定有几种不同的几何结构。这里，考虑了 5 种几何结构（见图 6-8）：1) 球壳，2) 实心球，3) 单层板，4) 背板，5) 双层板。

在 NOVICE 代码的计算中，假设单板是一个具有无限后向屏蔽的无限大二维表面（见图 6-8），这样就不会有来自后面的辐射，也不会有辐射反射回来。为了比较，程序将该值加倍，以便结果可用于估计不考虑散射的两个平板之间的一个部件的全向通量（参见双层板情况）。除非另有说明，球壳几何结构假设为表达基线，因为它更像 Clementine 内部典型电路板周围的屏蔽情况。

对一组 Clementine 在 11 倍地球半径以内各段轨道数据进行了收集。Clementine 轨道被分成 6 段，如表 6-2 所示。针对这些段的轨道计算了 5 种不同几何构型、太阳活动极大和太阳活动极小环境假设，以及各种屏蔽层厚度下的剂量，以估计预期的剂量范围。对 Clementine 处于 $11R_E$ 以下各段轨道，计算了电子、质子和光子（二次粒子）的辐射剂量（AE8 模型仅在 $11R_E$ 内有用，AP8 模型在 $6R_E$ 内有用）。剂量方面的结果如图 6-16 所示。最恶劣情况下的轨道段如图 6-17 所示：沿转移轨道的太阳活动极大时的俘获电子和太阳活动极小时的俘获质子。表 6-3 列出了表 6-2 中所有轨道段 58 mil 厚铝屏蔽层的剂量。

表 6-2 Clementine 轨道位置

轨道阶段	日期
1 LEO	94/01/24
2 地月转移轨道	94/01/26

续表

轨道阶段	日期
3 地月轨道	94/02/04
4 地月轨道	94/02/15
5 地球引力辅助	94/05/06
6 地球引力辅助	94/05/24

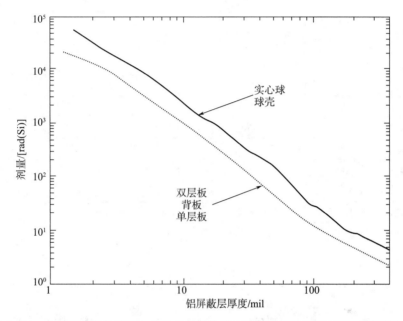

图 6-16　太阳平静条件下第一个地月转移轨道中捕获质子环境（AP8）的辐射剂量

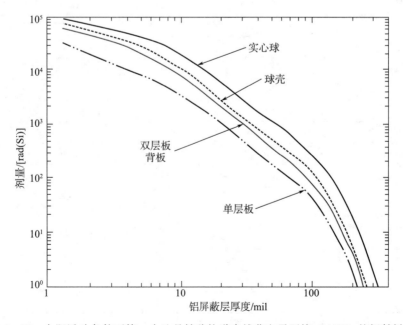

图 6-17　太阳活动条件下第一个地月转移轨道中捕获电子环境（AE8）的辐射剂量

表 6 - 3　58 mil 屏蔽层下 Clementine 捕获电子 (AE8) 和捕获质子 (AP8) 剂量汇总表

P	几何结构				
	实心球体	球壳	单层板	双层板	背板
活动期间电子,剂量/rad					
1	0.001 150	0.000 437	0.000 154	0.000 315	0.000 315
2	184.000	83.500	32.600	61.300	61.400
3	778.000	359.000	127.000	260.000	260.000
4	466.000	201.000	78.400	143.000	143.000
5	247.000	88.400	30.100	60.400	60.400
6	665.000	267.000	107.000	183.000	183.000
Σ	2 340.001	998.900	375.100	707.700	707.800
活动期间质子,剂量/rad					
1	0.001 800	0.001 800	0.001 310	0.001 310	0.001 310
2	29.000	29.000	9.780	9.780	9.780
3	104.000	104.000	31.900	31.900	31.900
4	66.800	66.800	19.400	19.400	19.400
5	0.000	0.000	0.000	0.000	0.000
6	0.000	0.000	0.000	0.000	0.000
Σ	199.802	199.802	61.081	61.081	61.081
平静期电子,剂量/rad					
1	0.001 120	0.000 434	0.000 153	0.000 312	0.000 312
2	128.000	56.300	21.700	41.400	41.400
3	557.000	250.000	87.500	181.000	181.000
4	466.000	201.000	78.400	143.000	143.000
5	247.000	88.400	30.100	60.400	60.400
6	665.000	268.000	107.000	183.000	184.000
Σ	2 063.001	863.700	324.700	608.800	609.800
平静期质子,剂量/rad					
1	0.001 800	0.001 800	0.001 310	0.001 310	0.001 310
2	29.100	29.100	9.830	9.830	9.830
3	104.000	104.000	32.000	32.000	32.000
4	66.700	66.700	19.400	19.400	19.400
5	0.000	0.000	0.000	0.000	0.000
6	0.000	0.000	0.000	0.000	0.000
Σ	199.802	199.802	61.231	61.231	61.231
Σ_{active}	2 539.80	1 198.70	436.18	768.78	768.88
Σ_{quiet}	2 262.80	1 063.50	385.93	670.03	671.03

注:结果对应于不同水平地磁活动、几何结构及轨道,单位是 rad(Si),轨道阶段(P)见表 6 - 2 中描述。

　　注意对于电子，其结果有很大的变化范围。正如已经讨论过的，精确的几何结构假设可以在估算中产生很大的差别。质子结果之间的主要区别在于平板和球体的二维和三维几何假设。在许多情况下，球壳几何结构是最合适的，因为它与航天器内部电路板周围的航天器结构相似。Clementine 中间级任务的球壳结果如图 6-18 所示（中间级留在更为严酷的月球转移轨道上，预计其近地点为 500 km，远地点为 160 000 km，轨道倾角为 67°，而实际上远地点接近 130 000 km）。请注意，对于中间级由俘获辐射产生的质子剂量与俘获电子相比非常低。

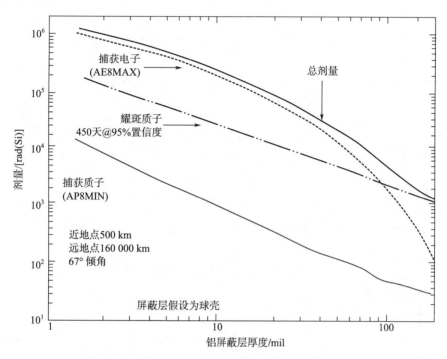

图 6-18　Clementine 中间级预期总辐射剂量的概要图。假设 450 天的任务周期和
95％置信度的耀斑环境。对球壳几何结构，剂量表示为铝屏蔽层厚度的函数

　　对于月球转移轨道，如 Clementine 及其中间级轨道，太阳耀斑质子环境可能是最严重的辐射环境，原因是航天器通常在近地点附近的俘获辐射环境中花费的时间很少，而在远离地球的远地点花费的时间更多，更直接地暴露在太阳耀斑环境中。根据 JPL 模型（见 3.4.1.3 节）预测的 99％置信度的 1 AU 处的太阳耀斑质子预期剂量如图 6-19 所示。表 6-4 总结了当前太阳活动周期内 Clementine 一年任务期的结果（Clementine 主任务在 1994 年 2 月至 1994 年 8 月，而中间级 100 天后再入大气层）。作为参考，下一个最大值假定从 1999 年 5 月 26 日开始，持续 7 年。

　　JPL 模型预测了在给定的时间间隔内不超过指定的最大积分流量的可能性（对 Clementine 为 95％）（或者，反之亦然，对于指定的可能性百分比给出对应的预期最大流量）。Clementine 在太阳活动极大值 4 年后开始飞行，赶上了太阳活动最大周期的最后一年。表 6-4 给出了预期的最大剂量（假设一年时间及 58 mil 屏蔽层）。

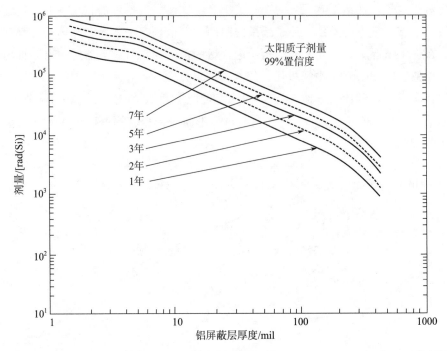

图 6-19　进入始于 1999 年 5 月 26 日的太阳活动周期活跃期 1、2、3、5、7 年后，99% 可能性遭遇
最大剂量情况下的太阳耀斑质子剂量 [rad（Si）]，距离为 1 AU（无磁层屏蔽）

表 6-4　Clementine 一年任务期的最恶劣太阳质子剂量预测

剂量不被超过的概率/%	最大剂量/[（rad/（Si）]
50	466
90	2 750
95	4 640
99	12 700

　　本节回顾了评估 Clementine 及中间级辐射环境所需的实际步骤，对这种环境下辐射剂量的每个主要贡献因素（即俘获电子、俘获质子和太阳耀斑质子）予以确定。从表 6-3 可以看出，捕获环境的总剂量估算（假设 58 mil 铝屏蔽层和球壳结构）包含电子的 900～2 000 rad（Si）和质子的 200 rad（Si）。从表 6-4 中可看到，太阳耀斑质子剂量为 4 600 rad（Si），95% 的概率不会超过该值。对于中间级相应的总剂量计算给出电子总剂量为 10 000 rad（Si），质子总剂量为 100 rad（Si），耀斑质子的总剂量为 4 600 rad（Si）（95% 概率）。无论采用多大剂量水平，建立一个由任务定义的辐射防护设计裕度（RDM）总是必要的。对于 4 倍预测剂量下的 RDM，这给出了 24 krad（Si）作为 Clementine 58 mil 铝屏蔽球壳下的最大设计剂量，而中间级对应的最大设计剂量为 60 krad（Si）。最后一个问题，屏蔽几何结构显然是决定剂量的主要驱动因素，特别是对于电子。对于特别敏感的部件，如果最初的估计剂量需要关注的话，建议进行详细的剂量计算。点屏蔽和仪器的巧妙放置可以显著降低这些部件的剂量，而无须考虑替换它们。

6.5.2　示例：木星模型的应用

Divine and Garrett（1983）建立了一个木星俘获辐射模型并应用于几种实际情况。正如预期的那样，这些应用涵盖了从制定辐射剂量指南到 SEU 建模。这里讨论两个比较特别的应用。第一个是总剂量效应。在图 6-20 中，绘制了伽利略号航天器在不同水平的铝屏蔽层的预期电子总剂量的模型预测结果，针对的是两个时间间隔，即与木星最近的相遇加上 5 个轨道，以及两年延长轨道之后（最近的相遇加上 13 个轨道）。这些预测也与地球上空不同高度的圆轨道航天器在饱和核辐射环境中运行一年后的预期剂量范围进行了比较。伽利略航天器和一颗美国国防部加固航天器的典型屏蔽水平至少为 3 g/cm² 。伽利略航天器电子元器件的抗总剂量等级为 150 krad（Si），与该屏蔽水平相当。该模型在伽利略航天器抗辐射总剂量水平确定中的应用和影响是显而易见的。同样有趣的是，这些结果与地球轨道一年的饱和核辐射环境的屏蔽水平（即 3 g/cm²）具有可比性。二者的剂量水平非常相似，这意味着（木星）辐射环境至少与空间饱和核辐射环境一样严重。

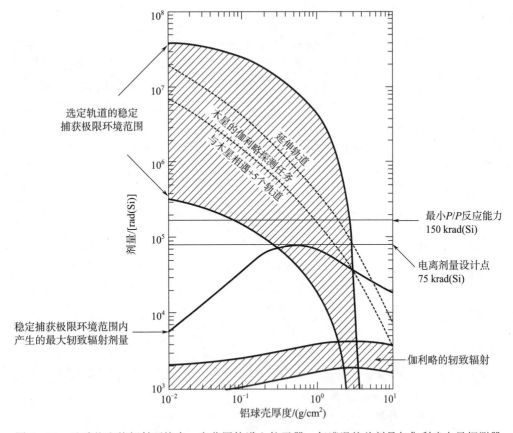

图 6-20　地球饱和核辐射环境中一定范围轨道上航天器一年遭遇的总剂量与伽利略木星探测器
经过 5 个轨道和经过两年延伸任务后的预期总剂量之间的比较

　　木星辐射模型的另一个应用是研究航行者号（Voyager）的异常情况。在航行者号飞越木星过程中观测到 42 个异常。Leung et al.（1986）假设这些异常现象是由飞越期间的电弧放电引起的。虽然表面充电被排除在可能的原因之外，但随后对电子流量的估计意味着存在足够强的高能电子辐射环境，可引起内部电子充电。也就是说，有人提出 $E >$ 100 keV 电子环境在航行者号的外部电缆中沉积了足够的电荷，产生了可能导致加电复位（POR）异常的电弧放电。为了验证这一假设，分别计算了 $E >$ 1 MeV、$E >$ 10 MeV 电子和 15 MeV$< E <$26 MeV 质子的总流量随时间的变化。结果的归一化曲线相对于航行者号累积 POR 异常总和（使用累积是因为电荷建立是一个累积过程）画于图 6-21 中。图中结果意味着，从时间意义上看，电子引起的内部充电可能是航行者号异常的一个来源，因为高能电子流量大致与 POR 事件的模式相吻合。然而，深层充电作为异常原因的主要证据来自于对引起 POR 扰动所需要的每次电弧中沉积电荷的估计。$E >$100 keV（即穿透几个 mil 屏蔽层并沉积电荷所需的最小能量）的总电子流量与引起这 42 个电弧放电所需的实际水平非常接近。相信这是最早发表的关于在空间发生内部电弧放电的例子之一，这也说明了辐射建模的另一个应用。随后对伽利略号飞行器的地面测试支持了内部充电假说，并揭示了这种电弧的几种潜在来源，还导致了伽利略号的重新设计。

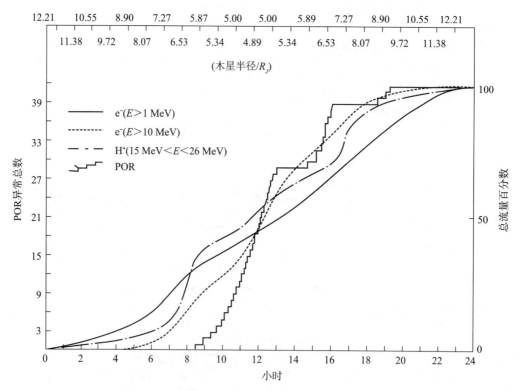

图 6-21　航行者号 POR 异常与高能电子环境（$E >$ 1 MeV 和 $E >$ 10 MeV）的
相关性。此外，高能质子环境（15 MeV$< E <$26 MeV）也可供比较
［来自 Leung et al.（1986）］

6.5.3　Heinrich 通量估算

Heinrich 通量曲线是大多数 SEU 计算的起点。本书给出了关于辐射源、位置及屏蔽的影响的两个实例，这些计算主要基于 Adams（1982）的结果，考虑了磁层屏蔽的影响。在图 6-22 中，给出了轨道高度 400 km、铝屏蔽层厚度 0.064 cm 的航天器的 Heinrich 积分通量（作为轨道倾角的函数），假设了 90% 可能性最恶劣太阳耀斑和 AP 俘获质子环境。正如 Adams（1982）所指出的，LET 低于 0.5 MeV·cm²/mg 的辐射粒子主要是被俘获的质子；随着 LET 的增加和倾角的增加，越来越多的耀斑粒子可以穿透航天器。图中台阶对应于 Adams 耀斑模型重离子中超过铁、镍、铋和铀后丰度的大幅跌落。图 6-23 说明了在相同环境下，对 60°轨道倾角和 0.064 cm 铝屏蔽层增加轨道高度带来的变化，变化主要存在于 0.5 MeV·cm²/mg 以下，几乎完全是由于捕获质子环境造成的，这些变化在 4 000～6 000 km 高度之间经历最大值。

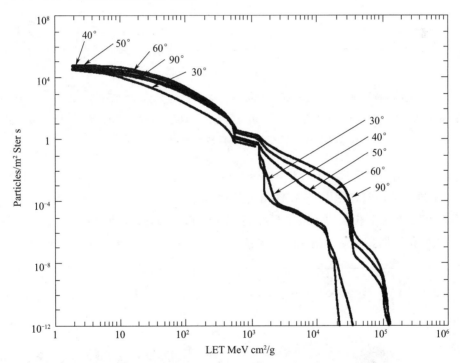

图 6-22　400 km 圆轨道航天器（0.064 cm 铝屏蔽层）内的积分 LET 谱。对行星际介质和地球 AP 捕获质子环境假设了 90% 可能性的最恶劣环境。LET 谱是对于所示的各个轨道倾角的
［来自 Adams（1982），AIAA 版权所有，经许可重印］

首先，计算表明，即使是在相当大的屏蔽水平下，太阳耀斑环境在 SEU 计算中通常也将远超过 GCR 诱发的翻转率，即使在行星际空间的高 LET 水平下也是如此。事实上，这些图提供了在 1 AU 处（没有磁层屏蔽）预期的 SEU 环境的上限。其次，鉴于太阳耀斑对整个 SEU 环境的重要性日益增加，需要使用以 JPL 太阳耀斑模型为代表的统计方法来预测 SEU 效果。第三，在地球轨道上，由于地磁屏蔽的原因图像会变得非常复杂，但

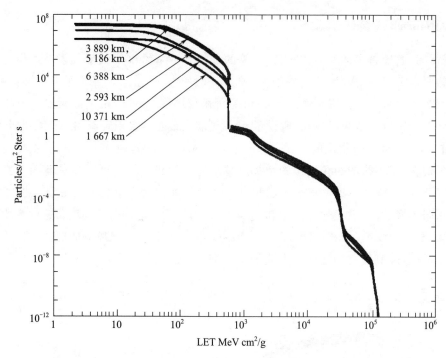

图 6-23　60°轨道倾角、圆轨道、具有 0.064 cm 铝屏蔽层的航天器内部的积分 LET 谱。如前图所示，对行星际介质和地球 AP 捕获质子环境假设了 90% 可能性的最恶劣环境。LET 谱是对于所示不同高度的
［来自 Adams (1982)，AIAA 版权所有，经许可重印］

是在低 LET（即，LET<5∼10 MeV·cm²/mg）范围，捕获质子通常会主导环境。这在图 6-24 中进行了说明，图中对 SEU 出现的位置作为纬度和经度的函数作图。这些数据是从 UOSAT2 卫星上获取的，该卫星在高度 700 km，倾角 98°的圆轨道上（Bourrieau，1993）。SEU 位置明显对应于南大西洋异常区（见 3.3.1 节），此处捕获质子通量最高。

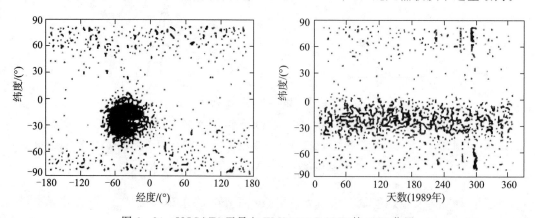

图 6-24　UOSAT2 卫星上 TMS4416 RAMS 的 SEU 位置
［经 Dewitt et al. (1993) 同意使用，经 Kluwer 学术出版社许可重印］

6.5.4　CRRES 结果

CRRES 卫星于 1990 年 7 月 25 日发射进入 18°倾角的地球同步转移轨道（Mullen and Gussenhoven，1993），该卫星一直工作到 1991 年 10 月 12 日。卫星的目的之一是测量近地辐射环境的动力学，并测量空间环境对电子线路、太阳能电池和材料的影响。

CRRES 包含一个空间辐射剂量仪，它通过电子和质子在四个不同厚度的铝制半球后沉积的能量来测量辐射剂量。最薄的铝屏蔽层被称为 Dome 1，其次是 Dome 2，以此类推。探测器的特性和阈值是这样的，能量沉积在 50 keV～1 MeV 之间时将产生所谓的低线性能量传输（LOLET）剂量，在 1～10 MeV 之间的能量沉积产生高线性能量传输（HILET）剂量，超过 40MeV 的沉积则被称为甚高线性能量传输（VHLET）剂量。LOLET 的剂量主要来自电子、质子和轫致辐射，HILET 剂量主要来自 100～200 MeV 以下的质子，VHLET 剂量来自高能质子在器件内部或附近的相互作用（称为卫星核作用事件）或来自更重的宇宙射线。对于 Dome 1～4，铝屏蔽层面密度分别为 0.57 g/cm^2、1.59 g/cm^2、3.14 g/cm^2 和 6.08 g/cm^2。CRRES 还包含专门设计用于测量电子器件 SEU 的微电子学测量包（MEP）。

在 1991 年 3 月 22 日至 1991 年 5 月 1 日期间发生的两次大的太阳活动事件中，CRRES 处于工作状态。其中一个太阳耀斑大于所测量耀斑中的 99%，它始于 1991 年 3 月 22 日，并产生了许多复杂的卫星效应，记录在表 6-5 中（Sagalyn and Bowhill，1993）。

表 6-5　1991 年 3 月太阳耀斑对卫星的影响

MARECS-A	卫星失效
GOES-7	永久性功率衰退（2 年寿命期内下降）
TDRSS	单粒子翻转
INTELSAT	单粒子翻转
CRRES	单粒子翻转
NOAA-11	卫星高电势，传感器衰退，电缆放电，自动姿控丧失
NORAD	卫星拖曳，200 颗卫星丢失

CRRES 结果显示，太阳质子的涌入形成了第二个内部质子带，该带一直保持稳定，直到卫星停止工作，这一点可以从图 6-25 和图 6-26 的对比中很清楚地看到。图 6-25 中显示了 MEP 中 35 个质子敏感器件的 SEU 发生率相对于磁壳 L 的变化，这些是大的太阳事件发生前的数据，$L=1.5$ 时的峰值与内辐射带的中心相吻合。图 6-26 中画出的是在 1991 年 3 月太阳质子事件后的一个月的 SEU 发生率，双质子带结构在双峰 SEU 频次曲线中十分明显。对于这两个图，从 GEO 轨道到质子带外缘近似恒定的 SEU 发生率表明，引起这些事件的宇宙射线粒子没有出现明显的截止行为。为了区分由质子直接产生的 SEU 与宇宙射线及卫星核作用事件（高能质子在器件内部及附近相互作用）产生的 SEU，图 6-27 中画出了 VHLET 相对于磁壳 L 以及相对于 SEU 发生率的变化。VHLET 与 SEU 发生率的一致性非常好，表明在内质子带中 SEU 是由卫星核作用事件引起的，而不是由质子直接在芯片中的能量沉积引起的。

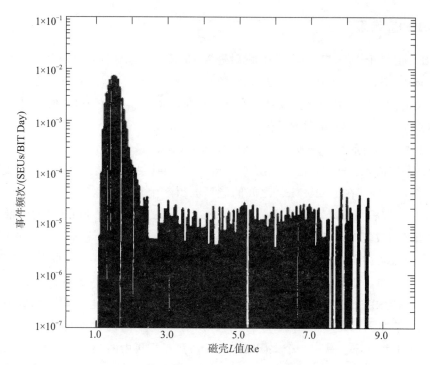

图 6 - 25　1990 年 7 月 25 日至 1991 年 3 月 22 日期间，CRRES 卫星的 SEU 发生率相对于磁壳 L 的变化

[经 Dewitt et al.（1993）同意使用，经 Kluwer 学术出版社许可重印]

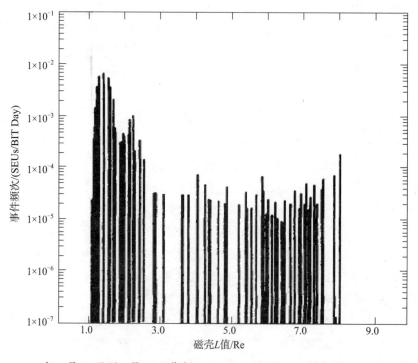

图 6 - 26　1991 年 3 月 22 日至 4 月 22 日期间，CRRES 卫星的 SEU 发生率相对于磁壳 L 的变化

[经 Dewitt et al.（1993）同意使用，经 Kluwer 学术出版社许可重印]

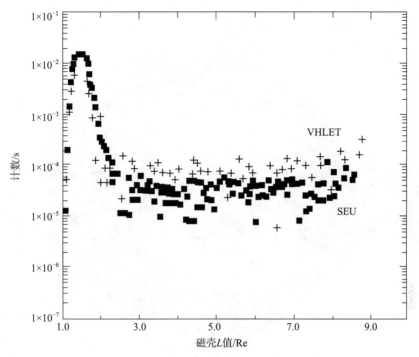

图 6 - 27　CRRES 卫星的 SEU 发生率、VHLET 计数率相对于磁壳 L 的变化

［经 Dewitt et al.（1993）同意使用，经 Kluwer 学术出版社许可重印］

图 6 - 28 所示为 CRRES 轨道范围内 Dome 1 后面的 HILET 和 LOLET 剂量综合平均值。作为参考，GPS 轨道叠加在上半扇区内，该 GPS 轨道倾角为 55°，高度约 18 520 km。在 CRRES 运行期间，轨道穿过了外辐射带，在 Dome 1 后面累积了 170 krad/a 的平均辐射剂量。图 6 - 29 给出了 1991 年 3 月 31 日至 1991 年 10 月 12 日耀斑暴期 Dome 4 后面的辐射剂量，Dome 4 后面屏蔽非常高，累积的辐射剂量只有 245 rad/a，从图 6 - 29 中可以清楚地看到双内带结构。为了进行比较，图 6 - 30 中显示了 1991 年 3 月 21 日耀斑爆发前的平静期数据，没有发现双内带；对于 GPS 轨道，这段平静期内 Dome 4 后的平均辐射剂量仅为 77 rad/a。

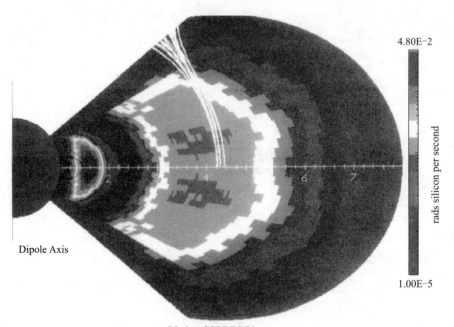

CRRES Dosimeter Combined Hilet and Lolet dome 1 (82.5) mils Al

[7MAY92] binned from <CRRES orbits 4 to 575> 27 Jul 90 to 19 Mar 91

图 6 - 28　Dome 1 后 CRRES 剂量仪的 HILET 和 LOLET 数据的联合平均值。
GPS 轨道显示于上半扇区以供参考

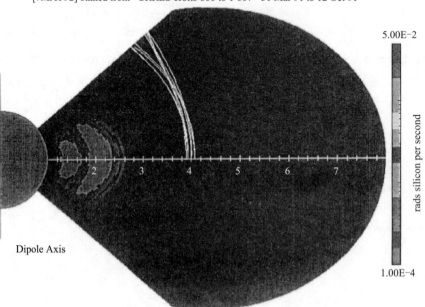

CRRES Dosimeter Combined Hilet and Lolet dome 4 (886.5) mils Al

[7MAY92] binned from <CRRES orbits 606 to 1 067> 31 Mar 91 to 12 Oct 91

图 6 - 29　高活跃期 Dome 4 后 CRRES 剂量仪的 HILET 和 LOLET 联合数据。
GPS 轨道显示于上半扇区以供参考

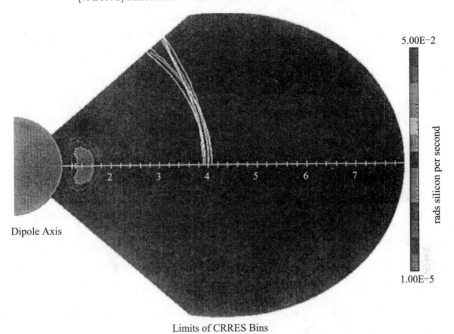

CRRES Dosimeter Combined Hilet and Lolet dome 4 (886.5) mils Al

[7MAY92] binned from <CRRES orbits 4 to 575> 27 Jul 90 to 19 Mar 91

Limits of CRRES Bins

图 6 - 30　低活跃期 Dome 4 后 CRRES 剂量仪的 HILET 和 LOLET 联合数据。
GPS 轨道显示于上半扇区以供参考

第 7 章　颗粒相互作用

7.1　颗粒对航天器的影响

在本章中，主要讨论空间颗粒的超高速撞击及溅射效应。流星体和空间碎片的主要影响是其产生的超高速撞击效应，大致可分为对单层板的效应（即单层表面成坑或穿透）、层裂形成和双层板（或 Whipple 结构）防护结构的穿透。其中每一种影响的主要考虑对象是靶。例如，如果靶目标是光学表面，那么在单层表面上引起的损伤很重要。如果靶目标是贮罐，则贮罐的穿透和/或失效很重要，其存储物质的特性变得十分关键。对于盒内的电子元件，从盒壁上脱落的层裂碎片的尺寸和分布就非常重要。下面将讨论这些影响因素，重点讨论为了实现有效的和经济的（质量方面）防护系统所必须考虑的实际因素。近年来，流星体防护设计中出现了一个特别重要的问题，因为需要使携带核放射性同位素热电发电机（RTGs）的星际航天器利用地球进行引力辅助。为了给这些任务提供足够的安全裕度，任务通常要求超高速飞过地球的物体距离航天器 300 km 以远，设计者必须围绕飞行器这一目标，以确保流星体不可能撞击航天器而导致其进入与地球撞击的轨迹。这通常转化为对推进系统破裂的可能性进行仔细评估的问题，因为推进系统破裂会给航天器飞行路径带来不希望的改变。为了说明设计最佳防护系统和估计失效可能性所涉及的方法，给出了伽利略任务中的几个实际例子。

需要注意的是，颗粒撞击威胁可分为三个尺寸范围。直径小于 0.1 mm（$\sim 10^{-3}$ g）的小尺寸粒子通常不会造成穿透威胁，但可能会通过成坑而导致表面的长期侵蚀。（注：不过，EVA 可能受到威胁。）对直径 2～4 cm 以上的颗粒，提供防护是不切实际的，唯一的解决办法是主动规避。在 0.1 mm～2 cm（$\sim 10^{-3} \sim 2$ g）之间，对特定系统可以提供防护，尽管质量成本可能是难以承受的，因此，这种尺寸范围内粒子的撞击影响在设计时需要仔细考虑。对这些影响的准确认知使得可以在航天器系统的防护效果最大化与防护结构质量最小化之间进行适当的权衡。

7.1.1　超高速撞击防护理论

除了对撞击颗粒特性所知有限的空间原位数据以外，超高速碰撞数据仅限于可在实验室模拟的颗粒尺寸和速度。反过来，对于大尺寸粒子，通常限制在质量<1 g 和速度<7 km/s；对于～1 mg 的粒子，速度限制在 1～70 km/s［通常是玻璃或铝；例如，文献 Goller and Grun（1989）中，在质量 1.13×10^{-6} g 下速度达到 40 km/s］。碰撞数据总是以一个或两个表面（即防护屏和主防护层）上的损伤特性来表示。图 7-1 显示了直径为

50 μm～1 cm 的铝弹丸撞击铝表面（无限平面）时 p/d（穿透深度/粒子直径）的实验值。这类信息用于建立单个表面的弹坑尺寸/粒子尺寸与速度之间的关系。

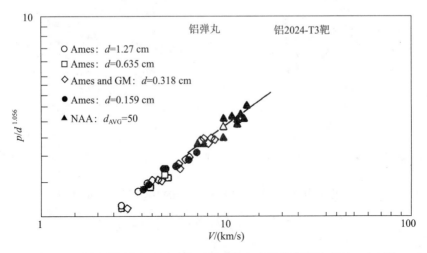

图 7 - 1　不同直径弹丸不同速度下对应的穿透深度/粒子直径比 $p/d^{1.056}$

［Cour‑Palais，1987 年］

当超高速粒子撞击防护层时，冲击波会在两种介质中传播。这两种冲击波是相互作用的控制因素。如果防护层相对于粒子（假定为球形）直径较薄（即，$t_s/d \ll 1$，其中 t_s 为防护层厚度，d 为粒子直径），则传播到防护层中的冲击波可以从防护层后表面反射形成稀疏波，稀疏波追赶并超过冲击粒子中的压缩波使其紊乱瓦解，导致粒子没有足够的激波加热时间。因此防护层破裂成固体碎片，或者粒子从防护层切出粒子形状（"饼干切削器"），而撞击粒子本身不会发生破碎。随着 t_s/d 比值的增加，会达到一个值使得反射稀疏波与粒子中的压缩波恰好在粒子尾部相遇。此时，粒子将被加热到熔化点或气化点，这取决于撞击瞬间的峰值冲击压力。两波的相互作用使熔化的粒子产生径向速度，粒子和防护层都被破坏。随着 t_s/d 比值的继续增加，反射稀疏波没有时间超过粒子中的压缩波。因此，撞击的粒子发生熔化或气化并粘性地移动到防护层中。防护层的材料可以从防护层的背面抛射，这就是所谓的层裂效应。如果防护层的熔点较低，那么层裂的材料很可能处于熔化状态。这两种极限效应示意图如图 7 - 2 所示。

另一种从基本物理上看这些相互作用的方法是：对于弹丸单位面积质量远大于防护层单位面积质量、且其冲击能量远大于穿透屏所需能量的撞击（并且冲击能量传递不足以损坏弹丸），弹丸可以像饼干切削器一样，穿出与其横截面面积大致成比例的弹孔。在这种情况下，防护层对弹丸的影响主要是造成其动量的减少，减少量与防护层质量及弹丸速度成比例。在另一个极端，如果弹丸没有穿透防护层，而且速度高到可以破坏弹丸，那么所形成的弹坑应该与撞击能量成比例。虽然实际弹坑的大小和形状取决于许多不同的物理参数，但从弹坑中溅射出的质量与弹丸动量或能量大致成比例，这是提出的防护模型的一个起始假设。特别是，图 7 - 1 中的数据可以用与撞击粒子能量大致成比例的关系进行拟合（Cour‑Palais，1987；或 Swift，Bamford and Chen，1982）。首先，来考虑 Swift et al.

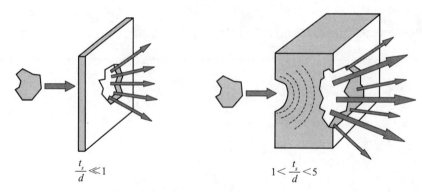

图 7-2　防护层厚度与粒子直径之比分别为 $t_s/d \ll 1$ 和 $5 > t_s/d > 1$ 时对应的超高速碰撞效应示意图

(1982) 的理论公式。假设弹坑是半球形的并且所有的动能都用于熔化撞击粒子，有

$$\frac{4}{3}\pi \left(\frac{d_m}{2}\right)^3 \frac{\rho_m V_m^2}{2} = \frac{1}{2} \times \frac{4}{3}\pi \left(\frac{d_c}{2}\right)^3 H_f \qquad (7-1)$$

式中，d_c 为弹坑直径；d_m 为弹丸直径；ρ_m 为弹丸密度；V_m 为撞击速度；H_f 为熔化热。因为一个给定的粒子可能气化或非平滑地熔化，所以 d_c 和 d_m 之间的一般关系可以写成

$$\frac{d_c}{d_m} = \left(\frac{\rho_m V_m^2/2}{E_0}\right)^{1/3} \qquad (7-2)$$

式中，E_0 为某个常数。对于式（7-1）中的理想情况，$E_0 = H_f/2$。对于低密度粒子撞击铝，$E_0 = 10^9 \, \mathrm{J/m^3}$。另一个广泛使用的公式是 Cour - Palais 方程。它基于对数据的经验拟合，并给出（以同样的形式）

$$d_c = C d_m^{1.056} \rho_m^{0.519} V_m^{2/3} \qquad (7-3)$$

式中，d_c 为弹坑直径，单位为 cm；d_m 为弹丸直径，单位为 cm；ρ_m 为弹丸密度，单位为 g/cm³；V_m 为撞击速度，单位为 km/s；C 为靶板材料及其温度的特征常数。Swift 和 Cour - Palais 公式只是许多用于超高速数据拟合的成坑公式中的一小部分。

　　注意，空间小尺寸粒子的分布通常是通过测量返回航天器表面样品上的弹坑尺寸和分布来确定的。然后，根据上述方程可知，弹坑尺寸与粒子质量或直径（如果给定密度）有关。尽管掌握正确的微粒质量/弹坑尺寸关系并从该关系回推粒子分布函数是十分重要的，但有时使用原始的弹坑分布更为实际和准确。在这里，作为一个例子，表 7-1（Zook，1987）给出了在 Solar Max 任务中实际观测到的"原始"弹坑分布。这些铝样品表面的尺寸分布提供了在该轨道上实际弹坑数量和分布，可能是比任何模型更准确的小粒子的表面效应的估测。特别是，它们包括了最可能遇到的行星际粒子和碎片粒子。这些表格（尤其是最近发布的 LDEF 数据）再加上适当的几何屏蔽计算，可用于确定超高速撞击坑的表面分布，从中可以估计出 LEO 航天器的长期撞击和侵蚀效应。不幸的是，类似的行星际空间的表面侵蚀数据还没有（除了月球样品和月球探测者号的实验铲外）。

表 7 - 1　Solar Max 卫星外表面的穿孔和凹坑数量（按尺寸统计）

	撞击特征直径								
	总数	≥40	≥60	≥80	≥100	≥120	≥160	≥200	≥300
穿孔	492	487	447	406	372	300	217	164	73
陷坑	1 416	1 147	480	282	180	103	42	19	4
二者都有	1 908	1 634	927	688	552	103	259	183	77

对于较大尺寸的撞击粒子和内部部件的防护，需要对撞击粒子产生的层裂/二次碎片的影响进行估计，正是这些碰撞的产物比粒子本身更容易造成损害。需要考虑两种情况。第一，单表面撞击层裂，第二，双层或"Whipple"防护结构的层裂，目前"Whipple"防护结构是许多航天器首选的防护技术。如前所述，根据假设的相互作用是动量交换还是能量交换，推导出了与撞击粒子有关的层裂/弹坑尺寸公式。此外，防护层后面的条件状态对确定最终的撞击效应非常重要——也就是说，要看防护层后面是高压气体、液体，还是真空。作为第一个例子，只考虑未加压容器单层壁的简单情况。在这种情况下，主要的理论模型是由 Cour - Palais（1987）和 Swift et al.（1982）提出的。Cour - Palais 和 Swift 等人都根据先前的弹坑深度公式，计算了发生穿透的临界防护层厚度。Swift 等人的模型假设临界穿透出现在防护层厚度等于与层裂相关的坑深加上前表面弹坑深度（即，两个弹坑之间刚好形成一个连接颈）条件下。Cour - Palais 的工作假设产生一个"最小"层裂（即，弹丸刚好在产生一个分离的层裂时停在单防护层中），并提供了单防护层可能的最大防护水平的估计值。这两个方程代表了文献中的一系列模型。两个公式分别为：

Swift/Bamford/Chen 公式

$$t_c = \frac{3}{2}\left(\frac{d_c}{2}\right) = \left(\frac{3d_m}{4}\right)\left[\rho_m V_m^2/(2E_0)\right]^{1/3} \qquad (7-4)$$

Cour - Palais 公式

$$t_c = C_0 \rho_m^{1/6} m^{0.352} V_m^{0.857} \qquad (7-5)$$

式中，t_c 是等于或大于临界尺寸的弹丸发生穿透时的防护层临界厚度（对于 Cour - Palais 公式，单位为 cm）；C_0 是防护层材料常数，对于 Al 为 0.351；m 为粒子质量，单位为 g。

图 7 - 3 给出了 0.1 cm 厚铝防护层（相当于伽利略号航天器上的单层防护能力）的临界穿透质量随撞击速度的变化关系。绘制了两种情况：一种密度为 0.5 g/cm³（相当于彗星流星体），另一种密度为 3.5 g/cm³（相当于小行星流星体和空间碎片），层裂尺寸大致与弹坑的大小相当。

虽然单层防护结构适用于许多用途，但受质量的限制往往不能提供足够的厚度。根据经验发现，在低密度粒子撞击下，铝单层板无穿透、层裂对应的临界厚度至少是粒子直径的 5 倍。因此，即使对于小的撞击粒子，单层防护结构也会太笨重，这暗示了一个防护屏的概念。在主防护面之前使用一个防护屏的概念是 Whipple（1947）首先提出的。防护屏的基本概念是，防护屏使撞击弹丸破碎，防护屏与第二防护层之间的距离使得碎裂的碎片云、液体及气体膨胀，将撞击粒子相关的能量耗散到更大的区域上。原理上，如果尺寸合适，两个防护层质量之和较相同防护效果的单层板质量小得多。许多超高速撞击测试已经证明了 Whipple 防护概念的价值。然而，多层防护结构必须针对特定质量/速度范围的粒子进行设计，超出该范围（即，对于给定的速度，前板厚度太大或太小）此种防护结构将无法正常工作，甚至可能增加危险。第二防护层之后的物理过程及相关的问题将在下面讨论。

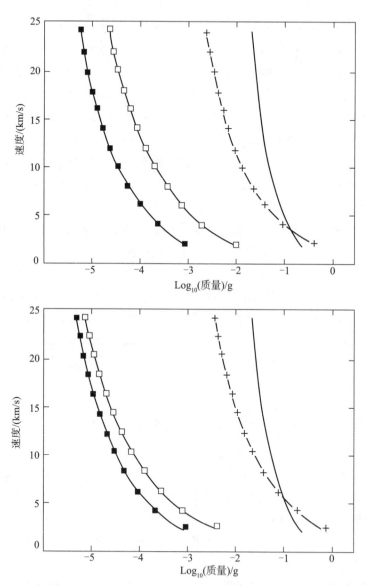

图 7-3　对于彗星流星体（顶部图）与小行星流星体和空间碎片（底部图），临界穿透质量随撞击速度的变化。黑色方块表示 Swift 模型，空心方块表示 Cour-Palais 模型，十字表示非最优双层防护结构，直线表示最优双层防护结构

首先，考虑防护屏。当防护屏足够厚或粒子速度足够快时，入射粒子将被完全破坏，通常是熔化或气化。另一方面，如果防护屏太薄或粒子的速度太慢，则粒子破坏了防护屏

后基本上是完整的，只是额外增加了防护屏质量。同样，如果防护屏不太厚，并且入射粒子足够快，粒子撞击路径上防护屏材料将被液化或气化。然而，如果防护屏太厚或撞击速度太低，防护屏材料会层裂或脱落成大尺寸碎片——这样，防护屏实际上增强了流星体的危险性。这些效应的一个例子如图 7-4 所示，阴影区域对应于双层防护结构的最优区域，这个最佳区域对应的质量、厚度和速度范围内，撞击粒子和防护屏碎片都以液体或气体的形式从防护屏的背面飞离。一个好的防护结构设计的目的，就是要针对特定任务最关心的粒子质量范围，使这一最优区域最大化。

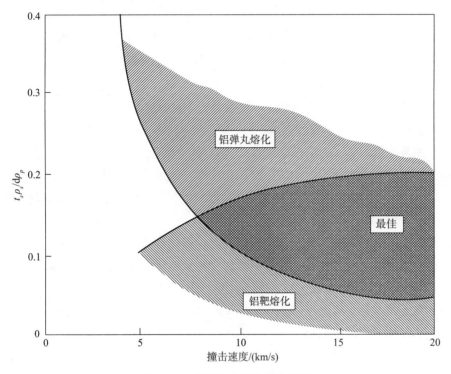

图 7-4　防护屏设计的最佳范围

除了防护屏，第二防护层的尺寸也必须谨慎。除了结构方面的考虑（容器壁必须足够厚以容纳气体或液体），第二防护层必须能够承受来自防护屏的入射压力脉冲或碎片云。给定第二防护层的材料特性后，有两个参数决定了它的设计，即厚度和间距。间距允许碎片云膨胀和消散（然而，距离太远，结构会变得笨重或液体和气体开始凝结）。与单层防护一样，第二防护层必须足够厚，以承受液体、气体或碎片导致的层裂。这些考虑构成了第二防护层防护的数学公式的基础。

Cour-Palais 详细介绍了设计最佳双层流星体防护结构所需的步骤。如上文所述，第一步是选择防护屏的厚度，以便对于需要防护的尺寸和速度范围冲击条件处于"最佳"区域或接近该区域。也就是说，防护屏的厚度与粒子直径的比值应该落在"弹丸熔化"和"防护屏熔化"两条曲线之间。这些曲线由以下公式近似给出

$$(3.16/V_m^{1.5})\,(\rho_m/\rho_l) < t_s/d < (0.24 - 0.7/V_m)\,(\rho_m/\rho_l) \tag{7-6}$$

式中，ρ_l 是防护屏密度（g/cm^3）；t_s 是防护屏厚度（cm）。因子（ρ_m/ρ_l）允许将图 7–4 所示的结果缩放到其他材料。

第二步，给定防护间距确定第二防护层厚度，或给定第二防护层厚度确定防护间距。最优解定义为粒子和防护屏碎片完全熔化或完全气化。在最优解下这些量的关系已经由经验确定

$$t_2 = (C_1 m V_m)/S^2 \tag{7-7}$$

式中，t_2 是第二防护层的厚度（cm）；C_1 是材料常数，对于 Al 为 41.5；m 是撞击粒子的质量（g）；S 是防护层间距（cm）。

同样，对于非最佳解（根据 Cour–Palais 的定义，在最佳区域的两侧，即冲击粒子以固体粒子形式穿过，或者一些防护层材料以固体碎片形式飞离）

$$t_2 = (C_2 d_m V_m \rho_m^{1/3} r_l^{1/6}) / [(S/d_m)^4 C_3^5] \tag{7-8}$$

式中，C_2 是材料常数，对于 Al 为 33.6；C_3 是另一个材料常数，对于 Al 为 42 000；r_l 是防护屏材料密度，对于 Al 为 2.8 g/cm^3。

对于这两种情况，Cour–Palais 建议公式仅对（S/d_m）< 100 有效。这些方程可用于确定防护层厚度，或者对给定的防护结构和速度，通过反推公式确定临界穿透质量。图 7–3 给出了类似于伽利略号 RPM 防护结构特性的质量–速度曲线示例，以获得低密度 0.5 g/cm^3（彗星）和高密度 3.5 g/cm^3（小行星或碎片）弹丸条件下的最佳和非最佳解。注意这两条曲线交叉（这一交叉超出了最佳范围，因此最佳解在该点无效）。

作为这一程序的另一个例子，考虑使用伽利略号氦压力容器的情况。钛制的氦容器位于伽利略号热/流星体防护毯内。为了便于计算，我们假设对于防护毯入射的流星体在最佳范围内。对于钛材料，容器壁厚取 0.35 cm，常数 $C_1 = 20.8$。对于式（7–7），这里以粒子质量、速度和防护间距的形式给出

$$m = 0.016 \, 8S^2/V_m \tag{7-9}$$

后面的章节中，这一关系结合流星体通量模型，可以估计能够穿透伽利略号氦容器的粒子通量。

总结 Whipple 防护结构示例，首先需要选择要防护的粒子范围。然后，给定材料特性和防护结构位形，确定防护屏和第二防护层的厚度及间距。这是一个优化过程，需要多方面权衡。在实际情况下，防护屏或第二防护层的材料特性可能使过程复杂化。特别是，对于伽利略号航天器来说，需要用隔热毯防护液体容器（也就是说防护屏不是一块连续的金属，而是由不同材料的薄层组成的），很难确定临界质量–速度曲线。然后，将所得的质量–速度曲线与碎片和流星体的通量模型结合起来，用于确定航天器在空间环境中受到碎片或流星体撞击损坏的可能性。

为总结本节内容，提出以下建议：

1) 在可能的情况下，应使用原位测量的弹坑尺寸分布数据（对于所需轨道），而不是碎片模型流量和撞击模型结果，来估计典型航天器表面上预期遭遇的弹坑的数量和尺寸分布。目前这些数据对于 500 km 高度的地球轨道是可以得到的。

2）对于内部组件的保护，使用粒子分布和临界质量穿透模型的计算在大多数情况下适用于一阶估算。然而，这些估计实际上只在有限的条件范围内有效，应始终留有足够的余量。

3）Wipple 防护结构的效果是将碎片分散在大面积上，具体取决于防护结构间距，同时又将防护结构的总重量降低到等效的单层防护结构重量以下。作为一个特殊考虑，如果使用冗余电子电路来确保生存能力，那么它们之间的间隔应足够远，以确保较大的碎片云不会同时摧毁这两个电路。

7.1.1.1　真实案例：推进剂贮罐的多层防护

推进剂贮罐的实际防护设计比前面提到的简单模型复杂得多。虽然许多情况下可以用这些简单的单层或双层防护结构来模拟，但正常情况下推进剂贮罐是由多层隔热毯覆盖的。更为复杂的是，推进剂贮罐可能含有加压液体或气体。因此，由流星体撞击引起的、导致贮罐失效的穿透过程与前面所描述的有所不同。尽管如此，先前介绍的成坑/层裂和防护屏使流星体破碎的基本概念仍然有效。Swift 和 Bamford 在两项研究中扩展了现有的理论以包含复杂的贮罐装置。在这里，只总结了他们理论的总体特征。即使如此，这三个模型之间的物理关系也是显而易见的。

考虑伽利略号的推进剂贮罐。这些贮罐由一个多层毯覆盖，既为了热控制也为了流星体防护。多层毯是由许多不同的材料制成的，其中一些材料采用网的形式，并且这些层之间的间距很小但可变。因此，这些层起到了许多薄防护层的作用——然而，由于太薄，流星体在经过时只是"切出"一块类似形状。Swift 和 Bamford 认为，每一次与多层防护材料的撞击都在弹丸上产生一个小冲击波。他们假设对于彗星流星体所有撞击的结果是使多层毯破碎和气化。由于小行星流星体的密度更高，它们很可能会破碎，而不会完全气化。对于关注的速度和质量范围，热/流星防护毯的结果是从根本上改变撞击粒子的状态，就像防护屏一样。但是，请注意，如果撞击速度非常低（$V_m \ll 10$ km/s），小行星流星体可能基本上完整地穿过防护屏——这种威胁要比高速撞击轻得多，但必须进行单独处理。

Swift/Bamford 推进剂贮罐失效计算模型的第二个关键特征是罐内充满液体。这个问题需要发展一种新的贮罐破裂理论。研究发现，根据碎片云的特征，可能出现几种不同的破坏机制。如果撞击碎片（对于大尺寸或速度非常慢的小行星流星体）足够大，就可能发生穿孔/层裂，就像在单层防护结构上一样。如果碎片云有足够的能量，它会造成冲孔。一个足够大的冲孔会产生一个扩展裂纹，当它到达贮罐液面时，会导致贮罐破碎。对由于碎片云扩展产生的压力脉冲导致充液容器失效的条件进行了计算。然后，根据这些结果详细确定了什么时候无层裂发生、什么时候发生可接受的层裂（即无失效）以及什么时候发生失效。对冲孔的限制也进行了估算。图 7 - 5 给出了一个代表性的结构位形（伽利略号的单位面积质量比和 10 cm 或 15 cm 间距）的分析结果。正如所预期的那样，在这张图中，彗星和小行星流星穿透曲线之间存在着显著的差异。

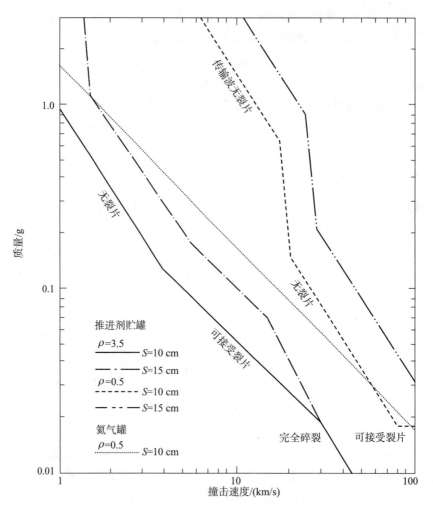

图 7 - 5　贮罐失效和非失效区域的边界曲线

[Garrett and Petrasek（1988）]

7.1.1.2　流星体失效概率计算

前面几节集中讨论了大于某一给定质量的流星体积分通量模型、相对碰撞速度模型，以及临界质量与撞击参数（速度、密度、防护间距等）的函数关系模型的建立。在本节中，将这些方程与适当敏感区域的估计结合起来，计算伽利略任务中的推进剂贮罐这一特定航天器系统的撞击失效概率。从统计学的角度来看，一个航天器遭遇 X 次撞击的概率由以下公式给出

$$P(X,t) = \frac{(f_p A_s t)^X \exp(-f_p A_s t)}{X!} \tag{7-10}$$

根据经验，发生一个或多个撞击的概率非常低。因此，在高精度的情况下，流星体对贮罐一次或多次撞击的概率是从 1 减去没有撞击的概率得出的 $[P(0) \simeq 1 - f_p(t)A_s t + \cdots]$。

$$P(X > 0,t) = 1 - P(0) \simeq f_p(t)A_s t \tag{7-11}$$

或

$$P(X > 0, T) = \int_0^T f_p A_s \, dt \tag{7-12}$$

式中，t 是一个小的时间间隔；T 是时间（任务持续时间）；f_p 是发生穿透的流星体通量，其为时间的函数；A_s 为等效面积（对伽利略号为 8.6 m^2）。

估算流星体撞击概率的程序如下：

1）建立确定临界穿透质量的方程。通常，这是通过建立质量、冲击速度和/或其防护结构参数（如间距）之间的关系来实现的。

2）确定航天器的轨道位置、速度和方向。

3）根据轨道特性，估算平均相对速度，对于彗星模型要估算 δ 因子。

4）根据平均相对速度——假设为碰撞速度（注：可能需要用修正系数 δ 修正碰撞速度，这将在 7.1.1.5 节中讨论），以及需要的任何其他参量来确定临界穿透质量（定义为能够导致失效的最小质量）。

5）计算与临界质量对应的流星体积分数密度。

6）计算数密度与相对速度的乘积（必要时用 δ 校正），其四分之一是流星体撞击通量 f_p。

7）对通量与时间间隔的乘积求和（积分），得到作为任务周期函数的撞击流量。

8）计算敏感面积与穿透流量的乘积，得出撞击概率。

这一过程，经过最小的调整，被用于大部分的流星体失效/防护计算。为了说明，介绍了伽利略号的推进剂贮罐和氦气罐对于三种流星体环境的防护计算实例。

7.1.1.3　氦气罐

作为计算撞击概率的一个简单示例，考虑伽利略号两个氦气罐的防护结构。这些容器中充满了氦气，并且在一级近似下它们的结构近似于一个 Whipple 结构。对于小行星和彗星类流星体，临界穿透质量与相对速度或撞击速度的倒数（为轨道的函数），以及间距的平方成正比［见方程（7-9）］。另一方面，间距是防护结构几何构型的复杂函数。防护层用直径 48 cm、长度 96 cm 的半圆柱体近似；氦气罐用半径 19 cm 的球体近似。当间距变化时氦气罐上给定点的通量随方向而变化。这种变化取决于假设的模型，即粒子是如何受到穿过防护屏过程的影响的。保守估计，任何撞击防护层的流星体，无论从哪个方向撞击，都会产生碎片云，从撞击点均匀膨胀（即，撞击后在撞击粒子的路径上没有净速度）。由于氦气罐是球形几何结构，碎片云将首先沿着从贮罐中心到防护层表面的径向矢量撞击到罐体（并可能导致故障）。根据图 7-6，从贮罐上的给定点到防护层的距离如下给出

$$S = XX - r \tag{7-13}$$

其中，$XX = (X^2 + Z^2)^2$，$X = (R^2 + r^2 - 2rR\cos\theta)^{1/2}$，$R$ 为圆柱半径，r 为氦气罐半径，θ 为在氦气罐与半圆柱背面交点处、半圆柱背面的法线与撞击点之间的夹角，Z 为沿圆柱体的距离。

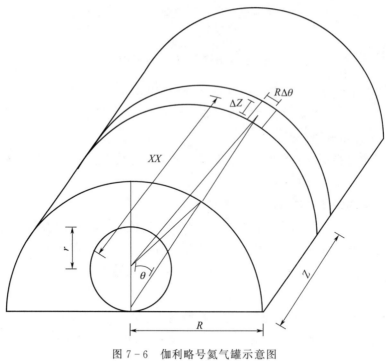

图 7 - 6　伽利略号氦气罐示意图

[Garrett and Petrasek (1988)]

经验发现，到达被均匀间隔（球对称）防护层保护的、间隔为 A 的氦气罐的流量可与一个间隔为 B 的类似防护结构通过一个简单比率来相关

$$F_P(A) = F_P(B) \left(\frac{B}{A}\right)^W \tag{7-14}$$

其中，$W = 2Q$ ，对于小行星（彗星），$Q = 0.84$ （1.2）。

方程式（7-14）成立是因为 $F_P \propto m^{-Q}$ （来自流星体通量模型）和 $m \propto S^2$ 。这意味着，对于圆柱形对称的防护屏，碰撞概率通过（假设 $B = 10$ cm）双重求和给出

$$P = F_P(10) \sum_j \sum_i (\mathrm{d}ZR\mathrm{d}\theta) \left(\frac{10}{S_{ij}}\right)^W \tag{7-15}$$

式中，$\mathrm{d}Z$ 为 Z（-48 cm$< Z <48$ cm）的增量大小；j 为 Z 的步数（$j=n$ ，$Z_n = n\mathrm{d}z$）；$\mathrm{d}\theta$ 为角 θ（$-90°< \theta <90°$）的增量；i 为 θ 的步数（$i=n$ ，$\theta_n = n\mathrm{d}\theta$）；$S_{ij}$ 表示位置（i ，j）到罐表面的距离。

$\mathrm{d}ZR\mathrm{d}\theta$ 是发生碰撞的柱面上的小面元，因此，P 是所有这些表面单元的总和乘以流量，该流量面元的间距相对于 10 cm 间距进行标定。这是一个保守估计，因为每个小面元上 2π 立体角内的总流量都应该有贡献。以这种方式得到的伽利略任务中两个氦气罐失效的概率如表 7 - 2 所示。根据其他估计方法，这些值被认为高了 2~4 倍。特别是，以类似于辐射防护问题的方式处理该问题，得出的值约为表 7 - 2 中数值的四分之一。

表 7 - 2　从发射到第二次经过地球的流星体撞击积分概率: 1989 年 10 月 9 日到 1992 年 12 月 8 日

	推进剂贮罐	压力容器
数量	4	2
半径/m	0.38	0.19
有效屏蔽层厚度/(g/cm²)	0.056 4	0.056 4
面积(和间距)/m²	0.86 @ 10 cm 7.74 @ 15 cm	(见图 7 - 6)
撞击速度中位数(粗略)		
彗星/(km/s)	20	20
小行星/(km/s)	12.5	12.5
穿透质量中位数/g		
彗星(10 cm)	0.3	0.09
彗星(15 cm)	1.3	—
小行星(10 cm)	0.04	0.13
小行星(15 cm)	0.08	—
失效概率		
彗星	6.07×10^{-6}	6.12×10^{-6}
小行星	4.37×10^{-4}	2.46×10^{-6}

7.1.1.4　推进剂贮罐

虽然推进剂贮罐的流星体穿透概率估算程序与氦气罐的概率估算程序非常相似，但在计算临界穿透质量的方法上存在很大差异。如前所述，通过多层防护/储液容器的质量-速度关系（见图 7 - 5）得到了容器失效/未失效区域的复杂边界曲线。速度介于 $18 \sim 21$ km/s 之间的近垂直段是预测的容器壁层裂尺寸大于容器壁厚的边界。太大的层裂意味着没有层裂，当撞击粒子产生的压力脉冲持续时间超过冲击波穿过容器壁时间的两倍时，就会发生这种情况。因此，失效出现在那些所导致的层裂比容器壁薄的速度（朝着更高的速度），而所有低于临界值的速度（向左）均未发生失效。更高速度的曲线对应于分离边界，即剥落太小而不足以影响失效或具有足够的尺寸刚好导致失效这两种情况分离的边界。

推进剂贮罐防护系统的行为取决于撞击粒子的密度、防护层的厚度（实际面积质量比）和间距。图 7 - 7 给出了由于受到彗星流星体撞击而导致推进剂贮罐失效的结果。图 7 - 8 给出了由于受小行星陨石撞击而导致贮罐失效的结果。伽利略号的复合防护结构假定防护间距为 10 cm 的面积占 10%，防护间距为 15 cm 的面积占 90%。在给定速度下增加防护间距会增加临界穿透质量，从而降低撞击的流量和失效概率。还有，正如预期的那样，由小行星撞击造成的失效概率在小行星带中上升，在地球和金星附近接近零（因为图中画出的是概率的积分，这意味着概率在小行星带中上升，而在地球附近保持不变）。相比之下，彗星撞击的概率在头三年内相当均匀地上升（然而，$R^{-1/2}$ 的速度依赖性是很明显的）。

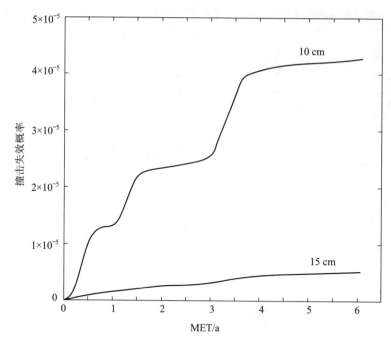

图 7 - 7　彗星流星体撞击推进剂贮罐的失效概率

〔Garrett and Petrasek，1988〕

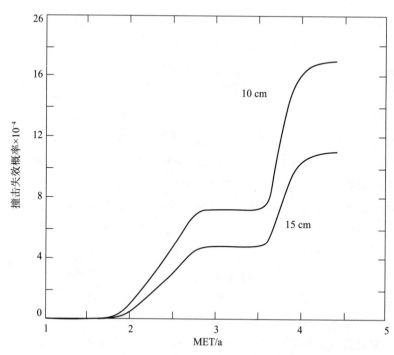

图 7 - 8　小行星流星体撞击推进剂贮罐的失效概率

〔Garrett and Petrasek，1988〕

最后一个威胁推进剂贮罐的粒子群是地球碎片环境。这种碎片环境代表了一个介于小行星和彗星环境之间的群，但具有许多小行星成分的特征。像小行星一样，碎片粒子集中在一个特定区域——地球附近。碎片密度为 2.8 g/cm³，更接近小行星密度而不是彗星密度。因此，作为保守估计，假设碎片粒子与小行星具有相同的质量-速度关系，这给出了图 7-9 中的撞击失效概率曲线。碎片可能是一个重要的威胁，但从这些曲线上可以明显看出，这种威胁的短暂持续时间限制了其对地球引力辅助下飞越地球轨迹的重要性。

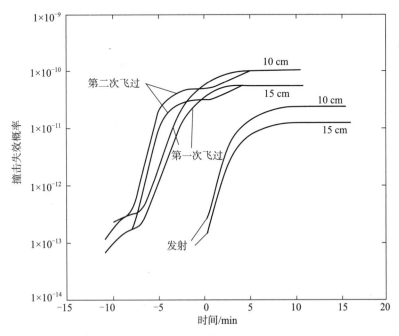

图 7-9　轨道碎片撞击推进剂贮罐的失效概率
[Garrett and Petrasek，1988]

在这些计算中，彗星成分的平均相对撞击速度已按照固定的 20 km/s 进行计算。对所开展计算的准确性来说，这是一个合理的假设。实际上，正如一开始所概述的，撞击速度实际上遵循高斯分布，所谓的修正系数 δ 是用来解释这种行为的。7.1.1.5 节通过定义该函数并估算其影响，完成了基于 NASA 流星体模型的伽利略号贮罐分析。

7.1.1.5　修正系数 δ

在计算流星体穿透概率时，相对撞击速度（更恰当地说，速度）应当在实际速度分布上按照相对于航天器参照系的速度和角度进行加权。NASA 专著中采用的一种常见方法是通过一个因子 δ 来提高相对速度的平均值 $\overline{V_r}$，δ 是角度和相对于空间中该点的圆轨道的航天器速度的函数。也就是说

$$\overline{V_r^n} = \delta^{n(n-1)/2} \ \bar{V}_r^n \tag{7-16}$$

按照速度分布，$\overline{V_r^n}$ 可以表示为

$$\overline{V_r^n} = \int W(V_r) V_r^n \mathrm{d}V_r \Big/ \int W(V_r) \mathrm{d}V_r \tag{7-17}$$

式中，$W(V_r)$ 是作为速度 V_r 函数的相空间速度分布。相空间分布可近似拟合为

$$W = K \exp\{-[(V_r - \overline{V_r})/s]^2\} \qquad (7-18)$$

式中，s 和 K 是常数，s 具有相对速度标准偏差的意义。注意，该分布函数类似于式（2-25）中定义的麦克斯韦速度分布，基本上与 3.5.2.1 节中讨论的 $N(V)$ 相同。这意味着第 2 章中计算出的积分可以拿到这个特殊分布函数中来用。

式（7-18）中的分布函数被积分后给出

$$\overline{V_r^1} = \overline{V_r}$$
$$\overline{V_r^2} = \overline{V_r}^2 + s^2 \qquad (7-19)$$
$$\overline{V_r^3} = \overline{V_r}^3 + 3s^2 \overline{V_r}$$

由定义 $\delta = 1 + (s/\overline{V_r})^2$ 及假设 $s/\overline{V_r} \ll 1$，则对于 $\delta^{n(n-1)/2}$ 有

$$
\begin{aligned}
n=1 & \qquad \delta^0 = 1 \\
n=2 & \qquad \delta^1 = 1 + (s/\overline{V_r})^2 \\
n=3 & \qquad \delta^3 \approx 1 + 3(s/\overline{V_r})^2 \\
n=4 & \qquad \delta^6 \approx 1 + 6(s/\overline{V_r})^2
\end{aligned}
\qquad (7-20)
$$

因此

$$\overline{V_r^n} \approx \overline{V_r}^n \delta^{n(n-1)/2} \qquad (7-21)$$

δ 现在可以用 $\overline{V_r}$ 和 s 来定义。对 NASA 彗星模型的数值拟合得出 s 的以下近似值（所有单位都是 km/s）

$$
\begin{aligned}
s &= 10.9\sigma + 0.87, \quad \sigma < 1.159 \\
s &= 13.5, \qquad\qquad\; \sigma > 1.159
\end{aligned}
\qquad (7-22)
$$

其中，σ 是彗星的日心速度与在同一距离处绕太阳的圆轨道上的速度之比。

给定 δ，NASA 模型中任何函数的估计值都会修正一个 δ 因子的适当次幂。考虑一个简单的防护情况，其中 $m \propto V_r^n$（如氢气罐），空间密度修正因子 δ 的计算如下

$$m \propto V_r^{-2}$$

和

$$\rho \propto m^{-1.2}$$

因此

$$\bar{\rho} \propto \overline{V_r^{2.4}} \sim \delta^{1.68} \overline{V_r}^{2.4}$$

ρ 的修正因子是 $\delta^{1.68}$。δ 的最大值为 1.42，因此最大修正系数为 1.8。$(\overline{V_r^{-1}})^{-1}$ 的修正因子为 $\delta^{-1} = 0.7$，因此通量修正因子为 $1.27[F = \frac{1}{4}\bar{\rho}(\overline{V_r^{-1}})^{-1} = \frac{1}{4}(1-8)\rho(0-7)\overline{V_r} = 1.27(\frac{1}{4}\rho\overline{V_r})]$。

7.2　粒子的电磁散射

作为粒子的最终影响，考虑可能在航天器附近形成的碎片云。航天器附近的粒子污染可能会严重干扰光谱中紫外线、可见光和红外区的电磁观测。在包括一些航天飞机任务

(Clifton and Owens，1988) 的载人航天器 (Newkirk，1967)，以及最近在麦哲伦号航天器 (Goree and Chiu，1993) 的周围均观察到颗粒物。在麦哲伦号航天器上，粒子的光学散射导致了星体跟踪器锁的周期性丢失。更普遍的是，计算表明由于太阳辐照、地球辐射和微粒自发射，遥测将受到微米级粒子的影响 (Rawlins and Green，1987)。如果粒子相对于航天器运动缓慢，那么它们将缓慢通过视场，并在大部分时间产生噪声背景。这可能导致仪器出现故障，无法像麦哲伦任务那样通过简单地将仪器指向背离太阳来进行缓解。因此，这可能会对任务运行产生严重影响。

轨道上有几种粒子源。首先，航天器表面在地面收集的粒子可能被带到轨道上，并在航天器运行期间被振得松散。其次，在微米尺度上，许多材料表面可能相当粗糙。许多复合材料表面可能有微米尺寸的纤维碎片。或者，在原子氧侵蚀下，表面可能在微米尺度上变成纹理状和片状。这一点在长期暴露装置 (LDEF) 上得到了证明，当它被带到航天飞机舱时，它会剥落很多以至于使石英晶体微量天平饱和。在轨道上，微米大小的颗粒可能会由于太阳光照射压力、穿越昼夜分界点产生的热应力或空间等离子体中不等量充电产生的静电斥力而发生破裂。第三，颗粒是由火箭发动机，特别是固体火箭发动机的点火和排放产生的。众所周知，对于航天飞机来说，水排放可以产生壮观的冰晶云。在安装推进器时未考虑到羽流轰击问题的航天器上，被羽流轰击的表面可能覆盖有大量颗粒或挥发性排放产物。

除了上文讨论的粒子的来源外，Goree and Chiu (1993) 还表明，带有灰尘的航天器暴露在电离层等离子体中会导致更多的尘埃脱落。这是因为尘埃粒子带电并从航天器表面被排斥。因此，分析粒子产生的速率必须考虑与环境中等离子体及中性气体的协同作用——这是一个有趣而复杂的问题。

第 8 章　技术现状

8.1　对当前知识水平的概述

在本书中，研究了航天器-环境相互作用背后的概念和理论。每个章节都选择具体例子进行说明，在这些例子和理论的基础上，读者应该能够识别对特定航天器比较重要的主要相互作用并建立简单初步的认知。然而，这一过程所体现的航天器-环境相互作用学科在其知识技术基础和对航天器设计的价值方面都在不断发展。在最后一章中，回顾了航天器-环境相互作用的现有技术水平，并预测了该领域未来的发展方向。

8.1.1　中性粒子

对中性大气相互作用的主要关注点是大气阻力、原子氧侵蚀、大气辉光和污染。尽管与 LEO 或极轨航天器阻力相关的整体过程已被很好地理解，但对具体效应经常难以准确地预测。原则上，对地球的中性环境及其对太阳的响应的理解还需达到一定程度。实际上，虽然已经建立了相当准确的统计模型，但是，关于太阳和地球的物理活动如何耦合到大气，以及如何模拟这些参数突然变化引起的几乎经常是脉冲式的大气响应行为，仍然有很多突出的问题等待回答。在预测沿轨道的大气密度时，高达 10～100 倍的误差并不罕见。一旦中性成分撞击航天器表面，表面上中性成分的调节就成为问题。不幸的是，对于许多标准航天器表面材料来说，调节系数仍然不是很清楚。如果能更好地表征大气分子与常见航天器表面相互作用的这些调节系数，则可以构建精确的阻力模型。

与大气阻力的情况一样，LEO 中的一般原子氧降解过程是已知的，但细节不足。迄今为止，大多数材料侵蚀率的研究都是经验性的，尽管已经在空间试验中测得许多不同材料的侵蚀率，但是对于降解的确切机制仍知之甚少。因此，预测新材料如何在空间发生侵蚀，以及开发定制的表面材料的能力还不具备。

由于航天器辉光对光学传感器有潜在危害，航天飞机就此进行了多次试验测量。虽然已经假定了许多机制，但现在人们普遍认为，一氧化二氮与撞击在航天器表面的氧之间的反应是发光的原因。实际上，直到最近（1994 年 7 月），人们感觉到这个问题已得到很好的理解，但最新对一氧化二氮过程的测试结果与预测结果相反。因此，即使这个"理解了"的领域也是不确定的。

由于材料出气和发射源（如推进器或等离子体发射器）放置的原因，中性粒子对航天器的污染是选择材料的重要考虑因素。目前我们对该机制的理解或建模还是比较可靠的。如果掌握适当的调节系数，则容易计算视线内的直接污染和来自表面反射的间接污染。来自推进器和其他排放源的回流虽然未被完全理解，但也可以将计算误差控制在不到一个数量级内。大规模蒙特卡罗软件和高级计算机已使得回流环境的计算常规化。

8.1.2　等离子体

等离子体与 GEO 航天器相互作用的主要问题是航天器表面充电和随后的电弧放电。航天器充电的现象是很好理解的，并且只要表面材料特性已知，便可以相对精确地建模。相比之下，对随后的电弧放电了解得不够充分，尽管对其效应可以使用电路分析模型很好地建模。首先，存在许多可能导致电弧放电的机制，而等离子体以及来自环境的辐射之间的相互作用未能很好地建模。其次，触发电弧的真正诱因还不是很清楚，尽管这一过程可能是：机械应力、EMP、宇宙射线电离、超过阈值电压，等等，这些都可能引发电弧放电。

在 GEO 或 LEO 航天器上使用等离子体源或推进器仍然是一个需要探索的领域。众所周知，等离子体源可以使航天器被包围在等离子体中，从而使航天器表面上不同电势间产生放电。这一过程在动力学上是如何实现的、等离子体去向何处以及它是如何响应磁场的等问题都没有很好的答案。甚至对等离子体中允许存在的电流形式以及电流回路从哪里闭合的基本问题也只是模糊地理解。

对于 LEO 中具有无偏压表面的航天器，等离子体与航天器的相互作用水平较小而且是温和的。对于具有暴露高压表面的航天器，还存在大量未解决的问题。通过这种表面的电流收集，特别是有中性气体存在的条件下，它们的电弧放电以及围绕它们的等离子体流动的结构还不是很清楚。电动系绳的出现对如何在一个数百千米长的物体周围形成电流回路以及如何计算有很高电流密度的电离层的阻抗提出了新的问题。事实上，对于要求很大功率才能获得的电流密度，电离层的响应几乎是非线性的。除了这些问题之外，从航天器发出的中性气体的异常电离问题仍然没有答案。

8.1.3　辐射

辐射对材料的一般影响是比较清楚的。空间辐射是选择航天器电子器件、材料和太阳能电池的主要考虑因素，如果对辐射损伤缺乏关注将导致任务失败。该领域大大得益于核物理学领域的发展，现在已经可以在飞行之前预测集成电路可能经历的 SEU 的数量或给定材料的辐射损伤。但是，我们对辐射环境的理解要差得多，辐射带是如何形成的这一基本问题仍然没有得到充分的回答。多年来，CRRES 等空间试验表明，在强烈的太阳活动后可能出现新的辐射带，持续数月然后消失。由于无法准确预测这种瞬时的或未来的辐射环境，导致在选择航天器件或屏蔽时采取过于保守的辐射设计余量。如果对辐射源有更好的理解，这种过度设计便可以消除。同时还需要更好地理解高能电子对材料的内部充电。

8.1.4 微粒

人们已经充分认识到即使是很小的粒子的超高速撞击也会损坏航天器这一事实——一个油漆斑点就能把航天飞机的舷窗损坏。对超高速撞击的物理学已经开展了大量研究，并且可以针对简单情况建模。目前已经知道对于直径小于约 1 cm 的颗粒可以屏蔽，但较大的颗粒应当规避。理解上最严重的差距来自于空间环境中发现的碎片和流星体的实际数量的确定。目前的模型基于观测数据，由于无法测量 1～10 cm 范围内的微粒而受到限制。这种不确定性有可能严重影响空间站的设计，空间站必须保护人员及其相关系统有效工作 10～15 年，所以只好通过强制采用重型屏蔽系统来实现。最后，速度超过～7 km/s 的测试设备目前还不满足要求。

8.2 当前工程技术水平概况

当前航天器-环境相互作用的工程实践是基于经验设计，仅使用有限的模型软件（通常仅有辐射和热分析软件）。子系统和系统的测试是在地面模拟设备中的航天器上进行的，以对预测结果进行验证——通常只有热真空、振动声学和 EMC/EMP。辐射测试通常仅在单个零部件上进行。航天器充电、流星体和/或空间碎片撞击、污染或原子氧侵蚀的建模通常仅在要求中特别提及或预期系统特别敏感时才考虑。虽然这种程序可能对于 LEO 某类航天器中的一个是成功的，但对长期的或多个航天器系统可能严重不足。特别是，协同作用可能产生意想不到的效果，这些可能会被当前的设计实践所忽略。

8.2.1 相互作用模型软件

开发用于航天器相互作用建模的工具的现有技术水平整体上是不错的。已经开发出仿真工具来帮助设计人员模拟航天器上的航天器-环境相互作用的效应。这些工具有美国的 Environment Work Bench（EWB）和 ENVIRONET 以及欧洲的 ESA Base。这些工具包含了本书中讨论的效应的简单模型。这些工具设计成可从普通计算机访问或在其上运行，并可用于对不同位形、材料选择、轨道等进行评估。

对于中性效应的详细计算，有二维和三维蒙特卡罗软件，可模拟回流和原子氧侵蚀。对于污染和羽流结构，有 CONTAM Ⅱ 和 SOCRATES 软件。在等离子体相互作用中，可以使用 NASCAP，NASCAP/LEO 和 POLAR 等软件。在辐射相互作用区域，除了 AE8/AP8 捕获带辐射环境软件外，还有几种辐射屏蔽软件，如 NOVICE 和 SHIELDOSE。最后，NASA 提供了一系列描述微流星体和碎片环境及其效应的模型，可以产生有用的（如果有些保守的话）对预期穿透概率（作为粒子尺寸的函数）的估计。

8.2.2 地面试验能力

除了辐射源和带电粒子加速器之外，常见的地基航天器环境测试设备将包含大型真空室，其中航天器可以在模拟的太阳能和/或热条件下暴露于低压空间。通常有配套设备用于在航天器的不同部分之间进行 EMI/EMC 测试以及振动声学测试。过去几年甚至已经看到了模拟原子氧侵蚀的设备，可以产生超声速原子氧束，然后轰击选定的航天器表面材料。还有大型等离子罐，可以检测空间中高压表面的影响。在美国及其他地方还有超高速撞击设备，能够模拟速度高达 10～15 km/s 的微粒，尽管微粒的大小和范围受到严重限制。因此，许多对航天器相互作用十分重要的效应都可以进行模拟。

8.3　航天器-环境相互作用工程实践的未来趋势

前面对航天器相互作用的现有技术进行了简要概述。从当前事态发展来看，环境相互作用研究在十年后将发展成什么样子？鉴于太空计划的不确定性日益增加，很难预测该行业五年后的状态，更不用说一二十年了。当前在航天器设计领域有好几种方法正在被采用，均涉及如何论述系统可靠性的特殊标准，未来对空间环境及效应建模的要求会有很多事情需要讨论。这些航天器设计方法可以按照航天器任务分类松散地进行分组，具体而言，NASA 已经开发了一种基于任务所希望的可靠性的分类系统。表 8-1 提供了四类任务的定义。

表 8-1　航天器类型的定义

类别	定义
A 类	世界级任务；代表国家声望的、具有国防性质的或冒着人类生命危险的；特别昂贵的（＞10 亿美元）、长期的、行星际任务，如伽利略号；超高可靠性、含多冗余系统的；不可修复的
B 类	重要任务；具有国家声望的重要任务；可以是可修复的（由航天飞机）；昂贵的、长期的；具有很高可靠性的、无单串故障的
C 类	典型任务；3 到 5 年寿命；有经风险评估可接受的单串故障；具有"标准的"可靠性的项目
D 类	如果能准时到达发射点并且不会对同一发射任务中的其他实验或航天器造成损害就可以飞行

表 8-1 中的定义细节因机构而异，但其含义很明确：对于 A 类和 B 类任务，通常不会在定义环境方面节省费用。对相互作用要进行详细建模，并在可能的情况下通过实际的实验和测试进行补充。C 类任务遵循相当明确的程序，具体取决于机构——需要模型在内部定义好，并且有适当的测试程序和设备。有趣的是 D 类任务，其成本或进度可能是最重要的，空间环境工程视情况自主决定。对于由许多相似的（也是廉价的）航天器组成的大型编队的需求，在刚刚满足可靠性和高可靠性及低可靠性之间仅有一线之隔。作为这些问题的一个例子，整体可靠性项目的费用（环境工程工作量与之成比例）对 A 类或 B 类任务可高达航天器成本的 30%。对于典型的 C 类任务，该百分比下降到～10%，而对于 D 类任务可能会下降到零。然而，由于需要建造许多廉价航天器（例如，一个提议的 LEO 通信系统），在兼顾空间环境问题的设计上有微小的改变（如改变辐射屏蔽重量）就会带来成本或可靠性的巨大变化。因此，随着我们争取确定适当比例的环境工程予以应用，D 类任务未来可能面临最大的挑战。

8.3.1　高可靠性任务

尽管 D 类任务可能是空间环境工程师面临的最大挑战，但 A 类和 B 类任务也存在一些重要挑战。首先，需要不断更新现有模型，其次，当遇到新的环境和新的相互作用时，还有开发新的模型和程序的喜人机遇。正如所讨论的那样，短短几年前，人们对 LEO 这一或许是最为熟悉的空间区域的空间碎片或原子氧侵蚀还了解得很少。实际上，随着航天器系统变得越来越复杂，我们预期影响它们的相互作用会变得更加微妙和复杂——我们将亲眼看到日益增长的与单粒子事件相关的问题不仅仅局限于单粒子翻转，而是包括闭锁、烧毁、栅穿等。同样，我们将遇到的环境也会更加复杂。作为一个突出的例子，考虑一个月球表面的基地或奥尼尔殖民地，这些系统的每一个都将以独特且可能具有潜在破坏性的方式与空间环境相互作用。在月球基地情况下，只是降落在月球表面就会产生灰尘和碎片——这种环境会影响月球表面的超灵敏光学和粒子探测器。奥尼尔殖民地将以惊人的速度泄漏空气——通过破裂的舷窗、漏气的气闸、控制推进器点火、对接操作等。过一段时间，殖民地（或者，规模小一点的空间站）周围气态产物的云团将是巨大的（导致辉光现象、表面相互作用和污染），甚至可能通过使太阳风偏离而开始影响地球的磁层。这些问题，虽然过去很少考虑，将会推动未来几代的 A 类和 B 类项目的环境工程不断发展。

8.3.2　C 类计划

C 类计划领域的主要推动力是人们正不断努力将所有不同类型的环境和相互作用模型联系在一起。通过 ESA Base（ESA），ENVIRONET（NASA GSFC）或 EWB/EPSAT（DoD/NASA）等产品，政府组织和私营企业正朝着"通用航天器设计工具"大踏步迈进。这一令人兴奋的进步意味着，当用这些技术解决问题时，将有一个像航空领域的 NASTRAN 这样的计算机设计工具，可以用来从一开始就设计航天器的环境可靠性——工程师输入要求的条件和希望的范围，程序可根据输入推荐轨道、初步设计和测试规范。最终，该工具将允许环境工程师针对各种设计和成本约束下的不同要求进行测试，允许计划或项目管理方有广泛的选择余地。虽然这种通用工具不能解决所有类型的问题，并且可能不具备 A 类或 B 类任务所需的准确性或置信度，但它将允许很多较小的项目和组织有效地开发优质产品。

8.3.3　D 类计划

D 类计划可能为环境工程师提供最有趣的挑战，这样说的原因是，如果对项目成功有一个合理预期，我们在前面章节中看到的环境参数的巨大时间变化将迫使我们仔细考虑任务的每个阶段的环境风险。这意味着采用了外来技术以及以低成本实现的设计需要预先充分了解实际风险。由环境、定义和评估带来的风险将成为许多 D 类任务成功的核心。鉴于在给定时间段内空间环境及效应的不确定性，风险评估将是任何设计工作或任务计划的必要组成部分。

保护航天器免受环境影响可能是昂贵的——无论是在防护方法（额外的重量、功率甚至计算能力）还是设计变更或测试中花费的时间上，这种保护可能是追求"更快、更便宜、更好"的 D 类任务的魔咒。（注意：并非所有此类任务都是 D 类，D 类任务也不一定是这种类型，但鉴于目前在整个行业中都使用"更快，更便宜，更好"的定义，它们是密切相关的。）针对环境约束进行测试在进度方面可能特别昂贵，还会给航天器增加应力。通常，在这类计划中，该航天器或系统是某类型号中的首飞——之前没有工程测试模型存在。对系统过试验可大大减少其在轨寿命，同样，欠试验或过低的环境要求或设计可能给任务带来厄运。因此，在对环境效应的关注程度上应当划出一条详细的界限。

未来环境工程师在此类任务中的角色是什么？显然，第一步是能够快速评估可能适用于该任务的最低环境要求。本书旨在为实现这一能力制定合理的程序。第二步是必须适当确定与主要环境因素相关的风险。就辐射效应而言，它通常是大多数任务的主要考虑因素，这可以简化为确定发生太阳质子事件或遇到一定水平的捕获辐射的可能性。目前，用于评估这些效应的模型正在进行修订——貌似从现在起十年或更长时间内可能一直是这样。未来将有望看到我们在环境预测技术和对相互作用细节的定义上都会取得进步。这种情况在微电子行业已经发生，例如，随着微电子子系统（如固态数据记录器）的灵敏度不断提高，设计工程师已经研制出内置式错误检测和校正算法来限制 SEU 的影响。将来，环境工程界的所有部门都需要及时了解这些修复技术以及适用的条件，对于尖端的、高风险的 D 类任务尤其如此。

与 C 类航天器的情况一样，通用环境工具可能成为降低成本和在项目早期进行权衡的有效手段。不幸的是，D 类任务常常受限于其属性（即快速周转或高风险技术），可能无法实现所有标准的设计定位。例如，最近的 Clementine 任务第一次大规模使用塑料封装器件（PEDs）或他们称之为塑料部件。计算机巨大而迅速的发展意味着即使是最低级的家用计算机，也能拥有数倍于最昂贵而超可靠的航天器计算机的计算能力。传统看法认为，环境对 PEDs 的影响是巨大的，它们无法在太空中成功飞行。而这种器件现在正被用于地球上各种极端压力的环境中，例如汽车发动机内部。这些部件甚至不能满足 C 类任务的最低可靠性要求，但它们显然比任何现有的空间技术更能胜任和更便宜。环境工程师正是从这里着手——在 Clementine 上，对部件可靠性工艺的各个方面进行仔细考虑后，PEDs 经测试后应用到整个航天器设计中。有些部件的辐射灵敏度低于 1 krad（Si），但对环境（任务并没有在辐射带中经历太多时间，且在太阳活动低谷期飞行）适当考虑后，显然这样的任务是可行的。尽管如此，如果航天器遇到 1972 年那样级别的太阳质子事件，则会出现严重的辐射问题。项目管理方在对各方面风险进行仔细评估后做出决定，对 PEDs 在空间工作的了解所带来的收益与遭遇质子事件的可能性相比，冒险是非常值得的。（注：在 Clementine 任务期间观察到质子事件，但它完全低于该项目采用的保守水平，并且没有观察到对航天器运行的影响。）最后，在响应任务定制型的风险定义过程中，甚至 A、B、C 和 D 类定义也正在逐步被淘汰，即便如此，所提出的概念对于评估和控制由于环境相互作用引起的风险还是很有价值的。

8.3.4 总结

在这个技术发展呈指数增长的时期，不可能准确地预测出新的空间环境问题会在哪里出现。然而，可以肯定的是，只要风险在任务设计中起着重要作用，对空间环境效应进行充分理性的考虑必将成为航天器设计的重要部分。鉴于单个太空任务的目标迥异，存在各种级别的环境风险评估就不足为怪了。因此，准确的风险评估将推动空间环境工程的未来发展，并赋予该领域新的定义，本书中的内容最终将朝这一目标而努力。

参 考 文 献

［1］ Adamo, R. C, and Matarrese, J. R. Transient pulse monitor data from the P78 - 2 （SCATHA） spacecraft, Journal of Spacecraft and Rockets, 20: 432 - 7, 1983.

［2］ Adams, J. H. The Ionizing Particle Environment near Earth, Technical Report AIAA82 - 107, American Institute of Aeronautics and Astronautics, Washington, DC, 1982.

［3］ Adams, J. H. , Letaw, J. R. , and Smart, D. F. Cosmic Ray Effects on Microelectronics, Part II: The Geomagnetic Cutoff Effects. NRL Memorandum Report 4506, Naval Research Laboratory, 1983.

［4］ Adams, J. H. Cosmic Ray Effects on Microelectronics, Part IV: NRL Memorandum Report 5901, Naval Research Laboratory, 1986.

［5］ Agrawal, B. N. Design of Geosynchronous Spacecraft, Prentice - Hall, Inc. , Englewood Cliffs, NJ, 1986.

［6］ Al'pert, Ya. L. The Near - Earth and Interplanetary Plasma, Vols. 1 and 2, Cambridge University Press, 1983.

［7］ Al'pert, Ya. L. , Gurevich, A. V. , and Pitaevskii, L. P. Space Physics with Artificial Satellites. Consultants Bureau, 1965.

［8］ Balmain, K. G. Surface discharge effects, In H. B. Garrett and C. P. Pike （eds. ）, Space Systems and Their Interactions with the Earth's Space Environment, Vol. 71, pp. 276 - 98, American Institute of Aeronautics and Astronautics, Washington, DC, 1980.

［9］ Balsiger, H. , Eberhardt, P. , Geiss, J. , and Young, D. T. Magnetic storm injection of 0. 9 to 16 - keV/e solar and terrestrial ions into the high - altitude magnetosphere, Journal of Geophysical Research, 85: 1645 - 62, 1980.

［10］ Banks, B. , Rutledge, S. K. , Auer, B. , and DiFilipo, F. Atomic oxygen undercutting of defects on SiO_2 protected polyimide solar array blankets, In Materials Degradationin Low Earth Orbit （LEO） . Minerals, Metals, and Materials Society, 1990.

［11］ Banks, P. M. , and Kockarts, G. Aeronomy, Parts A and B, Academic Press, New York, 1973.

［12］ Banks, P. M. , Williamson, P. R. , and Raitt, W. J. Space shuttle glow observations, Geophysical Research Letters, 10: 118, 1983.

［13］ Bareiss, L. E. , Payton, R. M. , and Papaziaa, H. A. Shuttle/Spacelab Contamination Environment and Effects Handbook - Second Edition, Martin Marietta Aerospace, MCR - 85 - 583, 1986.

［14］ Barnett, A. , and Olbert, S. Radiation of plasma waves by a conducting body movingthrough a magnetized plasma, Journal of Geophysical Research, 91: 10117 - 35, 1986.

［15］ Barraclough, D. R. International geomagnetic reference field: the 4th generation, Physics of the Earth and Planetary Interiors, 48: 279, 1987.

［16］ Belcastro, V. , Veltri, P. , and Dobrownoly, M. Radiation from long conducting tethers moving in the near - earth environment, Nuovo Cimento, 5: 537 - 60, 1982.

[17]　Bernstein, I. B., and Rabinowitz, I. N. Theory of electrostatic probes in a low – density plasma, Physics of Fluids, 2: 112, 1959.

[18]　Besse, A. L., and Rubin, A. G. A simple analysis of spacecraft charging involving blocked photoelectron currents, Journal of Geophysical Research, 85 (A5): 2324 – 8, 1980.

[19]　Bird, G. A. Molecular Gas Dynamics, Clarendon Press, Oxford, England, 1976.

[20]　Bittencourt, J. A. Fundamentals of Plasma Physics, Pergamon Press, New York, 1986.

[21]　Bourrieau, J. Protection and shielding, In R. N. DeWitt, D. Duston, and A. K. Hyder (eds.), The Behaviour of Systems in the Space Environment, pp. 299 – 351, Kluwer Academic Publishers, 1993.

[22]　Carruth, M. R., and Brady, M. E. Measurement of the charge – exchange plasma flow from an ion thruster, Journal of Spacecraft and Rockets, 18 (5): 457 – 61, 1981.

[23]　Chaky, R. C, Nonnast, J. H., and Enoch, J. Numerical simulation of the sheath structure and current – voltage characteristics of a conductor – dielectric disk in a plasma, Journal of Applied Physics, 52: 7092 – 8, 1981.

[24]　Chen, F. F. Introduction to Plasma Physics and Controlled Fusion, Plenum Press, New York, 1984.

[25]　Cho, M., and Hastings, D. E. Dielectric charging processes and arcing rates ofhigh – voltage solar arrays, Journal of Spacecraft and Rockets, 28 (6): 698 – 706, 1991.

[26]　Clifton, K. S., and Owens, J. K. Optical contamination measurements on early Shuttle missions, Applied Optics, 27: 603, 1988.

[27]　Cour – Palais, B. G. Meteroid environment model – 1969 (near Earth to lunar surface), Technical Report NASA SP – 8013, NASA, 1969.

[28]　Cour – Palais, B. G. Hypervelocity impact in metals, glass, and composites, International Journal of Impact Engineering, 5: 221 – 37, 1987.

[29]　Craven, P. D. Potential modulation on the SCATHA satellite, Journal of Spacecraft and Rockets, 24: 150 – 7, 1987.

[30]　DeForest, S. E. Spacecraft charging at synchronous orbit, Journal of Geophysical Research, 77: 3587 – 3611, 1972.

[31]　Dettleff, G. Plume flow and plume impingement in space technology, Progress in Aerospace Science, 28: 1 – 71, 1991.

[32]　DeWitt, R. N., Duston, D. P., and Hyder, A. K. The Behaviour of Systems in the Space Environment, Kluwer Academic Publishers, 1993.

[33]　Divine, T. N., and Garrett, H. B. Charged – particle distributions in Jupiter's magnetosphere, Journal of Geophysical Research, 88: 6889 – 6903, 1983.

[34]　Divine, T. N. Five populations of interplanetary meteoroids, Journal of Geophysical Research, 98 (E9): 17029 – 48, 1993.

[35]　Dobrownoly, M., and Melchioni, E. Expansion of polarized plasma source into an ambient plasma, Journal of Plasma Physics, 47: 111, 1992.

[36]　Dobrownoly, M., and Melchioni, E. Electrodynamic aspects of the first tethered satellite mission, Journal of Geophysical Research, 98 (A8): 13761 – 78, 1993.

[37]　Donahue, D. J., Neubert, T., and Banks, P. M. Estimated radiated power from a conducting

tethered satellite system, Journal of Geophysical Research, 96 (A12): 21245 - 53, 1991.

[38] Feynman, J., Spitale, G., Wang, J., and Gabriel, S. Interplanetary proton fluence: JPL1991, Journal of Geophysical Research, 98 (A8): 13281 - 94, 1993.

[39] Fredrickson, A. R. Radiation - induced dielectric charging, In H. B. Garrett and C. P. Pike (eds.), Space Systems and Their Interactions with the Earth's Space Environment, Vol. 71, pp. 386 - 412, American Institute of Aeronautics and Astronautics, Washington, DC, 1980.

[40] Fredrickson, A. R., Cotts, D. B., Wall, J. A., and Bouquet, F. L. Spacecraft Dielectric Material Properties and Spacecraft Charging, Vol. 107, of AIAA Progress in Aeronautics and Astronautics, American Institute of Aeronautics and Astronautics, Washington, DC, 1986.

[41] Fredrickson, A. R., Holeman, E. G., and Mullen, E. C. Characteristics of spontaneous electrical discharging of various insulators in space radiations, IEEE Transactions of Nuclear Science, 39 (5 - 6): 1773 - 1782, December 1992.

[42] Garrett, H. B. The charging of spacecraft surfaces, Reviews of Geophysics, 19: 577 - 616, 1981.

[43] Garrett H. B., and DeForest, S. E. An analytical simulation of the geosynchronous plasma environment, Planetary Space Science, 27: 1101 - 09, 1979.

[44] Garrett, H. B., and Pike, C. (eds.) Space Systems and Their Interactions with Earth's Space Environment, American Institute of Aeronautics and Astronautics, Washington, DC, 1980.

[45] Garrett, H. B., Schwank, D. C, and DeForest, S. E. A statistical analysis of the low - energy geosynchronous plasma environment - I. electrons, Planetary Space Science, 29: 1021 - 44, 1981a.

[46] Garrett, H. B., Schwank, D. C, and DeForest, S. E. A statistical analysis of thelow - energy geosynchronous plasma environment - Ⅱ. protons, Planetary Space Science, 29: 1045 - 60, 1981b.

[47] Garrett, H. B., and Spitale, G. C. Magnetospheric plasma modeling (0 - 100 keV), Journal of Spacecraft and Rockets, 22: 231 - 44, 1985.

[48] Garrett, H. B., Chutjian, A., and Gabriel, S. Space vehicle glow and its impact onspacecraft systems, Journal of Spacecraft and Rockets, 25: 321, 1988.

[49] Garrett, H. B., and Petrasek, I. Probability of environmentally induced failure during Galileo VEEGA due to meteroid impact, radiation damage, or spacecraft changing, Jet Propulsion Laboratory Report JPL D - 5832, The Jet Propulsion Laboratory, 1988.

[50] Geiss, J., Balsiger, H., Eberhardt, P., Walker, H. P., Weber, C, Young, D. J., and Rosenbauer, H. Dynamics of magnetospheric ion composition as observed by the GEOS mass spectrometer, Space Science Reviews, 22: 537, 1978.

[51] Gerver, M. J., Hastings, D. E., and Oberhardt, M. Theory and experimental review of plasma contactors, Journal of Spacecraft and Rockets, 27: 391 - 402, 1990.

[52] Goldstein, R., and DeForest, S. E. Active control of spacecraft potentials at geosynchronous orbit, In Spacecraft Charging by Magnetospheric Plasmas, Vol. 47, pp. 169 - 81. American Institute of Aeronautics and Astronautics, Washington, DC, 1976.

[53] Goller, G. R., and Grun, E. Calibration of the Galileo/Ulysses dust detectors with different projectile materials and at varying impact angles, Planetary and Space Science, 37: 1197 - 1206, 1989.

[54] Goree, J., and Chiu, Y. T. Dust contamination of the spacecraft environment by exposure to plasma, Journal of Spacecraft and Rockets, 30 (6): 765 - 7, 1993.

[55]　Grard, R. J. Properties of the satellite photoelectron sheath derived from photoemission laboratory measurements, Journal of Geophysical Research, 78: 2885 - 2906, 1973.

[56]　Grard, R., Knott, K., and Pederson, A. Spacecraft charging effects, Space Science Reviews, 34: 239 - 304, 1983.

[57]　Green, B. D., Caledonia, G. E., and Wilkerson, T. D. The shuttle environment: Gases, particulates and glow, Journal of Spacecraft and Rockets, 22: 500 - 11, 1985.

[58]　Grier, N. T. Plasma interaction experiment II: laboratory and flight results, In Spacecraft Environment Interactions Technology Conference, pp. 333 - 48, NASA CP - 2359, 1983.

[59]　Gull, T. R., Herzog, H., Osantowski, J. R, and Toft, A. R. Low earth orbit environmental effects on osmium and related optical thin film coatings, Applied Optics, 24 (16): 2660 - 5, 1985.

[60]　Gussenhoven, M. S., and Mullen, E. G. Geosynchronous environment for severe spacecraft charging, Journal of Spacecraft and Rockets, 20: 26 - 34, 1983.

[61]　Gussenhoven, M. S., Hardy, D. A., Rich, R, Burke, W. J., and Yen., H. C. High - level spacecraft charging in the low - altitude polar auroral environment, Journal of Geophysical Research, 90: 11009 - 23, 1985.

[62]　Hardy, D. A., Gussenhoven, M. S., and Holeman, E. A statistical model of auroral electron precipitation, Journal of Geophysical Research, 90: 4229 - 48, 1985.

[63]　Hardy, D. A., Gussenhoven, M. S., and Brautigam, D. A statistical model of auroral ion precipitation, Journal of Geophysical Research, 94: 370 - 92, 1989.

[64]　Hastings, D. E. The use of electrostatic noise to control high - voltage differential charging of spacecraft, Journal of Geophysical Research, 91: 5719 - 24, 1986.

[65]　Hastings, D. E. Enhanced current flow through a plasma cloud by induction of plasma turbulence, Journal of Geophysical Research, 92: 7716 - 22, 1987a.

[66]　Hastings, D. E. Theory of plasma contactors used in the ionosphere, Journal of Spacecraft and Rockets, 24: 250 - 6, 1987b.

[67]　Hastings, D. E., and Wang, J. The radiation impedance of a electrodynamic tether with end connectors, Geophysical Research Letters, 14: 519 - 22, 1987.

[68]　Hastings, D. E., and Gatsonis, N. A. Plasma contactors for use with electrodynamic tethers for power generation, Acta Astronautica, 17: 827 - 36, 1988.

[69]　Hastings, D. E., and Blandino, J. Bounds on current collection by plasma clouds from the ionosphere, Journal of Geophysical Research, 94: 2737 - 44, 1989.

[70]　Hastings, D. E., and Chang, P. The physics of positively biased conductors surrounded by dielectrics in contact with a plasma, Physics of Fluids B, 1: 1 123 - 32, 1989.

[71]　Hastings, D. E., and Cho, M. Ion drag for a negatively biased solar array in LEO, Journal of Spacecraft and Rockets, 27: 279 - 84, 1990.

[72]　Hastings, D. E., Weyl, G., and Kaufman, D. A simple model for the threshold voltage for arcing on negatively biased high - voltage solar arrays, Journal of Spacecraft and Rockets, 27: 539 - 44, 1990.

[73]　Hastings, D. E., Cho, M., and Kuninaka, H. The arcing rate for a high voltage solar array: theory, experiments, and predictions, Journal of Spacecraft and Rockets, 29 (4): 538 -

54, 1992.

[74] Hastings, D. E. , Cho, M. , and Wang, J. The Space Station Freedom structure floating potential and the probability of arcing, Journal of Spacecraft and Rockets, 29 (6): 830 - 4, 1992.

[75] Hedin, A. E. A revised thermospheric model based on mass spectrometer and incoherent scatter data: MSIS - 83, Journal of Geophysical Research, 88: 10170 - 88, 1983.

[76] Hedin, A. E. MSIS - 86 thermospheric model, Journal of Geophysical Research, 92: 4649 - 62, 1987.

[77] Hedin, A. E. Extension of the MSIS thermospheric model into the middle and lower atmosphere, Journal of Geophysical Research, 96: 1159 - 72, 1991.

[78] Hoffman, A. Galileo orbiter functional requirements book, environmental design requirements, Technical Report GLL - 3 - 240, Rev. C, Jet Propulsion Laboratory, 1987.

[79] Holmes - Siedle, A. , and Adams, L. Handbook of Radiation Effects, Oxford University Press, Oxford, England, 1993.

[80] Humes, D. H. , Alvarez, J. M, O'Neal, R. L. , and Kinnard, W. H. The interplanetary and near - Jupiter meteoroid environment, Journal of Geophysical Research, 79: 3677 - 84, 1974.

[81] Hurlbut, F. C. Gas/Surface Scatter Models for Satellite Applications, Vol. 103 of Thermophysical Aspects of Reentry Flows, pp. 97 - 119, American Institute of Aeronautics and Astronautics, Washington, DC, 1986.

[82] Iess, L. , and Dobrownoly, M. The interaction of a hollow cathode with the ionosphere, Physics of Fluids, Bl: 1880 - 9, 1989.

[83] Jacobs, J. A. Geomagnetic Micropulsations, Springer - Verlag, New York, 1970.

[84] Jemiola, J. M. Spacecraft contamination: A review, In H. B. Garrett and C. P. Pike (eds.), Space Systems and Their Interactions with the Earth's Space Environment, Vol. 71, pp. 680 - 706. American Institute of Aeronautics and Astronautics, Washington, DC, 1980.

[85] Johnson, N. L. , and McKnight, D. S. Artifical Space Debris, Krieger Publishing Co. , Melbourne, FL, 1991.

[86] Jongeward, G. , Katz, I. , Mandell, M. , and Parks, D. E. The role of unneutralized surface ions in negative potential arcing, IEEE Transactions on Nuclear Science, NS - 32 (6): 4087 - 91, 1985.

[87] Jordan, T. M. NOVICE: A Radiation Transport/Shielding Code: Users' Guide, Technical Report 87. 01. 02. 01, Experimental and Mathematical Physics Consultants, 1987.

[88] Jursa, A. S. (ed.) Handbook of Geophysics and the Space Environment, Air Force Geophysics Lab, 1985, NTIS Accession No. AD - A167000.

[89] Kasha, M. A. The Ionosphere and Its Interaction with Satellites, Gordon and Breach, New York, 1969.

[90] Katz, I. , Parks, D. E. , Mandell, M. J. , Harvey, J. M. , Wang, S. S. , and Roche, J. C. NASCAP, a three - dimensional charging analyzer program for complex spacecraft, IEEE Transactions on Nuclear Science, NS - 24 (6): 2276, 1977.

[91] Katz, I. , Mandell, M. J. , Jongeward, G. A. , and Gussenhoven, M. S. The importance of accurate secondary electron yields in modeling spacecraft charging, Journal of Geophysical Research, 91: 13739 - 44, 1986.

[92] Katz, I., Jongeward, G. A., Davis, V. A., Mandell, M. J., Kuharski, R. A., Lilley, J. R., Raitt, W. J., Cooke, D. L., Torbert, R. B., Larson, G., and Rau, D. Structure of the bipolar plasma sheath generated by SPEAR 1, Journal of Geophysical Research, 94: 1450 - 8, 1989.

[93] Kelley, M. C. The Earth's Ionosphere: Plasma Physics and Electrodynamics, Academic Press, San Diego, CA, 1989.

[94] Kessler, D. J. Meteoroids and Orbital Debris, Technical Report SSP 30425, NASA, 1991.

[95] Kessler, D. J. Orbital debris environment in low earth orbit: an update, Advances in Space Research, 13 (8): 139 - 48, 1993.

[96] Kessler, D. J., and Cour - Palais, B. G. Collision frequency of artificial satellites: creation of a debris belt, In H. B. Garrett and C. P. Pike (eds.), Space Systems and Their Interactions with the Earth's Space Environment, Vol. 71, pp. 707 - 36. American Institute of Aeronautics and Astronautics, Washington, DC, 1980.

[97] Kogan, M. N. Rarefied Gas Dynamics, Plenun Press, New York, 1969.

[98] Koons, H. C, Mizera, P. F., Roeder, J. L., and Fennell, J. F. Severe spacecraft charging event on SCATHA in September 1982, Journal of Spacecraft and Rockets, 25: 239 - 43, 1988.

[99] Koons, H. C, and Gorney, D. J. Relationship between electrostatic discharges on 286 References spacecraft P78 - 2 and the electron environment, Journal of Spacecraft and Rockets, 28: 683 - 8, 1991.

[100] Koons, H. C. Summary of environmentally induced electrical discharges on the P78 - 2 (SCATHA) satellite, Journal of Spacecraft and Rockets, 20: 425 - 31, 1983.

[101] Koontz, S. L., Albyn, K., and Leger, L. J. Atomic oxygen testing with thermal atom systems: A critical evaluation, Journal of Spacecraft and Rockets, 28 (3): 315, 1991.

[102] Krall, N. A., and Trivelpiece, A. W. Principles of Plasma Physics, McGraw - Hill, New York, 1973.

[103] Krech, R. H., Gauthier, M. J., and Caledonia, G. E. High velocity atomic oxygen/surface accomodation studies, Journal of Spacecraft and Rockets, 30: 509 - 13, 1993.

[104] Laframboise, J. G., and Sonmor, L. J. Current collection by probes and electrodes in space magnetoplasmas: a review, Journal of Geophysical Research, 98 (Al): 337 - 57, 1993.

[105] Lai, S. T. Theory and observation of triple - root jump in spacecraft charging, Journal of Geophysical Research, 96 (A11): 19269 - 81, 1991a.

[106] Lai, S. T. Spacecraft charging thresholds in single and double Maxwellian space environments, IEEE Transactions on Nuclear Science, 38 (6): 1629 - 33, 1991b.

[107] Lam, S., and Greenblatt, M. On the interaction of a solid body with a flowing collisionless plasma, In The Fourth Symposium on Rarefied Gas Dynamics, Academic Press, 1966.

[108] Latham, R. V. Potential threats to the performance of vacuum - insulated high - voltage devices in a space environment, In R. N. DeWitt, D. Duston, and A. K. Hyder (eds.), The Behaviour of Systems in the Space Environment, pp. 467 - 90. Kluwer Academic Publishers, 1993.

[109] Laurance, M. R., and Brownlee, D. E. The flux of meteoriods and orbital space debris striking satellites in low earth orbit, Nature, 323: 136 - 38, 1986.

[110] Leger, L. L., and Visentine, J. T. A consideration of atomic oxygen interactions with the space

station, Journal of Spacecraft and Rockets, 23 (5): 505 - 11, 1986.

[111] Leung, P. , Whittlesey, A. C, Garrett, H. B. , Robinson, P. A. , and Divine, T. N. Environment - induced electrostatic discharges as the cause of Voyager 1 power - onresets, Journal of Spacecraft and Rockets, 23: 323 - 30, 1986.

[112] Linson, L. M. Current - voltage characteristics of an electron - emitting satellite in theionosphere, Journal of Geophysical Research, 74: 2368, 1969.

[113] Lucas, A. A. Fundamental processes in particle and photon interactions with surfaces, In R. J. L. Grard (ed.), Photon and Particle Interactions with Surfaces in Space, pp. 3 - 21, Reidel, 1973.

[114] Maag, C. R. Results of apparent atomic oxygen reactions with spacecraft materials during Shuttle flight STS - 41g, Journal of Spacecraft and Rockets, 25 (2): 162, 1988.

[115] Martin, D. J. , and Maag, C. R. The influence of commonly used materials and compounds on spacecraft contamination, In IAF 92 - 0336, International Astronautical Federation, 1992.

[116] Martinez - Sanchez, M. , and Hastings, D. E. A systems study of a 100 - kW tether, Journal of Astronautical Sciences, 35: 75 - 96, 1987.

[117] Mullen, E. , and Gussenhoven, M. Results of space experiments: CRRES, In R. N. DeWitt, D. Duston, and A. K. Hyder (eds.), The Behaviour of Systems in the Space Environment, pp. 605 - 54, Kluwer Academic Publishers, 1993.

[118] Mullen, E. G. , Gussenhoven, M. S. , and Hardy, D. A. SCATHA survey of high - voltage spacecraft charging in sunlight, Journal of Geophysical Research, 91: 1474 - 90, 1986.

[119] Nanevicz, J. E. , and Adamo, R. C. Occurrence of arcing and its effects on space systems, In H. B. Garrett and C. P. Pike (eds.), Space Systems and Their Interactions with the Earth's Space Environment, Vol. 71, pp. 252 - 75, American Institute of Aeronauticsand Astronautics, Washington, DC, 1980.

[120] Neubert, T. , and Banks, P. M. Recent results from studies of electron beam phenomena inspace plasmas, Planetary Space Science, 40 (2 - 3): 153 - 83, 1992.

[121] Neubert, T. , Banks, P. M. , Gilchrist, B. E. , Fraser - Smith, A. C, Williamson, P. R. , Raitt, W. J. , Myers, N. B. , and Sasaki, S. The interaction of an artificial electron beam with the earth's upper atmosphere: effects on spacecraft charging and the near plasm aenvironment, Journal of Geophysical Research, 95: 12209, 1990.

[122] Newell, P. T. Review of the critical ionization velocity effect in space, Review of Geophysics Research, 23: 93 - 104, 1985.

[123] Newkirk, G. The optical environment of manned spacecraft, Planetary Space Science, 15: 1267, 1967.

[124] Nicolis, G. and Prigogine, I. Self - Organization in Nonequilibrium Systems, John Wiley, New York, 1977.

[125] Papadopoulos, K. Scaling of the beam - plasma discharge for low magnetic fields, Journal of Geophysical Research, 91: 1627, 1986.

[126] Parker, L. W. and Murphy, B. L. Potential buildup on an electron - emitting ionspheric satellite, Journal of Geophysical Research, 72: 1631, 1967.

[127] Parks, D. , and Katz, I. Theory of plasma contactors for electrodynamic tethered satellite systems, Journal of Spacecraft and Rockets, 24: 245 – 9, 1987.

[128] Parks, D. , Mandell, M. J. , and Katz, I. Fluid model of plasma outside a hollow cathode neutralizer, Journal of Spacecraft and Rockets, 19: 354 – 7, 1982.

[129] Particle Data Group, Passage of particles through matter: review of particle properties, Physics Letters B, 239 (1 – 1): 1 – 38, 1990.

[130] Peters, P. N. , Linton, R. C, and Miller, E. R. Results of apparent atomic oxygen reactionson Ag, C, and Os exposed during Shuttle STS – 4 orbits, Geophysical Research Letters, 10: 569 – 71, 1983.

[131] Peters, P. N. , Gregory, J. C, and Swann, J. T. Effects on optical systems from interactions with oxygen atoms in low earth orbits, Applied Optics, 25 (8): 1290 – 8, 1986.

[132] Prokopenko, S. M. L. , and Laframboise, J. G. High – voltage differential charging of geostationary spacecraft, Journal of Geophysical Research, 85: 4125, 1980.

[133] Purvis, C. K. , and Bartlett, R. O. Active control of spacecraft charging, In H. B. Garrettand C. P. Pike (eds.), Space Systems and Their Interactions with the Earth's Space Environment, Vol. 71, pp. 299 – 317, American Institute of Aeronautics and Astronautics, Washington, DC, 1980.

[134] Purvis, C, Garrett, H. , Whittlesey, A. C, and Stevens, N. J. Design guidelines for assessing and controlling spacecraft charging effects, Technical Paper 2361, NASA, 1984.

[135] Rault, D. F. G. , and Woronowicz, M. S. Spacecraft contamination investigation by direct simulation Monte Carlo – contamination on UARS/HALOE, In AIAA 93 – 0724. American Institute of Aeronautics and Astronautics, Washington, DC, 1993.

[136] Rawer, K. International reference ionosphere, Advances in Space Research, 2: 181 – 257, 1982.

[137] Rawlins, W. T. , and Green, B. D. Spectral signatures of micron sized particles in the Shuttle optical environment, Applied Optics, 26: 3052, 1987.

[138] Robinson, Paul A. , Jr. (ed.), Introduction to Spacecraft environments and the anomalies they cause, Jet Propulsion Laboratory, D – 5489, California Insitute of Technology, Pasadena, CA, 1988.

[139] Rosen, A. Spacecraft Charging by Magneto spheric Plasmas, American Institute of Aeronautics and Astronautics, Washington, DC, 1976.

[140] Rubin, A. L. , Katz, I. , Mandell, M. , Schnuelle, G. , Steen, P. , Parks, D. , Cassidy, J. , and Roche, J. A three – dimensional spacecraft – charging computer code, In H. B. Garrett and C. P. Pike (eds.), Space Systems and Their Interactions with the Earth's Space Environment, Vol. 71, pp. 318 – 36. American Institute of Aeronautics and Astronautics, Washington, DC, 1980.

[141] Sagalyn, R. C, and Bowhill, S. A. Progress in geomagnetic storm prediction, In Environmental Effects on Spacecraft Positioning and Trajectories, pp. 157 – 73, International Union of Geodesy and Geophysics, 1993.

[142] SamantaRoy, R. , Hastings, D. E. , and Ahedo, E. A systems analysis of electrodynamic tethers, Journal of Spacecraft and Rockets, 29 (3): 415 – 24, 1992.

[143] SamantaRoy, R. , and Hastings, D. E. A brief overview of electrodynamics tethers, In R. N.

DeWitt, D. Duston, and A. K. Hyder (eds.), The Behaviour of Systems in the Space Environment, pp. 825 - 36, Kluwer Academic Publishers, 1993.

[144] Sasaki, S., Kawashima, N., Kuriki, K., Yanagisawa, M., and Obayashi, T. Vehicle charging observed in SEPAC Spacelab - 1 experiment, Journal of Spacecraft and Rockets, 23 (2): 194 - 9, 1986.

[145] Sasaki, S., Kawashima, N., Kuriki, K., Yanagisawa, M., Obayashi, T., Roberts, W. T., Reasoner, D. L., Williamson, P. R., Banks, P. M., Taylor, W. W. L., and Burch, J. L. Neutralization of beam - emitting spacecraft by plasma injection, Journal of Spacecraft and Rockets, 24: 227 - 31, 1987.

[146] Shuman, B. M., Vancour, R. P., Smiddy, M., Saflekos, N. A., and Rich, F. J. Field - aligned current, convective electric field, and auroral particle measurements during amagnetic storm, Journal of Geophysical Research, 86: 5561 - 75, 1981.

[147] Simons, G. A. Effect of nozzle boundary layers on rocket exhaust plumes, AIAA Journal, 10 (11): 1534 - 5, 1972.

[148] Singer, S. F. (ed.) Interaction of Space Vehicles with an Ionized Atmosphere, Pergammon Press, Oxford, 1965.

[149] Sternglass, E. J. Backscattering of kilovolt electrons from solids, Physical Review, 95: 345 - 58, 1954.

[150] Stevens, N. J. Space environmental interactions with biased spacecraft surfaces, In H. B. Garrett and C. P. Pike (eds.), Space Systems and Their Interactions with Earth's Space Environment, Vol. 71, pp. 455 - 76, American Institute of Aeronautics and Astronautics, Washington, DC, 1980.

[151] Stiegman, A. E., and Liang, R. H. Ultraviolet and vacuum - ultraviolet radiation effects on spacecraft thermal control materials, In R. N. DeWitt, D. Duston, and A. K. Hyder (eds.), The Behaviour of Systems in the Space Environment, pp. 259 - 66, Kluwer Academic Publishers, 1993.

[152] Swenson, G. R., Mende, S. B., and Llewellyn, E. J. The effect of temperature on shuttle glow, Nature, 323: 529, 1986.

[153] Swift, H., Bamford, R., and Chen, R. Designing space vehicle shields for meteroid protection, a new analysis, In Symposium on Processes for Solid Bodies, Symposium6, XXIV COSPAR, COSPAR, 1982.

[154] Szuszczewicz, E. P. Technical issues in the conduct of large space platform experiments in plasma physics and geoplasma sciences, In Space Technology Plasma Issues in 2001, Jet Propulsion Laboratory 86 - 49, California Institute of Technology, Pasadena, CA, 1986.

[155] Tennyson, R. C. Atomic oxygen and its effect on materials, In R. N. DeWitt, D. Duston, and A. K. Hyder (eds.), The Behaviour of Systems in the Space Environment, pp. 233 - 57, Kluwer Academic Publishers, 1993.

[156] Thiemann, H., Schunk, R. W., and Bogus, K. Where do negatively biased solar arrays arc?, Journal of Spacecraft and Rockets, 27: 563 - 5, 1990.

[157] Thiemann, I., and Bogus, K. Anomalous current collection and arcing of solar - cell modules in a simulated high - density low - earth - orbit plasma, ESA Journal, 10: 43 - 57, 1986.

[158] Tribble, A. C. The space environment and it's impact on spacecraft design, In AIAA - 93 -

0491. 31st Aerospace Sciences Meeting in Reno, NV, American Institute of Aeronautics and Astronautics, Washington, DC, January 1993.

[159] Trubnikov, B. A. Particle Interactions in a Fully Ionized Plasma, Vol. 1, p. 105, Consultants Bureau, New York, 1965.

[160] United States Air Force, Space Environment for USAF Space Vehicles, MIL – STD – 1809ed. , Washington, DC, February 1991.

[161] Vampola, A. L. Thick dielectric charging on high – altitude spacecraft, Journal of Electrostatics, 20: 21 – 30, 1987.

[162] Van Allen, J. A. Geomagnetically Trapped Radiation, John Wiley and Sons, New York, 1971.

[163] Viereck, R. A. , Murad, E. , Green, B. D. , Joshi, P. , Pike, C. P. , Hieb, R. , and Harbaugh, G. Origin of the shuttle glow, Nature, 354: 48, 1991.

[164] Vincenti, W. G. , and Kruger, C. H. Introduction to Physical Gas Dynamics, Krieger, Malabar, FL, 1965.

[165] Wang, J. Electrodynamic Interactions Between Charged Space Systems and the Ionospheric Plasma Environment, PhD thesis, Massachusetts Institute of Technology, Cambridge, MA, 1991.

[166] Weast, R. C. （ed. ）. CRC Handbook of Chemistry and Physics, CRC Press, Boca Raton, Florida, 1984.

[167] Wei, R. , and Wilbur, P. Space charge limited current flow in a spherical double sheath, Journal of Applied Physics, 60: 2280 – 4, 1986.

[168] Whipple, E. C. Potentials of surfaces in space, Reports on Progress in Physics, 44: 1197 – 1250, 1981.

[169] Whipple, F. L. Meteorites and space travel, Astronomical Journal, 1161: 131, 1947.

[170] White, O. R. （ed. ） The solar output and its variation, Colorado Associated University Press, Boulder, CO, 1977.

[171] Whitten, R. C, and Poppoff, I. G. Fundamentals of Aeronomy, John Wiley and Sons, New York, 1971.

[172] Winckler, J. R. The application of artificial electron beams to magnetospheric research, Review of Geophysical Space Physics, 18: 659 – 82, 1980.

[173] Wulf, E. , and von Zahn, U. The shuttle environment: Effects of thruster firings on gas density and composition in the payload bay, Journal of Geophysical Research, 91 (A3): 3270 – 8, 1986.

[174] Yeh, H. – C, and Gussenhoven, M. S. The statistical electron environment for Defense Meteorological Satellite Program eclipse charging, Journal of Geophysical Research, 92 (A7): 7705 – 15, 1987.

[175] Young, D. T. , Balsiger, H. , and Geiss, J. Correlations of magnetospheric ion composition with geomagnetic and solar activity, Journal of Geophysical Research, 87: 9077 – 96, 1982.

[176] Zook, H. A. The velocity distribution and angular directionality of meteoroids that impact on an earth – orbiting satellite, LPSC, XVIII: 1138 – 9, 1987.